西门子工业自动化技术丛书

西门子 SIMATIC WinCC 使用指南

上　册

组　编　西门子（中国）有限公司
主　编　陈　华
副主编　雷　鸣　朱飞翔
　　　　张占领　张　腾
主　审　刘书智

机 械 工 业 出 版 社

本书将完全按照深入浅出的思路，以任务为导向，加以精准的理论说明，最终以任务实现的完整过程对 SIMATIC WinCC V7.4 进行全面的介绍。

针对任务，将 WinCC 中相关的功能进行了详细的说明，使读者能够充分地了解 WinCC 的工作机制及原理。通过相关的理论说明及介绍，使读者能够掌握相关知识并结合自身想法去实现任务。在每个章节的最后部分，以 Step-by-Step 的方式，将任务实现的过程清晰地呈现给读者以达到浅出效果。

本书以条目 ID 的方式嵌入基于西门子官方总结出的用户常见问题并提供官方相关 FAQ 链接。

本书可以帮助工控行业用户中的新手快速入门，也可供具有相关 WinCC 使用经验的工程师借鉴及参考，提高使用水平，还可用作大专院校相关专业师生的学习资料。

图书在版编目（CIP）数据

西门子 SIMATIC WinCC 使用指南：全 2 册/陈华主编. —北京：机械工业出版社，2018.11（2024.6重印）

（西门子工业自动化技术丛书）

ISBN 978-7-111-61505-7

Ⅰ.①西…　Ⅱ.①陈…　Ⅲ.①可编程序控制器-指南
Ⅳ.①TM571.61-62

中国版本图书馆 CIP 数据核字（2018）第 267659 号

机械工业出版社（北京市百万庄大街 22 号　邮政编码 100037）
策划编辑：林春泉　　　　责任编辑：林春泉
责任校对：王　延　郑　婕　封面设计：鞠　杨
责任印制：单爱军
北京虎彩文化传播有限公司印刷
2024 年 6 月第 1 版第 6 次印刷
184mm×260mm·39.5 印张·955 千字
标准书号：ISBN 978-7-111-61505-7
定价：168.00 元

凡购本书，如有缺页、倒页、脱页，由本社发行部调换

电话服务　　　　　　　　　网络服务
服务咨询热线：010-88361066　　机 工 官 网：www.cmpbook.com
读者购书热线：010-68326294　　机 工 官 博：weibo.com/cmp1952
　　　　　　　　　　　　　　金　书　网：www.golden-book.com
封面无防伪标均为盗版　　教育服务网：www.cmpedu.com

前　　言

"数字化正在改变着我们的一切！"除了人们的日常生活，同样也在深刻地影响着传统制造业。在"工业4.0""数字化"的浪潮之下，工厂企业如何基于当前已实现的电气化、自动化的现状，让生产线稳步迈向信息化、智能化，以帮助企业解决生产过程中实际存在的信息孤岛、产品质量、生产柔性及效率等问题？这些都依赖于生产中无处不在的数据，无论是工艺参数、报警消息、状态信息还是上层的管理数据等。万丈高楼平地起，首先需要考虑的是夯实这个"数字化"的数据基础，让这些数据足够的"透明"并能够在自动化控制层与上层MES/ERP各层级之间流转，并被再次加工成更具价值的信息，让生产运营和管理人员能够真正做到"心中有数"，而且是心中有"实数"时，才有可能找到解决问题、优化生产的切入点。

作为西门子TIA（全集成自动化）理念中的关键组成之一，过程可视化软件平台SIMATIC WinCC是自动化系统与IT系统之间互联互通的信息枢纽，承载了"实数"集散中心的作用。软件平台的通用性和开放性，即可畅享简单集成，亦可纵享无限可能。

首先，软件集成的各种通信驱动，确保所采集的生产现场的原始数据是实时、有效且准确的。其次，所集成的高效、可靠的实时历史数据库系统，又确保了这些数据的一致性、长期有效性和可追溯性。

诚然，这些采集的未经过加工处理、仅具时间属性的原始数据，其对生产所带来的价值通常并不容易被人们所感知。SIMATIC WinCC为此提供的专业工具，诸如：系统及过程故障的快速识别定位、基于生产状态的预防性维护策略、基于OEE（全局设备效率）的设备性能潜力挖掘，"管之有道"方能成就"设备高效"；追溯生产全过程的批次数据管理，全透明化的能源消耗与成本管理，"有数可依，有据可溯"方能成就"质量可控，能效可优"。再则，基于现代网络和IT技术，生产操作和运营管理人员，纵使在千里之外，也可以使用PC，甚至手机、iPad这些智能终端"随时随地"掌控设备状态，感知数据精炼之后带来的价值。简而言之，SIMATIC WinCC软件平台的功能也远远超越传统SCADA（监视控制和数据采集）系统的范畴，支撑了更多的聚焦于生产线和车间的"透明化运营管理"功能，可以帮助企业实实在在地解决在生产制造环节的"数从何来""数存何处""数有何用"的基础问题，同时为企业实现终极"数字化"，夯实了基础，拓宽了道路。

为了让大家对SIMATIC WinCC这样一款优秀的软件平台有更好、更深入的理解，我们几年前就开始策划这本基础教材，反复讨论了章节体系和写作方式，力求全书系统连贯，每个章节简单易学、可实践，以期达到"深入浅出"。本书的作者和主审都来自西门子技术支持部，拥有超过10年的SIMATIC WinCC应用开发经验，是这支数十人的SIMATIC WinCC支持团队中最资深的技术专家；他们在日常繁重的技术支持工作之余，承担了本书的编写工作，占用了他们大量工作之外的宝贵时间，有的人为了思路不被打断，甚至请了年假在家专心写作，有的人因为书稿最后的集中会审，错过了孩子的生日，本人对此充满无限的感激和敬意！同时也对这本凝集了他们心血、由他们经验转换成的文字作品充满期待！坚信读者们"开卷必有益"！尽管作者们对书稿"精益求精"，主审也"百般挑剔"，但也难免还有考虑不周之处，欢迎广大读者朋友们不吝赐教，提出宝贵意见。谢谢！

何海昉

西门子数字化工厂集团

SIMATIC WinCC 产品经理

如何使用本书

本书首先对 WinCC 的功能进行了描述，然后与实际组态操作过程相结合，以便于读者理解 WinCC 功能后能够学以致用。

在相关描述的过程中，本书引用了一些西门子网站中的已有资源，便于读者通过西门子网站进一步阅读相关资料。并且可以充分利用网站资源学习、掌握更多的使用技巧以便查找西门子产品的相关信息。

在实际组态操作过程中，编者对步骤进行了许多详细的描述，并通过便于理解的图片将操作过程可视化。

1. 如何使用网站资源

在本书各章节中，读者可看到例如"条目 ID xxxxxx"的字样。xxxxxx 有纯数字或字母加数字两种形式，可以访问"西门子工业支持中心"网站，通过不同的入口链接进入网站后输入两种不同形式的条目 ID，即可查看详细文档内容。

西门子工业支持中心网站链接：http：//www．siccc．cn

网站包含：

1）全球技术资源库；

2）下载中心；

3）找答案；

4）技术论坛；

5）在线学习园地；

6）咱工程师的故事；

7）产品技术支持主页；

8）售后服务。

如果条目 ID 为纯数字时，在网站首页的"搜索产品资料"输入域中输入该数字后单击搜索即可直接跳转到具体文档链接，如图 1 所示。

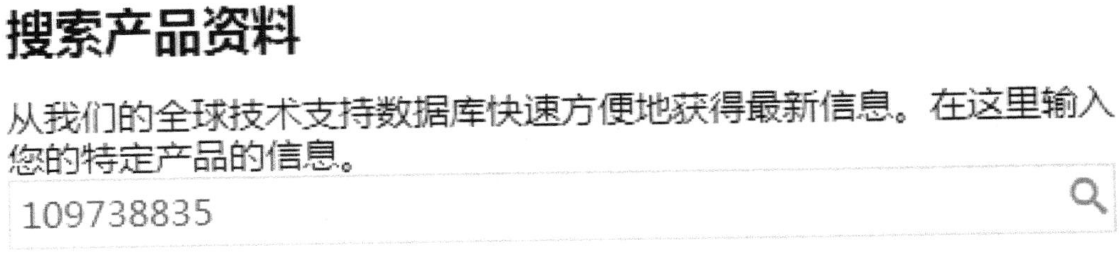

搜索产品资料

从我们的全球技术支持数据库快速方便地获得最新信息。在这里输入您的特定产品的信息。

109738835

图 1　搜索数字条目 ID

单击搜索按钮后即可直接跳转到具体文档页面，结果如图 2 所示。

图 2　搜索结果

如果条目 ID 为字母加数字形式时，在网站首页单击"下载中心"，跳转到下载中心页面如图 3 所示。

图 3　下载中心首页

在下载中心首页的"搜索关键字"输入域中输入该字母加数字后单击搜索即可看到查询结果，如图 4 所示。

图 4　搜索结果

也可通过移动设备扫描图 5 中的二维码，访问"西门子工业技术支持中心" WAP 站点进行搜索。

图 5　支持中心 WAP 站点二维码

西门子 WinCC 专属网站链接：http：//www.wincc.com.cn，也可通过移动设备扫描图 6

中的二维码，访问 WinCC 专属 WAP 站点。

扫描二维码，手机看网站

图 6　WinCC WAP 站点二维码

通过该网站读者可以获取 WinCC 的相关信息。本书中所提供的相关 Demo 示例程序，也可通过该网站下载，需要手工输入网址为 http：//www.wincc.com.cn/winccbook。

2. 本书操作指示说明

为便于读者更好地理解操作过程，编者在具体操作过程的截图中使用了大量的操作指示。具体含义见表 1。

表 1　操作指示

图　　标	说　　明
	单击鼠标左键
	单击鼠标右键
	双击鼠标左键
	通过键盘输入文本（或表示可编辑、可选择的选项）
	按住鼠标左键拖拽

（续）

图　标	说　明
	按住鼠标右键拖拽
	键盘 Ctrl + 单击鼠标左键
	键盘 Shift + 单击鼠标左键
	键盘 Ctrl + A

其中 ① 为步骤标识号，具体操作按照该步骤数顺序执行即可完成。

目　　录

第 1 章　SIMATIC WinCC 概述

1.1　简介

SIMATIC WinCC（Windows Control Center）即西门子视窗控制中心，它是一款基于 Windows 平台的 SCADA 系统软件。

西门子的自动化硬件和软件产品都极为丰富，就 SCADA 产品而言，西门子有以下 3 款产品。

1）SIMATIC WinCC（经典 WinCC）。

2）SIMATIC TIA 博途 WinCC（博途 WinCC）。

3）SIMATIC WinCC OA。

本书将介绍 SIMATIC WinCC（书中的 SIMATIC WinCC 特指经典 WinCC）。

SCADA 系统（Supervisory Control And Data Acquisition System）即为监视控制和数据采集系统，是由硬件和软件两部分组成。硬件部分包括用于运行软件系统的处理器、数据存储单元、显示单元、输入单元以及连接现场控制设备的通信接口等构成的计算机，软件部分通常又分为两部分，即组态编辑软件和运行软件。

在自动化系统发展的过程中，首先是 PLC（Programmable Logic Controller）得到了广泛应用，在 PLC 应用的初期，人们通常是通过安装在现场控制柜上的七段数码管来获取系统运行数据，通过控制柜上的按钮和电位器发出控制指令，这使得人们在参与生产过程中的工作效率极为低下。随着计算机技术的发展，随之而来的是计算机硬件和软件在工业领域的应用和普及。初期，为了能够通过计算机获取 PLC 中的系统运行数据，以及能够通过计算机显示器对生产过程进行可视化，首先是通过高级语言编程，根据 PLC 的通信协议编写出能够连接并进行数据交换的通信驱动程序。在实现与 PLC 的数据交换之后，再通过高级语言编写出可供操作人员监视并控制 PLC 中生产数据的人机交互的可视化界面。但是这种方式每次都需要根据所使用的不同 PLC 和不同的通信协议进行重复性的开发，开发工作量很大，而且一旦 PLC 程序发生变化将意味着有更大量的开发工作以及验证工作。这种模式带来的结果就是开发周期长、灵活性低、不易进行功能扩展以及后期维护困难。在这种情况下，一些自动化软件厂商意识到已开发过的同类 PLC 驱动程序可复用性，并且用于人机交互的可视化程序也具有很多的可复用性的对象，因而开发出能够让自动化工程师仅仅通过组态方式即可实现监视控制和数据采集的 SCADA 软件，更多地被称为组态软件。

组态软件，即通过配置、设定等方式将工程师从繁复的编程工作中解放出来，更为高效地完成监控系统的实施。SIMATIC WinCC 即是这样，在 1996 年进入世界工控组态软件市场，其不但具备了组态软件的入门简单、组态方便、运行高效等优势，而且多年来结合西门子 TIA（Totally Integrated Automation，全集成自动化）的优势，WinCC 与西门子 PLC 编程软件的紧密结合，使得 WinCC 的项目组态开发周期大大缩短，并且能够为用户提供高效的系统诊断功能，为实际生产当中的故障排除和维护带来了极大的益处。

1.2　SIMATIC WinCC

SIMATIC WinCC（经典 WinCC）的发展历程如下：

- 1996 年，WinCC V1.0，仅用于特定的客户。
- 1996 年 8 月，WinCC V1.1，发布于欧洲市场，开始了广泛应用。
- 1997 年 3 月，WinCC V3.0 发布。
- 1997 年 6 月，WinCC V3.1 发布，可用于 Windows 95 和 Windows NT V4.0 操作系统。
- 1998 年 1 月，WinCC V4.0 发布，可用于 Windows 95 和 Windows NT V4.0 操作系统。
- 1998 年 7 月，WinCC V4.0 SP1 版本包含简体中文、繁体中文（中国台湾地区）及韩语，功能与欧洲版相同。
- 1999 年 8 月，WinCC V5.0 发布，可用于 Windows NT V4.0 SP4 或 SP5。从 V5.0 开始 WinCC 可集成到 STEP7 中进行 TIA 全集成组态。
- 2001 年 10 月，WinCC V5.0 SP2 正式发布亚洲版，包含简体中文、繁体中文（中国台湾地区）及韩语，可用于 Windows NT V4.0 SP5 或 SP6 及 Windows 2000 SP1 操作系统。
- 2002 年 2 月，WinCC V5.1 发布，可用于 Windows NT V4.0 SP6a 及 Windows 2000 SP2 操作系统。
- 2002 年 9 月，WinCC V5.1 亚洲版发布。
- 2003 年 11 月，WinCC V6.0 SP1 亚洲版发布，包含简体中文、繁体中文（中国台湾地区）韩语及日语，可用于 Windows 2000 Professional/Server SP2/SP3 及 Windows XP Professional SP1a。WinCC 运行系统除了支持 C 脚本语言以外，从该版本开始支持 VB 脚本语言。
- 2004 年 5 月，WinCC V5.1 SP2 发布，可用于 Windows NT V4.0 SP6a 及 Windows 2000 SP2/SP3/SP4 操作系统。
- 2004 年 8 月，WinCC V6.0 SP2 亚洲版发布，包含简体中文、繁体中文（中国台湾地区）韩语及日语，可用于 Windows 2000 Professional/Server SP3/SP4，Windows 2003 Server 及 Windows XP Professional SP1a 操作系统。
- 2005 年 9 月，WinCC V6.0 SP3 亚洲版发布，包含简体中文、繁体中文（中国台湾地区）韩语及日语，可用于 Windows 2000 Professional/Server SP3/SP4，Windows 2003 Server 及 Windows XP Professional SP1a/SP2 操作系统。
- 2006 年 1 月，WinCC V6.0 SP4 欧洲版发布，该版本未发布亚洲版。
- 2007 年 6 月，WinCC V6.2 亚洲版发布，包含简体中文、繁体中文（中国台湾地区）韩语及日语，可用于 Windows 2000 Professional SP4，Windows 2003 Server SP1/R2 及 Windows XP Professional SP2 操作系统。
- 2007 年 11 月，WinCC V6.2 SP2 亚洲版发布，包含简体中文、繁体中文（中国台湾地区）韩语及日语，可用于 Windows 2000 Professional SP4，Windows 2003 Server SP2/R2 SP2 及 Windows XP Professional SP2 操作系统。
- 2008 年 6 月，WinCC V7.0 欧洲版发布。
- 2009 年 3 月，WinCC V7.0 SP1 欧洲版、亚洲版同时发布，硬件授权（USB Dongle）开始应用在亚洲版上。
- 2009 年 5 月，WinCC V6.2 SP3 欧洲版、亚洲版同时发布，可用于 Windows 2000 Profes-

sional SP4，Windows 2003 Server SP2/R2 SP2 及 Windows XP Professional SP2/SP3 操作系统。

- 2010 年 10 月，WinCC V7.0 SP2 亚洲版发布。
- 2011 年 12 月，WinCC V7.0 SP3 欧洲版、亚洲版同时发布，WinCC 开始支持 64 位操作系统。例如 Windows 7 SP1 64-Bit 及 Windows Server 2008 R2 SP1 64-Bit 操作系统。
- 2013 年 3 月，WinCC V7.2 欧洲版、亚洲版同时发布，WinCC 开始支持 Unicode，新增 S7-1200/1500 通信通道（仅支持绝对寻址，暂不支持 CPU 报警消息），开始引入 OPC UA Server（DA、HDA）。
- 2014 年 10 月，WinCC V7.3 SE（第二版）欧洲版、亚洲版同时发布，WinCC Configuration Studio 完全取代了以前的独立组态编辑器，S7-1500 通信通道开始支持符号寻址和 CPU 报警消息。
- 2016 年 4 月，WinCC V7.4 欧洲版、亚洲版同时发布，开始支持 S7-1200/1500 系统诊断控件，利用该控件可实现对 S7-1200/1500 控制系统的高效可视化的系统诊断。
- 2017 年 3 月，WinCC V7.4 SP1 欧洲版、亚洲版同时发布。

经过 20 多年的发展历程，SIMATIC WinCC 不断地推陈出新。紧密结合 Microsoft Windows 平台的发展不断创新，已经成为了欧洲市场的领导者，也赢得了在中国市场的巨大成功。

SIMATIC WinCC 产品的设计理念为按需配置，是一个模块化的自动化软件，其基本系统包含了传统 SCADA 系统软件的所有功能。当实际需求超出传统功能后，只需要根据需求选择 SIMATIC WinCC 的相应选件，随时可将已完成的系统功能进行扩展。

SIMATIC WinCC 的体系结构如图 1-1 所示。

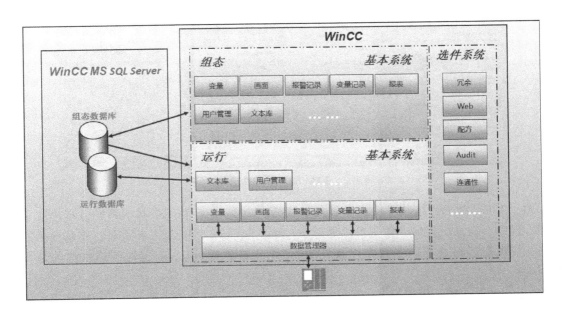

图 1-1　SIMATIC WinCC 体系结构

SIMATIC WinCC 软件集成了 Microsoft SQL Server 软件，组态开发过程中的组态数据存储于后台的 SQL Server 组态数据库当中，例如变量信息、画面信息等。当组态的 WinCC 项目激活运行后，WinCC 运行系统将会在 SQL Server 数据库中创建运行数据库，用于存储运行数据，例如报警归档、变量归档等。同时，WinCC 运行系统也会自动从 SQL Server 的组态数据库当中获取运行时所需的数据，例如变量信息、文本库信息等。

SQL Server 中的运行数据库用于存储归档的历史数据，实时运行数据通过通信通道从 PLC 或其他数据源获取后，存储于计算机内存区域中的数据管理器中，并根据各个不同的模块所需，按照相应的周期进行更新后与各个模块进行数据交换。

SIMATIC WinCC 系统分为组态系统和运行系统两部分。

1）组态系统。用于组态编辑所有 WinCC 项目所需的功能。例如，管理通信通道和变量，组态绘制图形画面等。

2）运行系统。用于运行加载已组态的 WinCC 项目各项功能。例如，建立通信连接和获取变量值，图形画面的加载等。

通过 WinCC 基本系统中的组态系统完成功能的组态后，运行系统即可实现常规 SCADA 系统中的数据采集和监视控制功能，并且也具备了对报警的响应、历史报警的分类过滤查询、历史过程数据的过滤查询等功能。

随着计算机技术的进步和发展，越来越多的功能需求被提出。此时，即可通过 WinCC 的选件模块进一步增强 SCADA 系统的功能。WinCC 提供了大量的选件模块以满足用户日益增长的需求。如图 1-2 所示，WinCC 根据需求提供了几大类选件模块。

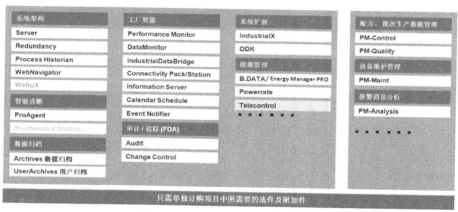

图 1-2 SIMATIC WinCC 选件模块

图 1-2 中各类选件模块可根据需求加以选择，以实现对 WinCC 基本系统进行功能上的扩展。例如，在系统架构方面，可以通过 Redundancy（冗余）选件来实现监控系统的冗余配置，以提高监控系统的容错性；通过 WebNavigator 或 WebUX 来实现监控系统的远程监控等。

"工业 4.0" 和 "中国制造 2025" 等概念的提出，工业自动化发展有了新的趋势。随着 "工业 4.0" 而来的就是 "数字化" "信息化" "智能化" 等一系列新概念，如何将这一系列的概念变为现实，需要自动化系统加上 IT 系统协同实现。在 WinCC 系统中，通过丰富的选件产品功能组合，将数据进行分类、筛选后分布或集中的存储可以为 "数字化" 提供数据基础。在大量有效数据存储的基础之上，可以在 WinCC 系统中使用不同的选件模块将数据进行分析以及呈现，形成有效的信息为"信息化"提供信息基础。WinCC 的相关选件模块还可以利用有效的信息反馈为生产过程提供依据，使得用户能够不断对生产过程进行优化，为"智能化"生产提供基础。

WinCC 作为自动化系统与 IT 系统之间的信息枢纽，结合 TIA（全集成自动化）的自身优势，TIA 全集成系统结构如图 1-3 所示。通过结合各个选件模块的使用，可以使 WinCC 系统功能比传统理念中的 SCADA 功能更进一步向前迈进。

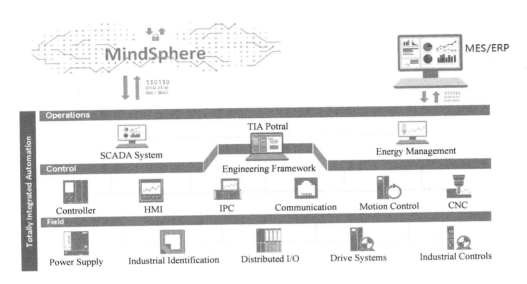

图 1-3　TIA 全集成系统结构

1.3　SIMATIC TIA 博途 WinCC

SIMATIC TIA 博途 WinCC（博途 WinCC）第一个正式版本 V11 版本于 2011 年发布，其包含组态（ES）和运行（RT）两部分软件，这有别于 SIMATIC WinCC。其中 TIA 博途 WinCC 的组态（ES）软件又包含多个基于功能划分的版本，可以分为可组态西门子精简面板（Basic Panels）、可组态精智面板（Comfort Panels）、可组态 WinCC 高级版（WinCC Advanced）以及可组态 WinCC 专业版（WinCC Professional）4 个版本，如图 1-4 所示。

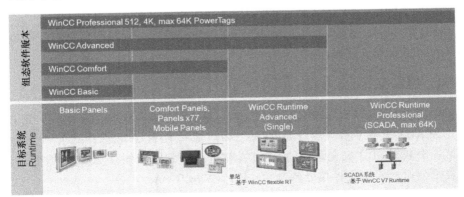

图 1-4　博途 WinCC 基于功能划分的版本

图 1-4 中 4 个版本分别为 WinCC Basic、WinCC Comfort、WinCC Advanced 及 WinCC Professional，从功能而言所有版本都包含前一个版本的功能。例如，能够组态 SCADA 运行系统的 WinCC Professional 即包含了前面 3 个版本的所有功能。

与经典 SIMATIC WinCC 最大的区别在于：经典 SIMATIC WinCC 无论选择了 RC 或 RT 版本软件，均可以进行项目的组态编辑和运行。RC 包含 RT，如果选择了 RC，既可以不受限制的进行项目的组态编辑和运行；如果选择了 RT，就可以进行项目的组态编辑，但是会受到时间的限制，运行不受限制。更具体信息将会在后面的章节进行说明。而 TIA 博途 WinCC Professional（专业版）的 ES 版本只能用于项目的组态编辑，对于功能的验证只能是通过仿真系统进行。需要实际运行已完成组态编辑的项目时，必须安装 TIA 博途 WinCC Professional（专业版）的 RT 版本。但如果仅安装了 TIA 博途 WinCC Professional（专业版）的 RT 版本，则无法对项目进行组态编辑。

截至最新版本 V15 的 TIA 博途 WinCC 可实现的基本功能与经典 SIMATIC WinCC 相似，可实现单站监控系统、冗余以及客户机/服务器（C/S）架构中的多用户系统架构。此外，TIA 博途 WinCC 也可通过增加不同的选件模块进一步扩展新的功能。

TIA 博途 WinCC Professional 的选件包括以下产品：

1）TIA 博途 WinCC Recipes，用于创建和管理生产数据配方中的数据记录，经典 SIMATIC WinCC 中相应产品为 User Archive（用户归档）。

2）TIA 博途 WinCC Logging，用于增加基本系统中已包括的 500 个过程值归档的数量。

3）SIMATIC Logon，用于用户集中管理，该选件授权已包含在 TIA 博途 WinCC Runtime Professional 的基本软件包内。

4）TIA 博途 WinCC Server，用于建立 Client/Server（C/S）架构。

5）TIA 博途 WinCC Redundancy，用于实现两个单站或服务器的冗余工作。

6）TIA 博途 WinCC WebNavigator，用于实现通过 Internet、公司 Intranet 或 LAN 来远程监控生产过程。

7）TIA 博途 WinCC WebUX，用于实现可通过 Internet、公司内部网络或局域网进行不依赖于平台和浏览器的移动式操作监控。

8）TIA 博途 WinCC DataMonitor，用于通过 Microsoft Internet Explorer 或 Microsoft Excel 等标准工具来显示和评估过程状态和历史数据。

9）TIA 博途 WinCC Industrial DataBridge，用于实现与 IT 环境相连接，双向交互数据。

10）SIMATIC Process Historian，用于实现长期的中央数据归档。

11）SIMATIC Information Server，用于访问归档的过程值和消息，实现基于 Web 的开放式报表系统，可进行交互式操作。

1.4　SIMATIC WinCC OA

SIMATIC WinCC OA（SIMATIC WinCC Open Architecture）是西门子公司针对广域/分布式的开放式 SCADA 软件平台，前身为 PVSS，由奥地利 ETM 公司于 1985 年研发而成，是世界范围内第一个获得 SIL3 安全认证的 SCADA 软件。西门子公司于 2007 年收购 ETM，使之成为其全资子公司，并正式将其更名为 SIMATIC WinCC OA。

SIMATIC WinCC OA 软件完全实现跨平台设计，可以用于 Windows、Linux、Unix、iOS

及 Android 系统。每个系统可以组态为单机系统、冗余系统或支持灾备管理的分布式系统，系统可支持多达 2048 台服务器，每台服务器可支持 255 个客户端及上千万个变量。软件自带嵌入式实时数据库，并采用多线程的管理器模式可同时处理大量数据。

SIMATIC WinCC OA 也为特定的行业需求，提供各种可选功能，如以下所列。

1）WinCC OA Scheduler 通过简单组态实现的定时计划及事件计划。

2）WinCC OA VIDEO 本地集成的视频管理功能。

3）WinCC OA CommCenter 通过短信及电子邮件提供远程报警及远程信息传输。

4）WinCC OA GIS 地理信息系统（GIS）的标准化地图。

5）WinCC OA BACnet 集成 BACnet 符合楼宇自动化的在线/离线工程解决方案。

6）WinCC OA Maintenance 记录运行小时数、操作周期、报警处理及记事本功能。

7）WinCC OA AMS 对维护操作的高效规划、管理、执行和控制以及故障排除。

8）SmartSCADA 可评估关键业绩指标（KPI），并用数据挖掘，数据模型生成，机器自学习的方式进行模型优化。同时提供 R 语言的通用接口，可以用统计方式直接处理数据。

WinCC OA 以上特点使之可以满足最严苛的要求，适用于具有大尺寸地理域伸展和分布式需求的基础设施项目。为打造智慧城市提供统一的数据监控平台，从智慧地铁综合监控、智慧能源、智慧交通、智慧水务等再到欧洲核子研究中心 CERN，都可以看到 SIMATIC WinCC OA 的成功应用。

第2章 软件安装

本章将介绍 WinCC 兼容性、安装 WinCC 的硬件要求以及软件要求，还将详细介绍 WinCC 的安装过程。

2.1 SIMATIC WinCC 兼容性

软件兼容性是指该软件能够在哪些操作系统中与哪些相关软件稳定的协同工作而不会出现异常问题。SIMATIC WinCC 基于 Windows 操作系统开发，因此对应于不同版本的 Windows 操作系统都会有相应版本的 WinCC 与之对应。并且作为 SIMATIC 全集成自动化的一部分，WinCC 还需要与西门子公司众多的其他软件并行安装使用，因此在安装 WinCC 之前也需要明确与其他西门子公司软件的兼容性要求。

在西门子公司产品家族中，由于不同软件产品的不同特性，所以类似"软件 A 的哪个版本与软件 B 的哪个版本兼容"这样的问题会经常被提及。为了方便用户确定这样的软件兼容性问题，西门子公司服务与支持网站提供了一个免费的软件兼容性检查工具，任何有关软件产品的兼容性问题都可以应用这个工具来确定。兼容性检查工具的具体使用方法可参考条目 ID 64847781。

本书以 WinCC V7.4 和 V7.4 SP1 版本进行介绍。表 2-1 为兼容性列表（节选自兼容性检查工具）。该表显示了 WinCC V7.4 SP1 可以兼容哪些操作系统以及哪些版本的 IE、Office 等。在进行软件安装时，需严格按照该表进行所需软件版本的选择，更多的软件兼容信息请参考完整兼容性列表。

表 2-1 SIMATIC WinCC V7.4 SP1 兼容性列表（节选）

操作系统及相关软件	版本	WinCC V7.4 SP1
Microsoft Windows 10	Enterprise(64-Bit)	√
	Enterprise LTSB 2015(64-Bit)	√
	Enterprise LTSB 2016(64-Bit)	√
	Pro(64-Bit)	√
Microsoft Windows 7	Enterprise(32-Bit)SP1	√
	Enterprise(64-Bit)SP1	√
	Professional(32-Bit)SP1	√
	Professional(64-Bit)SP1	√
	Ultimate(32-Bit)SP1	√
	Ultimate(64-Bit)SP1	√
Microsoft Windows Server	2008 R2 Stand Edition(64-Bit)SP1	√
	2012 R2 Standard Edition(64-Bit)	√
	2016 Datacenter(64-Bit)	√
	2016 Standard(64-Bit)	√

（续）

操作系统及相关软件	版本	WinCC V7.4 SP1
Microsoft Internet Explorer	V11.0	√
Microsoft Office	Professional(32-Bit)2010	√
	Professional(32-Bit)2013	√
	Professional(32-Bit)2016	√
SIMATIC NET PC Software	V14.0	√
S7-PLCSIM	V14.0	√
SIMATIC S7-PLCSIM Advanced	V1.0	√

提示： 请严格遵守兼容性要求进行软件安装。因未按兼容性要求安装相关软件导致出现的异常问题，西门子公司官方不提供排查的技术支持。

2.2 SIMATIC WinCC 安装要求

在购买 WinCC 后，西门子公司将交付 WinCC 的相应安装组件供用户进行安装。在安装前需遵循相关硬件及软件要求并准备好安装条件。

2.2.1 SIMATIC WinCC 交付范围

当用户购买正版 SIMATIC WinCC 之后，西门子公司所交付的组件见表 2-2。

表 2-2 SIMATIC WinCC V7.4 SP1 交付范围

组 件	是否包含
WinCC V7.4 SP1 DVD： • WinCC V7.4 SP1 • WinCC/WebNavigator V7.4 SP1 • WinCC/DataMonitor V7.4 SP1 • WinCC/Connectivity Pack V7.4 SP1 • WinCC/Connectivity Station V7.4 SP1 • SQL Server 2014 SP2 for WinCC V7.4 SP1 • SIMATIC Logon V1.5 SP3 • Automation License Manager V5.3 SP3 • SIMATIC NCM PC V5.5 SP3 • AS-OS-Engineering V8.2	√
SIMATIC NET DVD： • SIMATIC Net V14	√
所需许可证	√
许可证的证书	√

SIMATIC WinCC V7.4 DVD 安装光盘如图 2-1 所示。

SIMATIC NET DVD 安装光盘如图 2-2 所示。

SIMATIC WinCC 许可证如图 2-3 所示。

SIMATIC WinCC 许可证证书如图 2-4 所示。

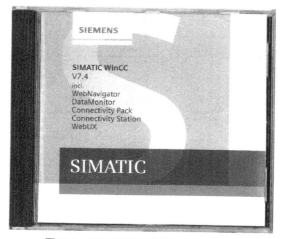

图 2-1　SIMATIC WinCC V7. 4 DVD

图 2-2　SIMATIC NET DVD

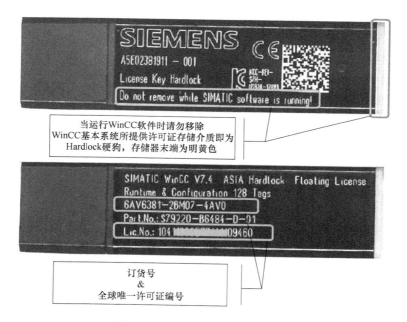

图 2-3　SIMATIC WinCC 许可证

2.2.2　许可证

SIMATIC WinCC 软件受法律保护，且只能在具有有效许可证的完整状态下使用。安装的每个软件以及所用的每个选件都需要获得有效的许可证，才能不受限制地使用 WinCC。

SIMATIC WinCC 许可证分为基本系统许可证：WinCC RT 和 WinCC RC（运行系统和组态）；选件许可证，选件许可证必须单独订购。

WinCC 基本系统除了区别 RT 许可证（运行系统）和 RC 许可证（运行系统和组态），还区分变量数目，变量数目仅计算外部变量，一个变量无论是布尔类型还是双整形均占用 1 个授权点数。

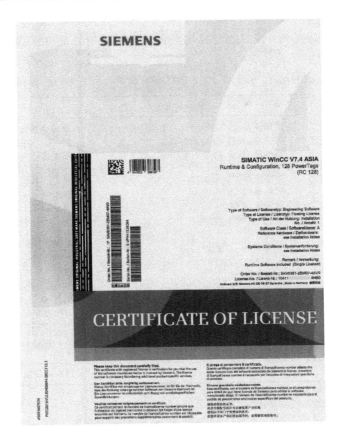

图 2-4　SIMATIC WinCC 许可证证书

1）RT 许可证允许在运行系统中对 WinCC 进行无时间限制地操作。编辑器只能在演示模式下进行有时间限制的使用。

2）RC 许可证允许在运行系统中对 WinCC 进行无时间限制地操作，而且可在组态期间进行。

例如：在没有许可证或仅拥有 RT 许可证时，打开 WinCC 项目管理器时会收到缺少许可证的提示信息。在这种情况下，用户仍然能够在功能上不受限制地处于演示模式对项目进行组态编辑。在演示模式下，最多可以完整地使用 WinCC 软件 1h。在此之后，继续操作 WinCC 的过程中，WinCC 项目管理器和编辑器将会被关闭；再次打开后将会每 10min 出现一次，直到重新启动操作系统后方可再次使用 WinCC 软件 1 小时。

WinCC 许可证包含两部分：软件许可证及硬件许可证。只有 WinCC 基本系统同时拥有两部分许可证。并且在交付时，软件许可证包括在硬件许可证存储介质 "License Key USB Hardlock" 中。选件系统仅拥有软件许可证。在使用 WinCC 软件期间请勿移除硬件许可证，如果从计算机中移除硬件许可证，WinCC 将切换为演示模式，直到重新将硬件许可证连接至计算机才会重新返回经许可的模式。

关于 WinCC 许可证更为详细的使用方法及常见问题处理可参考条目 ID 75380544。如出现许可证受损的情况，可联系西门子公司授权维修热线 010-64757575。

2.2.3　安装的硬件要求

WinCC 支持所有 IBM/AT 兼容的计算机平台。为了更为好地使用 WinCC，请参考表 2-3 进行硬件选择。

表 2-3　SIMATIC WinCC V7.4 SP1 硬件要求（针对 64-Bit 操作系统）

硬　　件	最低配置	推荐配置
CPU	单用户系统：双核 CPU 2.5 GHz 客户端：双核 CPU 2.5 GHz 服务器：双核 CPU 2.5 GHz	单用户系统：多核 CPU 3.5 GHz 客户端：多核 CPU 3 GHz 服务器：多核 CPU 3.5 GHz
工作存储器/RAM	单用户系统：4 GB 客户端：2 GB 服务器：4 GB	单用户系统：4 GB 客户端：4 GB 服务器：8 GB
硬盘上的可用存储空间 - 用于安装 WinCC - 用于使用 WinCC [①②]	安装： ● 客户端：1.5 GB ● 服务器：> 1.5 GB 使用 WinCC： ● 客户端：1.5 GB ● 服务器：2 GB	安装： ● 客户端：> 1.5 GB ● 服务器：2 GB 使用 WinCC： ● 客户端：> 1.5 GB ● 服务器：10 GB 归档数据库可能需要更多内存
虚拟工作存储器 [③]	1.5×RAM	1.5×RAM
颜色深度/颜色质量	256	最高（32 位）
分辨率	800×600	1920×1080（全高清）

① 取决于项目大小及归档和数据包的大小。

② WinCC 项目不应存储在压缩的驱动器或目录中。

③ 在区域 "用于所有驱动器的交换文件总的大小" 中为 "指定驱动器的交换文件的大小" 使用推荐的数值。请在 "开始大小" 域及 "最大值" 域中都输入推荐的数值。

2.2.4　安装的软件要求

在软件方面除了上文提及的兼容性要求以外，要进行安装还需要满足操作系统和软件组态的某些要求。

1. 在域环境中使用 WinCC

WinCC 可以在域或工作组中进行操作。

请注意，域组策略和域中的限制可能会阻止安装。在这种情况下，在安装 Microsoft Message Queuing、Microsoft SQL Server 和 WinCC 之前先将计算机从域中删除。使用管理员权限从本地登录有关的计算机再执行安装。成功安装之后，WinCC 计算机可以再次注册到域中。如果域-组策略和域限制不影响安装，安装期间无须将计算机从域中删除。但是请注意，域组策略和域中的限制可能还会阻碍操作。如果不能突破这些限制，请在工作组中操作 WinCC 计算机。如有必要，联系域管理员。

2. 操作系统语言

WinCC 针对 9 种操作系统语言进行了发布。分别为德语、英语、法语、意大利语、西班牙语、简体中文（中国）、繁体中文（中国台湾）、日语、韩语，也支持多语言操作系统（MUI 版本）。

3. 操作系统

使用多个 WinCC 服务器时，所有服务器必须使用统一的操作系统：Windows Server 2008

R2, 2012 R2 或 2016, 对于每种情况都统一采用 Standard、Datacenter 或 Enterprise 版本。如果正在运行的客户端不超过 3 个, 也可以在以下操作系统上操作 WinCC Runtime 服务器。

- Windows 7。
- Windows 8.1。
- Windows 10。

针对此组态的 WinCC ServiceMode (服务模式) 尚未支持。

4. Windows 计算机名称

完成 WinCC 的安装后, 请不要更改 Windows 计算机名称。

在计算机名称中不允许使用下列字符:

· , ; : ! ? " ´ ^ ' ` ~ _ + = / \ | @ * # $ % & § ° ( ) [ ] { } < > 空格符

请注意以下事项:

- 只能用大写形式。
- 第一个字符必须是字母。
- 同一网络中多台安装 WinCC 的计算机名称的前 12 个字符必须唯一。例如两台 WinCC 服务器的名称不能命名为 "PLANT1ROOM01SER01" 及 "PLANT1ROOM01SER02"。由于前 12 个字符不唯一, 会引起服务器客户机通信的异常。

5. Microsoft 消息队列服务

WinCC 安装前需要已完成安装 Microsoft 消息队列服务。

6. Microsoft . NET Framework

请确保在安装 WinCC 之前已安装 . Net Framework。具体版本要求见表 2-4 。

表 2-4 Microsoft . NET Framework 要求

自 Windows 7 起	Microsoft . NET Framework 3.5 安装 SQL 服务器时需要该版本
Windows 8.1/Windows Server 2012 R2	Microsoft . NET Framework 4.5
Windows 10/Windows Server 2016	Microsoft . NET Framework 4.6

在较新的 Windows 系统中, Microsoft . NET Framework3.5 并未默认安装, 因此需要在安装 WinCC 之前手动进行安装。以 Windows 10 为例, 安装方式有以下两种:

1) 在线安装: 在计算机能够进行互联网访问的前提下, 打开操作系统控制面板中的 "程序和功能", 选择 "启用或关闭 Windows 功能", 启用 ". NET Framework 3.5 (包括 . NET 2.0 和 3.0)" 即可进行在线安装。

2) 离线安装, 操作步骤如下:

- 将 Windows 10 操作系统安装光盘放入光驱。
- 以管理员身份打开 "命令提示符" 窗口并输入命令 "dism/online/enable-feature/featurename: NetFX3/All/Source: E:\ sources \ sxs/LimitAccess" 并按 Enter 键开始进行安装。"E:" 为光驱盘符, 如图 2-5 所示。
- 成功安装完成后, 结果如图 2-6 所示。

图 2-5　开始离线安装

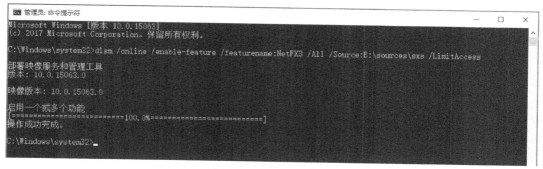

图 2-6　离线安装成功

7. Microsoft Internet 信息服务（IIS）

在安装 WinCC 时，如果需要安装以下组件或选件，必须先安装 Microsoft Internet 信息服务（IIS）：

- WinCC OPC XML DA 服务器。
- WinCC/DataMonitor。
- WinCC/WebNavigator。
- WinCC/WebUX。

8. Microsoft Office

WinCC 的一些选件会提供在 Microsoft Office 中的 Add-in（插件），以用于与 WinCC 的交互。例如 DataMonitor 选件中的 "Excel Workbook Wizard" 等。因此，如果需要使用此类 WinCC 选件，请参考表 2-1 所列，选择兼容的 Microsoft Office 版本先行安装。

9. SIMATIC NET PC Software

通常建议在 WinCC 服务器或 WinCC 的单站这种需要与西门子 PLC 进行通信的系统中，在安装 WinCC 之前，通过 WinCC 交付包装中的 SIMATIC NET DVD，将兼容的 SIMATIC NET PC Software 先行安装。

2.2.5　操作系统中的访问权限

安装 WinCC 之后，系统会自动在 "Windows 用户和组管理" 中建立以下本地组：

- "SIMATIC HMI"。

如需使用 WinCC 进行组态及运行，则登录计算机的用户必须隶属于该用户组。默认情况下，执行 WinCC 安装的用户和本地管理员属于该组的成员。附加成员必须由管理员手动添加。

- "SIMATIC HMI Viewer"。

隶属于该用户组的成员对 WinCC 数据库中的组态和运行系统数据仅具有读取权限。该用户组主要用于 Web 发布服务的账户，例如用于操作 WinCC WebNavigator 的 IIS（Internet 信息服务）账户。

2.3　安装 WinCC

2.3.1　如何安装微软消息队列

WinCC 将使用 Microsoft 的消息队列服务。它是操作系统的组件部分。但是，MS 消息队列未包括在标准 Windows 安装中，如有需要，则必须额外单独安装。

1. Windows 10 中安装消息队列

步骤 1：转到"控制面板 > 程序和功能"（Control Panel > Programs and Features）。

步骤 2：单击左侧菜单栏上的"打开或关闭 Windows 功能"（Turn Windows features on or off）按钮。随即打开"Windows 功能"（Windows Features）对话框。

步骤 3：激活"Microsoft Message Queue（MSMQ Server）"组件。"Microsoft Message Queue（MSMQ）服务器核心"条目已选中。子组件仍被禁用。

步骤 4：单击"确定"（OK）进行确认。

2. Windows Server 2016 中安装消息队列

步骤 1：启动服务器管理器。

步骤 2：单击"添加角色和功能"（Add roles and features）。"添加角色和功能向导"（Adding roles and features wizard）窗口打开。

步骤 3：在导航区域中单击"服务器选择"（Server selection）。确保当前计算机已选中。

步骤 4：在导航区域中单击"功能"（Features）。

步骤 5：激活"消息队列"（Message Queuing）选项，同时激活其下的"消息队列服务"（Message Queuing Services）和"消息队列服务器"（Message Queuing Server）选项。

步骤 6：单击"安装"（Install）。

具体安装过程如图 2-7 所示。

图 2-7　Windows Server 2016 安装 MSMQ

2.3.2　如何安装 WinCC

安装 WinCC 期间会涉及的图示见表 2-5。

表 2-5　安装图示

图　　标	含　　义
✔	已安装最新版程序
↗	程序将被更新
⚠	程序的安装条件不满足。单击该符号可获得更多详细信息
☐	可以选择程序
☑	已选择的待安装程序
☐	无法选择程序（由于依赖于其他程序）
☑	已选择的待安装程序（无法取消选择）

WinCC 安装有以下两种模式：

（1）常规安装模式

在常规模式下安装 WinCC 时，安装过程中需要人为进行一些操作，例如接受许可证协议等，如果不加以确认，安装即会停止并等待操作。

（2）自动安装模式

在自动模式下安装 WinCC 时，安装过程中不需要人为进行操作，一旦安装过程启动，即可实现无人值守自动完成安装。

本节将对自动安装模式进行介绍，在介绍安装模式之前先明确 WinCC 的安装类型。WinCC 的安装类型又分为数据包安装和自定义安装两种。

（1）数据包安装

选用数据包安装类型时，在安装过程中只需要选择符合所需的安装数据包即可。可选数据包见表 2-6。

（2）自定义安装

选用自定义安装类型时，可以更为灵活地选择需要安装 WinCC 的数据包及组件。以下将以自定义安装类型进行介绍。

1）启动 WinCC 安装程序。

2）选择安装界面语言。

3）接受"许可证协议"和"开放源代码许可证协议"。

4）选择要安装的语言，英语为必选语言，勾选其他所需语言即可。也可以在后期安装其他所需语言。

表 2-6　数据包安装列表

数据包	描述	数据包	描述
WinCC Installation	包含： -WinCC RT -WinCC CS -SQL Server 2014 -Automation License Manager	WebNavigator Client	包含： -WebNavigator Client
WinCC incl. WebUX	包含： -WinCC RT -WinCC CS -WinCC WebUX -SQL Server 2014 -Automation License Manager	DataMonitor Server	包含： -DataMonitor Server -WinCC RT -WinCC CS -SQL Server 2014 -Automation License Manager
WinCC Client Installation	包含： -WinCC RT -WinCC CS -SQL Express 2014 -Automation License Manager	DataMonitor Client	包含： -DataMonitor Client
WebNavigator Server	包含： -WebNavigator Server -WinCC RT -WinCC CS -SQL Server 2014 -Automation License Manager	ConnectivityPack Server	包含： -ConnectivityPack Server -WinCC RT -WinCC CS -SQL Server 2014 -Automation License Manager
		ConnectivityPack Client	包含： -ConnectivityPack Client

5）选择"自定义安装"。选择安装目标路径，建议选择默认路径。

6）选择"WinCC V7.4 Expert mode"。

7）开始安装。

8）可在安装组件后传送产品许可证密钥。要执行此操作，请单击"传送许可证密钥"（Transfer License Key）。如果已传送许可证密钥或希望以后安装这些许可证密钥，可选择"下一步"。

9）重新启动计算机，以便结束安装。

自动安装模式：

自动安装模式只支持选择的类型为数据包安装。操作流程：首先记录安装过程，记录过程与实际安装过程相同，但并不真正执行安装，而只是将选择的安装数据包及用户配置记录保存到 ini 配置文件当中。然后，通过命令行方式执行安装，整个过程完全按照记录文件中记录的需求，自动完成安装，在该过程中无需人为参与。

这种安装方式的优点是将使用者从安装过程中解放出来，大大缩短了使用者在安装过程中被占用的时间。通过这种方式还可以实现在多台计算机上进行集中安装。例如，在工业现场，可以将 WinCC V7.4 SP1 安装包文件存储在一个共享的网络存储位置中，同时将 ini 安装配置文件也存储在其中。多台需要执行相同安装过程的计算机即可通过网络互联的方式访问共享文件夹进行安装。

单机自动安装模式操作步骤如下：

1）将 WinCC V7.4 SP1 安装光盘放入光驱。

2）执行安装记录功能。在 Windows 开始菜单的"运行"（Run）域中输入以下命令：

"<安装包存储路径>\setup. exe/record"（例如图 2-8 中的 "E:\Setup. exe/record"），如图 2-8 所示。

3）选择安装界面语言。

4）激活记录功能，并选择 "Ra_Auto. ini" 控制文件的路径，如图 2-9 所示。

图 2-8　执行安装记录　　　　　　　　　　图 2-9　激活记录功能

5）选择符合需求的安装数据包，如图 2-10 所示。

6）接受许可协议及对系统设置的更改。

7）记录完成如图 2-11 所示。

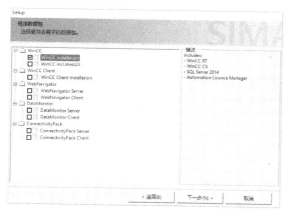

图 2-10　选择安装数据包　　　　　　　　　图 2-11　记录完成

8）执行自动安装，在 Windows 开始菜单的"运行"（Run）域中输入以下命令：

"<安装包存储路径>\setup. exe/silent=D:\Ra_Auto. ini"（例如 2-12 中的 "E:\Setup. exe/silent=D:\Ra_Auto. ini"），如图 2-12 所示。

9）安装过程自动进行，安装组件如图 2-13 所示，安装完成后系统将会自动重新启动。

网络集中自动安装主要步骤如下：

1）将 WinCC V7.4 SP1 安装包存储于同一网络中的某一计算机中，并对文件夹设置进行共享。

2）存储 WinCC 安装包的计算机以及将要进行安装 WinCC 的计算机均以管理员 Administrator 使用相同密码进行登录

　　3）执行安装记录功能。在 Windows 开始菜单的"运行"（Run）域中输入以下命令：

图 2-12　执行自动安装　　　　　　　　　　图 2-13　自动安装组件

　　"<安装包存储路径>\ setup. exe/record"（例如 "\\ PC01 \ WinCCInstall \ Setup. exe/ record"）。该路径为网络路径。

　　4）激活记录功能，并选择"Ra_Auto. ini"控制文件的路径为 WinCC 安装包所处共享文件夹。

　　5）执行自动安装，在 Windows 开始菜单的"运行"（Run）域中输入以下命令：

　　"<安装包存储路径>\ setup. exe/silent = <安装包存储路径>:\ Ra_Auto. ini"（例如 "\ PC01\WinCCInstall\setup. exe/silent =\\PC01\WinCCInstall\Ra_Auto. ini"）。该路径为网络路径。

　　6）完成安装后自动重新启动。

2.3.3　WinCC 注意事项

　　1）使用病毒扫描程序　已发布以下病毒扫描程序与 WinCC V7.4 兼容。

　　● Trend Micro "OfficeScan" Client-Server Suite V11.0。

　　● Symantec Endpoint Protection V12.1（Norton Antivirus）。

　　● McAfee VirusScan Enterprise V8.8。

　　2）防止在断电期间破坏文件　如果在 WinCC 系统激活的情况下，计算机发生了电源故障导致异常关机，文件可能会被破坏或丢失。使用 NTFS 文件系统进行操作可提供更好的安全性。只有在使用不间断电源（UPS）时，才能确保持续的安全操作。

　　3）WinCC 系统的远程维护　只在 WinCC 服务器或单用户系统在 WinCC ServiceMode 中运行时，才允许使用远程桌面协议（RDP）。关于如何远程访问 WinCC 站点的更多信息可参考条目 ID 78463889。

　　提示：中断远程桌面连接后的数据丢失。当远程桌面连接中断（例如，由于从远程桌面客户端上拆下网络电缆），则归档和 OPC 服务器将不再从数据管理器接收值。该状态将维持到连接恢复或 35s 的超时时间到时。

　　4）带 @ 前缀的变量　项目工程师不允许创建具有@前缀的变量。不允许人为地改变系统变量。默认的系统变量是必要的，否则产品不能正确运行。

5）访问 SQL Server 主数据库时出错　　如果服务器在运行期间发生意外故障（电源故障、电源插头连接断开），WinCC 安装可能会因此被破坏，而且 SQL Server 在重新启动后将无法再访问 SQL Server 主数据库。只有在重新安装 WinCC 后才能进行访问。重新安装 WinCC 之前，必须将 WinCC 和 SQL Server 卸载。

2.3.4　如何卸载 WinCC

在已安装 WinCC 的计算机上卸载 WinCC 的两种方式如下：

1）通过 WinCC 产品 DVD 光盘卸载。

步骤 1：启动 WinCC 产品 DVD 光盘自动安装。如果操作系统启用了自动运行功能，则光盘会自动启动；如果未激活自动运行功能，请启动 DVD 光盘上的 Setup. exe 程序。

步骤 2：按照屏幕说明操作。

步骤 3：选择"删除"作为安装类型。

步骤 4：选择想要删除的组件。

2）通过控制面板卸载。

步骤 1：在"开始"菜单下，打开 Windows "控制面板"。

步骤 2：单击"程序和功能"图标。

步骤 3：浏览"卸载或更改程序"列表。

步骤 4：选择所需的条目并单击"卸载"或"更改"。

已安装的 WinCC 组件的所有条目均以前缀"SIMATIC WinCC"开头。

如果已安装 WinCC 选件，请先卸载所有 WinCC 选件，然后卸载 WinCC。

关于 Microsoft SQL Server 2014 的说明。

与 WinCC 安装的具有授权的 SQL Server 只能与 WinCC 一起使用。如果不使用 WinCC 程序而是使用第三方应用程序，或通过 SQL Server 使用用户自定义数据库，那么还需要额外的 SQL Server 许可证。否则卸载 WinCC 之后，还必须删除 WinCC SQL Server 数据库实例。选择"控制面板 > 程序和功能"，然后选择要卸载的"Microsoft SQL Server 2014"项。相关信息可参考条目 ID 23680533。

第3章　入门指南

本章介绍了一个 SIMATIC WinCC 的示例项目，采用 STEP BY STEP 的方式，展示了一个 WinCC 示例项目全部制作过程。通过对本章的学习，可以在 4 个小时之内，制作一个 SIMATIC WinCC 的入门项目，从而对 SIMATIC WinCC 有一个较为直观的了解。

3.1　WinCC 入门项目

通过对本章的学习，可以完成一个如图 3-1 所示的 WinCC 入门项目，本示例项目模拟了某废水处理厂的化学净水流程监控系统。在本监控系统中，可以对登录系统的用户进行分类。不同类别的用户具有不同的权限；可以对某些过程值进行实时监控，对某些关键过程值进行历史归档，这些历史数据可以以曲线的形式显示在画面上；当某些过程值超出了设定的上线后，将会触发报警消息，同时将这些报警信息记录在后台数据库中。

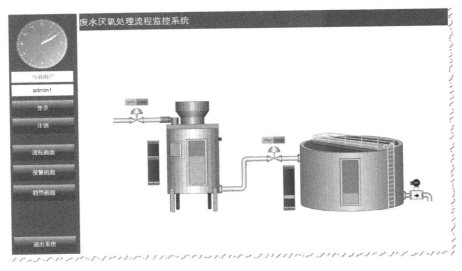

图 3-1　WinCC 入门项目

> **提示：读者可以在下述网址下载完整的示例项目。**
> www.wincc.com.cn\winccbook

通过这个入门项目，可以了解到以下内容。
1）如何创建一个 WinCC 项目。
2）如何组态 WinCC 与 PLC 之间的通信。
3）如何组态变量。
4）如何创建过程画面。
5）如何创建过程值归档。

　　6）如何创建报警消息。

　　7）如何组态用户管理。

3.2　创建项目

　　项目是用户在 WinCC 中进行组态的基础。在项目中，将创建和编辑所需的所有对象，这些对象可以操作和监视被控系统。本节内容讲述了如何创建一个单用户项目。"单用户项目"仅在一台计算机上运行，其他计算机不能访问该项目，运行项目的计算机将用作进行数据处理的服务器和操作站。

　　创建项目的具体步骤如下：

　　步骤1：双击桌面上的 SIMATIC WinCC Explorer 图标，或单击"开始菜单 > Siemens Automation > WinCC Explorer"，均能打开 WinCC 的项目管理器，如图 3-2 所示。

　　步骤2：在弹出的对话框中，选择"单用户项目"，然后单击"确定"按钮，如图 3-3 所示。

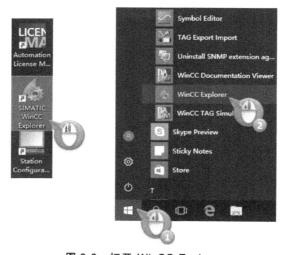

图 3-2　打开 WinCC Explorer

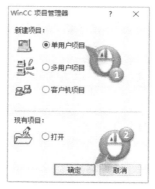

图 3-3　项目类型选择

　　步骤3：在创建新项目的对话框中，首先输入项目名称，本例使用的项目名称为

"WinCCV74_QuickStart"，然后单击 3 个点的按钮 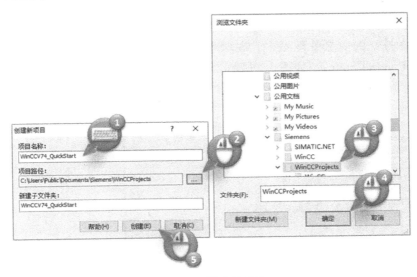，打开浏览文件夹窗口，在窗口中选中要存放项目的路径，然后单击"确定"按钮，回到创建新项目的界面后，单击"创建"按钮，如图 3-4 所示。

图 3-4　创建新项目

至此，项目创建完成，新建的项目将被显示在 WinCC 项目管理器中，如图 3-5 所示。

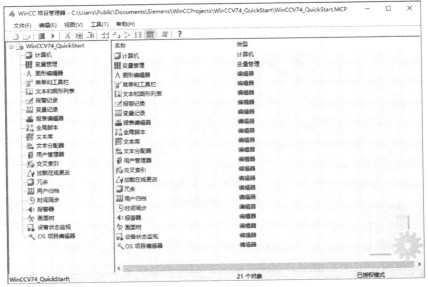

图 3-5　创建的新项目

3.3　组态通信

　　WinCC 如果要控制或显示控制器中的某些过程变量，必须要建立与控制器的通信连接。这里所谓的控制器，通常情况下是指 PLC，如 S7-300 系列 PLC、S7-1200 系列 PLC 和 S7-

1500 系列 PLC 等，也可以是某些第三方厂家的 PLC 或某些控制系统，如 SIMOTION。本节内容讲述了如何创建一个与 S7-300 PLC 的 TCP/IP 连接，并且在此连接下创建若干变量。

3.3.1　组态通信连接及外部变量

步骤 1：在 WinCC 项目管理器中，右键单击"变量管理"，在弹出的菜单中左键单击"打开"，如图 3-6 所示。

步骤 2：在打开的变量管理器中，右键单击"变量管理"，在弹出的二级菜单中选择"SIMATIC S7 Protocol Suite"，如图 3-7 所示。

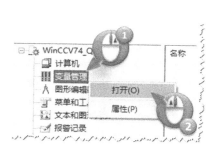

图 3-6　打开变量管理器

图 3-7　选择协议集

步骤 3：右键单击"TCP/IP"，然后选择"新建连接"，将新创建的连接名称从"New Connection"改为"PLC1"，如图 3-8 所示。

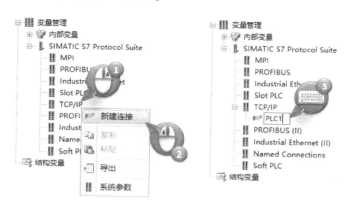

图 3-8　创建连接

提示：在实际项目组态中，还需要对所选协议的系统参数进行配置，具体可参考本书第 5 章 过程通信。

步骤 4：鼠标左键双击"名称"列下的黄色米字图标，输入变量名称"ProcessValue"，单击"数据类型"列的下拉列表，在列表中选择"32-位浮点数 IEEE 754"，如图 3-9 所示。

步骤 5：左键单击"地址"下的单元格，然后单击 3 个点的按钮，在弹出的地址属性对话框中输入 DB 号及 DB 地址，然后单击"确定"按钮，如图 3-10 所示。

图 3-9　选择数据类型

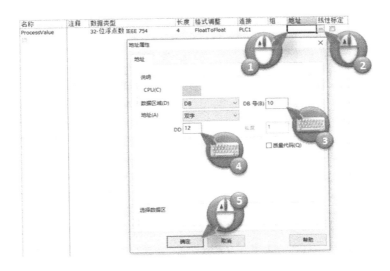

图 3-10　设置变量地址

至此，一个可以显示 PLC 过程值的变量就已创建完成。

	名称	注释	数据类型	长度	格式调整	连接	组	地址
1	ProcessValue		32-位浮点数 IEEE 754	4	FloatToFloat	PLC1		DB10,DD12

3.3.2　组态变量组及内部变量

在实际的项目中，所有相关过程值的变量都需要组态在通信连接下，也就是带有地址的 PLC 变量，WinCC 中也提供不带地址的内部变量供 WinCC 使用。由于本示例项目不与 PLC 进行数据交互，为了演示项目效果，所以项目中的关键变量均采用内部变量的形式，同时为了区分不同内部变量所属的工艺段，本示例项目中为内部变量创建了 "反应釜" 变量组和 "厌氧池" 变量组，具体实现过程如下：

步骤 1：在变量管理中，右键单击 "内部变量"，选择 "新建组"，然后将默认的组名从 "NewGroup_1" 改为 "GS_AgitatedReactor"，使用同样的操作步骤再创建一个组 "GS_AnaerobicPool"，如图 3-11 所示。

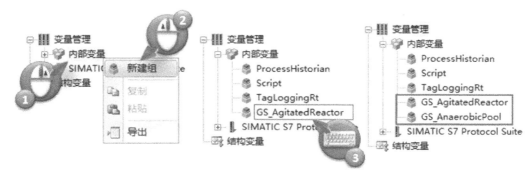

图 3-11　变量组

步骤 2：在内部变量下面选中变量组"GS_AgitatedReactor"，左键双击名称下的黄色米字图标，输入变量名称"GS_AR_Concentration"，然后单击数据类型下的下拉列表，选择"无符号的 32 位值"，如图 3-12 所示。

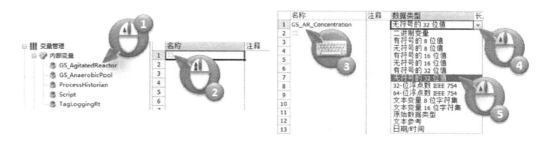

图 3-12　创建变量

步骤 3：按照上述创建变量的方式，创建如图 3-13 所示的变量。

变量管理		名称	注释	数据类型	长度	格式调整	连接	组
内部变量	1	GS_AR_Concentration		无符号的 32 位值	4		内部变量	GS_AgitatedReactor
GS_AgitatedReactor	2	GS_AR_Flow		无符号的 32 位值	4		内部变量	GS_AgitatedReactor
GS_AnaerobicPool	3	GS_AR_G1_Visible		二进制变量	1		内部变量	GS_AgitatedReactor
ProcessHistorian	4	GS_AR_Level		无符号的 32 位值	4		内部变量	GS_AgitatedReactor
Script	5	GS_AR_Pressure		无符号的 32 位值	4		内部变量	GS_AgitatedReactor
TagLoggingRt	6	GS_AR_Valve		二进制变量	1		内部变量	GS_AgitatedReactor

变量管理		名称	注释	数据类型	长度	格式调整	连接	组
内部变量	1	GS_AP_Flow		32-位浮点数 IEEE 754	4		内部变量	GS_AnaerobicPool
GS_AgitatedReactor	2	GS_AP_G2_Visible		二进制变量	1		内部变量	GS_AnaerobicPool
GS_AnaerobicPool	3	GS_AP_Level		32-位浮点数 IEEE 754	4		内部变量	GS_AnaerobicPool
ProcessHistorian	4	GS_AP_Temperature		32-位浮点数 IEEE 754	4		内部变量	GS_AnaerobicPool
Script	5	GS_AP_Timer		无符号的 16 位值	2		内部变量	GS_AnaerobicPool
TagLoggingRt	6	GS_AP_Valve		二进制变量	1		内部变量	GS_AnaerobicPool

图 3-13　所有内部变量

3.4　组态报警消息

在 WinCC 中，可以对某些离散量变量进行配置，当该离散量为 1 或为 0 时，显示一条消息在 WinCC 的画面中并进行归档以备后续查看；同时也可以设置某些模拟量的上限或下限，当模拟量的实际值超出上限或下限时，也会触发一条消息。本节内容讲述了如何创建若干离散量消息和模拟量消息。组态过程如下所示步骤。

3.4.1 组态离散量消息

步骤 1：在 WinCC 项目管理器中，右键单击"报警记录"，在快捷菜单中单击"打开"，如图 3-14 所示。

步骤 2：在"报警记录"的组态界面，单击"消息变量"下方的单元格，单击右侧 3 个点的按钮，在打开的变量选择对话框中，单击"WinCC 变量"左侧的"+"，然后单击"内部变量"左侧的"+"，选择变量组"GS_AgitatedReactor"，选择变量"GS_AR_Valve"，单击"确定"按钮，如图 3-15 所示。

图 3-14 打开报警记录

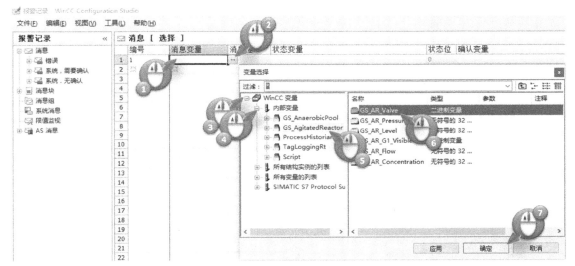

图 3-15 选择消息变量

步骤 3：向右拖动滚动条，找到"消息文本"列，输入"进料阀打开"，如图 3-16 所示。

	编号	消息变量	消息位	状态变量	状态位	确认变量	确认位	消息等级	消息类型	消息组	优先级	消息文本
1	1	GS_AR_Valve	0		0		0	错误	报警		0	进料阀打开

图 3-16 输入消息文本

步骤 4 重复步骤 2、3，再创建一条离散量消息，消息变量为"GS_AP_Valve"，消息文本为"反应阀打开"，如图 3-17 所示。

	编号	消息变量	消息位	状态变量	状态位	确认变量	确认位	消息等级	消息类型	消息组	优先级	消息文本
1	1	GS_AR_Valve	0		0		0	错误	报警		0	进料阀打开
2	2	GS_AP_Valve	0		0		0	错误	报警		0	反应阀打开

图 3-17 离散量消息

3.4.2 组态模拟量消息

步骤 1：在报警记录组态对话框左侧，选择"限值监视"，单击"变量"列下方的 3 个点的按钮。在打开的变量选择对话框中，选择变量组 "GS_AgitatedReactor"，选择变量"GS_AR_Level"，然后单击 "确定" 按钮，如图 3-18 所示。

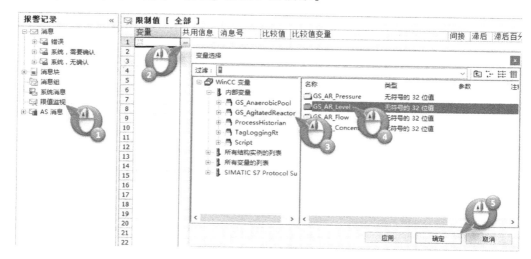

图 3-18　选择模拟量报警变量

步骤 2：选择 "GS_AR_Level" 左侧的三角图标，单击展开的黄色米字图标，然后单击右侧的下拉列表，选择列表中的 "上限"，如图 3-19 所示。

图 3-19　选择上限

步骤 3：使用键盘输入 "消息号" 为 3，输入 "比较值" 为 100，如图 3-20 所示。

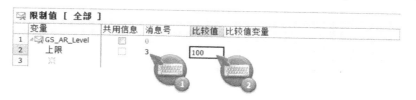

图 3-20　设置消息号及比较值

步骤 4：重复步骤 1 的操作，再添加一个模拟量报警变量 "GS_AP_Level"，如图 3-21 所示。

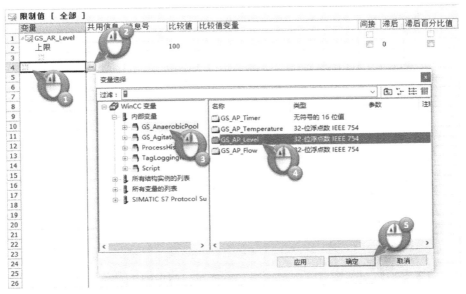

图 3-21　设置报警变量

步骤 5：设置"消息号"为 4，"比较值"为 100，如图 3-22 所示。

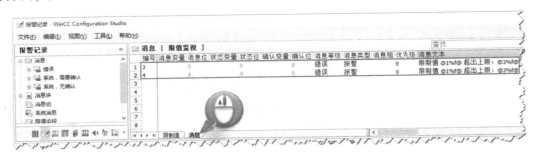

图 3-22　模拟量报警变量

步骤 6：单击界面下方的"消息"选项卡，查看创建好的模拟量报警，然后关闭报警组态界面，如图 3-23 所示。

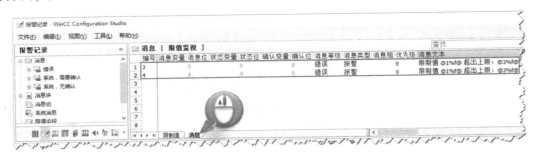

图 3-23　模拟量报警

3.5　组态过程值归档

如果需要在 WinCC 中将某些重要的过程值以某种规律记录下来，如每分钟记录一次、每变化一次记录一次或根据命令记录一次等，这种操作称之为过程值归档。本节将讲述如何将变量进行归档。归档的周期为 500ms。

3.5.1　组态过程值归档

组态过程步骤如下：

步骤 1：在 WinCC 项目管理器中，右键单击"变量记录"，在快捷菜单中单击"打开"，如图 3-24 所示。

步骤 2：在界面左侧选中"过程值归档"，然后在"归档名称"下方输入"PVA"，如图 3-25 所示。

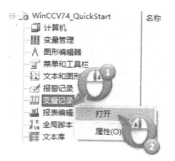

图 3-24　打开变量记录

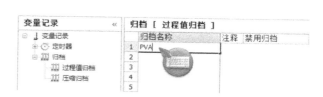

图 3-25　输入归档名称

3.5.2　组态归档变量

步骤如下：

步骤 1：选中"过程值归档"，然后单击其左侧的"+"图标，选中"PVA"，单击右侧单元格的黄色米字图标，单击其右侧的 3 个点的按钮，在弹出的变量选择对话框中，单击变量组"GS_AnaerobicPool"，按住 Ctrl 键，使用鼠标左键依次单击变量"GS_AP_Temperature""GS_AP_Level""GS_AP_Flow"，然后单击"确定"按钮，如图 3-26 所示。

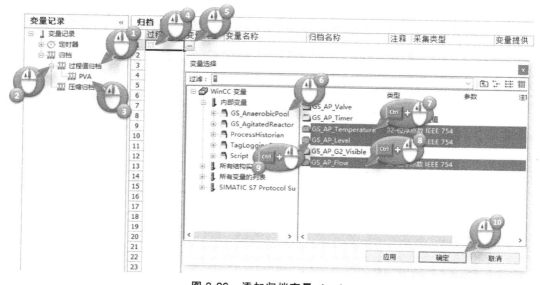

图 3-26　添加归档变量（一）

步骤 2：单击有黄色米字图标的单元格，然后单击其右侧的 3 个点的按钮，选中变量组

"GS_AgitatedReactor"，按住 Ctrl 键，使用鼠标左键依次单击变量 "GS_AR_Pressure" "GS_AR_Level" "GS_AR_Flow"，然后单击 "确定" 按钮，如图 3-27 所示。

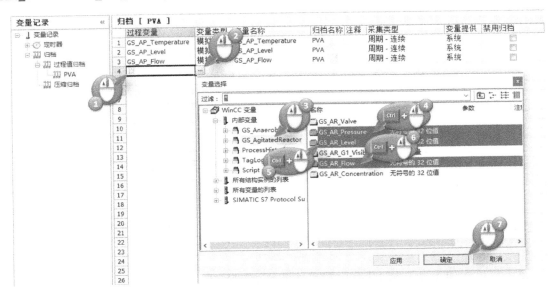

图 3-27 添加归档变量（二）

步骤 3：组态完成的归档变量组图 3-28 所示。

过程变量	变量类型	变量名称	归档名称	注释	采集类型	变量提供	禁用归档	也在变量中	采集周期	归档周期系数	归档/显示周期
1 GS_AP_Temperature	模拟量	GS_AP_Temperature	PVA		周期 - 连续	系统			500 ms	1	500 ms
2 GS_AP_Level	模拟量	GS_AP_Level	PVA		周期 - 连续	系统			500 ms	1	500 ms
3 GS_AP_Flow	模拟量	GS_AP_Flow	PVA		周期 - 连续	系统			500 ms	1	500 ms
4 GS_AR_Pressure	模拟量	GS_AR_Pressure	PVA		周期 - 连续	系统			500 ms	1	500 ms
5 GS_AR_Level	模拟量	GS_AR_Level	PVA		周期 - 连续	系统			500 ms	1	500 ms
6 GS_AR_Flow	模拟量	GS_AR_Flow	PVA		周期 - 连续	系统			500 ms	1	500 ms

图 3-28 归档变量

3.6 组态用户管理

在 WinCC 的运行系统中，某些重要的操作按钮或重要的参数设定往往需要使用权限进行保护，具备相应权限的用户才能操作这些按钮或进行参数设定。本节将讲述如何组态用户管理系统，在用户管理系统中创建用户组、用户并分配相应的权限。

3.6.1 创建用户组

创建用户组步骤如下：

步骤 1：在 WinCC 项目管理器中，右键单击 "用户管理器"，在弹出的快捷菜单中，选择 "打开"，如图 3-29所示。

步骤 2：在 "用户管理器" 界面左侧，左键单击 "用户管理器"，在默认的 "Administrator-Group" 下方的单元格中输入用户组名 "AdminGroup"，如图 3-30 所示。

步骤 3：在 "AdminGroup" 下方再输入一个用户组名

图 3-29 打开用户管理器

图 3-30　创建管理员组

"OperatorGroup"，如图 3-31 所示。

图 3-31　创建操作员组

3.6.2　添加组权限

添加组权限步骤如下：

步骤 1：选择左侧创建好的用户组"AdminGroup"，选择下方的"权限"选项卡，然后勾选权限"用户管理"和"改变画面"如图 3-32 所示。

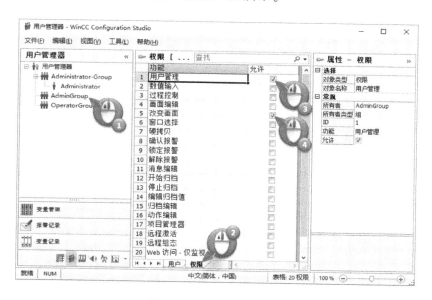

图 3-32　添加管理员权限

步骤 2：选择左侧创建好的用户组"OperatorGroup"，选择下方的"权限"选项卡，然后勾选权限"改变画面"，如图 3-33 所示。

3.6.3　创建用户

创建用户步骤如下：

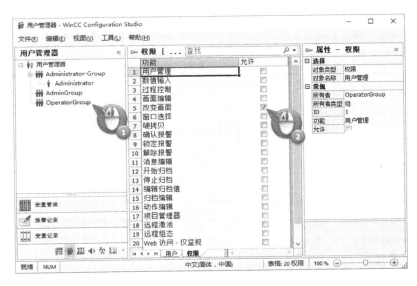

图 3-33 添加操作员权限

步骤 1：选中左侧的用户组 "AdminGroup"，单击下方的 "用户" 选项卡，在 "用户名" 下方的单元格中输入新用户 "admin1"，单击 "密码" 列下方的单元格，单击其右侧 3个点的按钮，在弹出的 "更改密码" 对话框中输入新密码 "admin1"，然后输入验证密码 "admin1"，单击 "确定" 按钮，如图 3-34 所示。

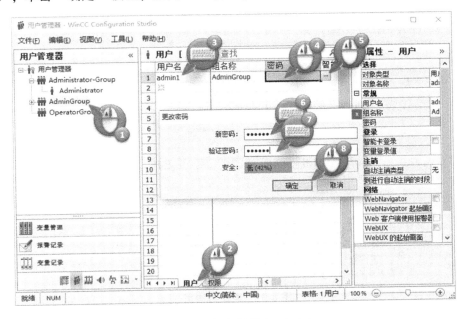

图 3-34 添加新用户 admin1

步骤 2：重复步骤 1 的操作，在用户组 "OperatorGroup" 下添加新用户 "Operator1"，密码为 "Operator1"，如图 3-35 所示。

图 3-35　添加新用户 Operator1

3.7　组态过程画面

在 WinCC 运行系统中，最终实现人机界面（HMI）交互功能的是图形系统。图形系统是 WinCC 项目组态中最为重要的一个环节。本节将讲述在 WinCC 的示例项目中组态一个框架画面、一个流程画面、一个报警画面和一个趋势画面。

3.7.1　创建所需画面

步骤如下：

步骤1：在 WinCC 项目管理器中，右键单击"图形编辑器"，在弹出的菜单中选择"新建画面"。右键单击新建的画面"NewPdl0.Pdl"，在弹出的菜单中选择"重命名画面"，如图 3-36 所示。

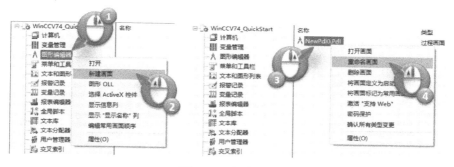

图 3-36　新建画面

步骤2：将画面"NewPdl0.Pdl"改名为"GS_Main.Pdl"，如图 3-37 所示。

图 3-37　重命名画面

步骤3：重复步骤1和步骤2，分别创建画面"GS_Alarm.Pdl""GS_Trend.Pdl""GS_WasteWater.Pdl"，如图 3-38 所示。

3.7.2　组态主画面

步骤1：右键单击（或左键双击）新建的画面"GS_Main.Pdl"，在弹出的菜单中选择

图 3-38　所有画面

"打开画面"，如图 3-39 所示。

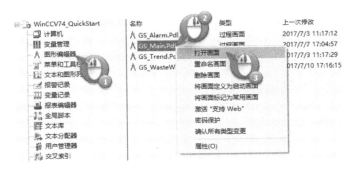

图 3-39　打开画面

步骤 2：左键单击画面空白位置，在屏幕下方的对象属性窗口中单击"属性"，在"画面对象"下单击"几何"，将右侧"画面宽度"属性的静态值改为"1920"，将"画面高度"属性的静态值改为"1080"，如图 3-40 所示。

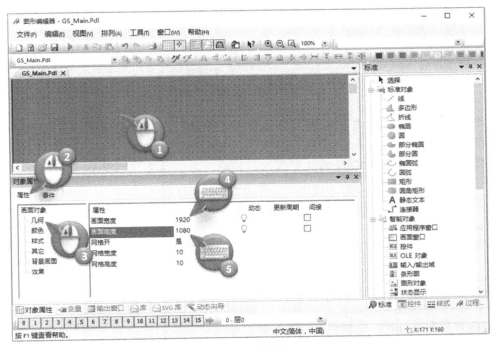

图 3-40　画面尺寸

提示： 画面的尺寸属性要设置为实际计算机的显示分辨率。由于作者使用的计算机的分辨率为 1920×1080，所以这里的画面宽度设置为 1920，画面高度设置为 1080。如果读者所使用的计算机的分辨率也是 1920×1080，那么主画面的宽度与高度遵循上图的设置方式。本节后续内容中所涉及的所有对象的几何属性均可按照本书给出的数字进行设置。如果读者所使用的计算机的分辨率并非 1920×1080，那么主画面的宽度与高度要按照实际分辨率去设置，而且本节后续内容中所涉及的所有对象的几何属性要适当调整。

步骤 3：选中"画面对象"的"效果"，双击"全局颜色方案"的"是"，将其变为"否"，然后选择工具栏中颜色选项卡中的白色，此时画面的背景色由灰色变为白色，如图 3-41 所示。

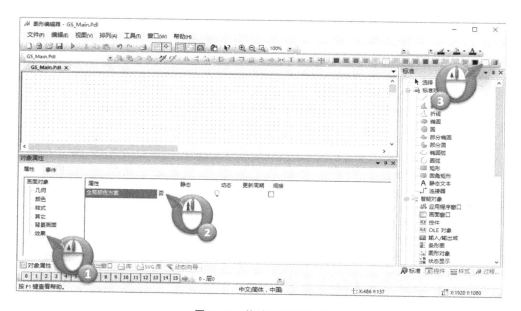

图 3-41 修改画面背景色

步骤 4：在右侧工具栏中的标准对象中找到"矩形"对象，将其拖拽至画面中任意位置，如图 3-42 所示。

步骤 5：选择"矩形"对象的几何属性，分别设置"位置 X"为 0、"位置 Y"为 0、"宽度"为"300""高度"为"1080"，如图 3-43 所示。

步骤 6：选择"矩形"对象的"效果"属性，在右侧双击"全局颜色方案"，将其改为"否"，如图 3-44 所示。

步骤 7：选择"矩形"对象的"样式"属性，在右侧双击"线宽"，在弹出的线宽属性对话框中，单击向下的三角按钮，将线宽的值改为 0，或直接将线宽的值设置为 0，然后单击"确定"按钮，如图 3-45 所示。

步骤 8：选择"矩形"对象的"颜色"属性，右键单击"背景颜色"，然后单击"编辑"，在弹出的颜色选择对话框中分别将红色、绿色和蓝色均设置为"73"，然后单击"确定"按钮，如图 3-46 所示。

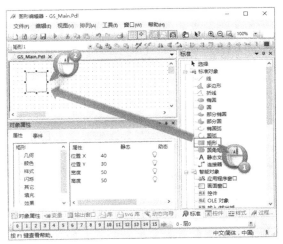

图 3-42　拖拽矩形

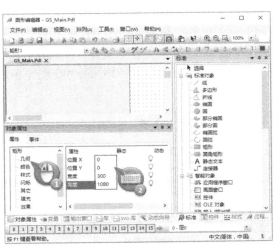

图 3-43　设置矩形几何属性

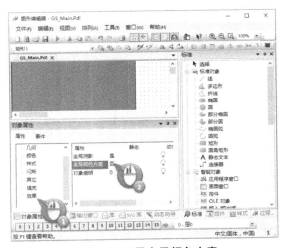

图 3-44　设置全局颜色方案

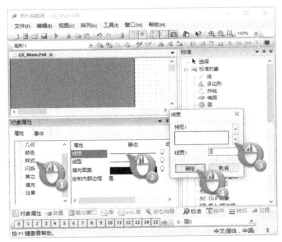

图 3-45　设置矩形线宽

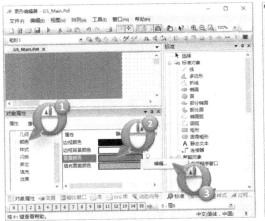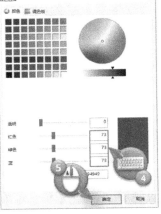

图 3-46　设置背景色

步骤 9：在右侧工具栏中的标准对象中找到"静态文本"对象，将其拖拽至画面中任意位置，如图 3-47 所示。

步骤 10：选择"静态文本"对象的几何属性，分别设置"位置 X"为"310""位置 Y"为"0""宽度"为"1620""高度"为"80"，如图 3-48 所示。

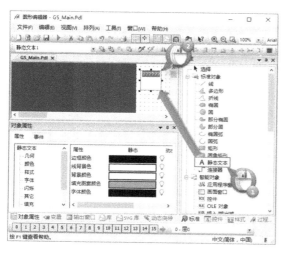

图 3-47　拖拽静态文本

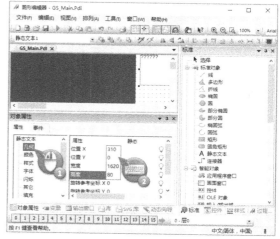

图 3-48　设置静态文本几何属性

步骤 11：选择"静态文本"对象的"字体"属性，将"文本"改为"废水厌氧处理流程监控系统"，将"字体大小"改为"40"，左键双击"Y 对齐"的静态内容，从下拉列表中选择"居中"，如图 3-49 所示。

步骤 12：选择"静态文本"对象的"效果"属性，在右侧双击"全局颜色方案"，将其改为"否"，如图 3-50 所示。

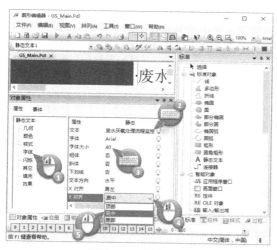

图 3-49　设置文本

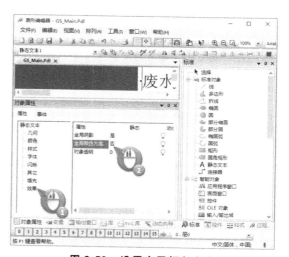

图 3-50　设置全局颜色方案

步骤 13：选择"静态文本"对象的"样式"属性，在右侧双击"线宽"，在弹出的线宽属性对话框中，单击向下的三角按钮，将线宽的值改为 0，或直接将线宽的值设置为 0，

然后单击 "确定" 按钮，如图 3-51 所示。

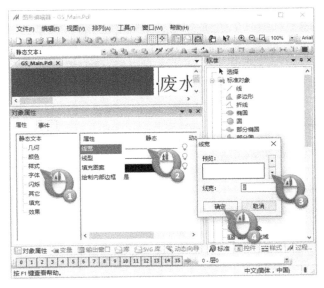

图 3-51　设置线宽

　　步骤 14：选择 "静态文本" 对象的 "颜色" 属性，右键单击 "背景颜色"，然后单击 "编辑"，在弹出的颜色选择对话框中分别将红色、绿色和蓝色均设置为 "73"，然后单击 "确定" 按钮，如图 3-52 所示。

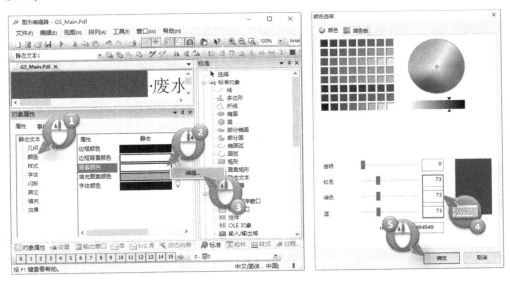

图 3-52　设置背景色

　　步骤 15：选择 "静态文本" 对象的 "颜色" 属性，右键单击 "字体颜色"，然后单击 "编辑"，在弹出的颜色选择对话框中选择白色，即红色、绿色和蓝色均设置为 "255"，然后单击 "确定" 按钮，如图 3-53 所示。

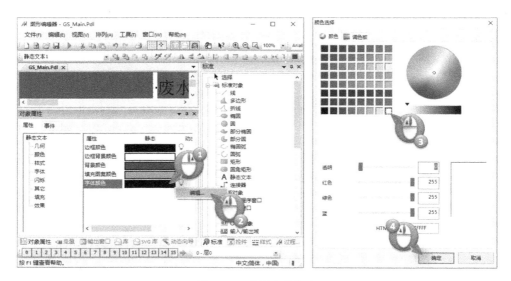

图 3-53　设置字体颜色

步骤 16：在右侧工具栏下部选择 "控件"，然后在 "ActiveX 控件" 下找到 "WinCC Digital/Analog Clock" 对象，使用左键将其拖拽到画面上，选择其 "效果" 属性，将 "全局颜色方案" 改为 "否"，如图 3-54 所示。

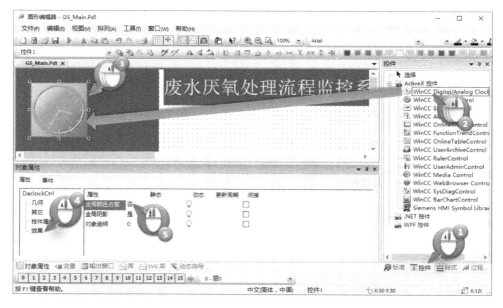

图 3-54　创建时钟对象

步骤 17：选择 "时钟" 对象的几何属性，分别设置 "位置 X" 为 "30" "位置 Y" 为 "20" "宽度" 为 "230" "高度" 为 "230"，如图 3-55 所示。

步骤 18：选择 "时钟" 对象的 "控件属性"，双击 "背景样式"，在弹出的选择列表中选择 "Frame Transparent - 1"，如图 3-56 所示。

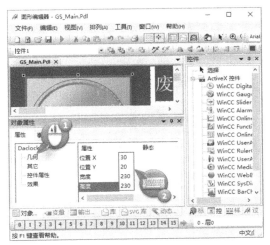

图 3-55　设置时钟尺寸

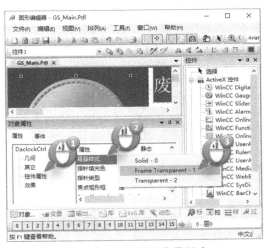

图 3-56　设置时钟背景样式

步骤 19：选择"时钟"对象的"控件属性"，右键单击"时钟刻度颜色"，然后单击"编辑"，在弹出的颜色选择对话框中选择白色，然后单击"确定"按钮，同样的操作步骤将指针填充色也设置为白色，如图 3-57 所示。

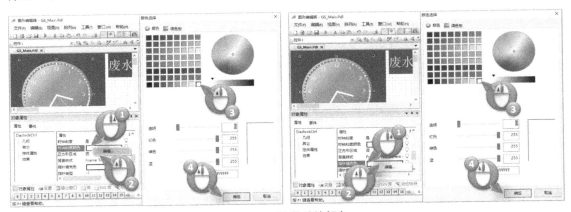

图 3-57　设置时钟颜色

步骤 20：在右侧工具栏中的标准对象中找到"静态文本"对象，使用鼠标左键将其拖拽至画面中任意位置，如图 3-58 所示。

步骤 21：选择"静态文本"对象的几何属性，分别设置"位置 X"为"10""位置 Y"为"260""宽度"为"270""高度"为"50"，如图 3-59 所示。

步骤 22：选中"静态文本"的"字体"属性，设置文本为"当前用户"，字体大小为"25"，左键双击"X 对齐"，选择"居中"，同样设置"Y 对齐"也为"居中"，如图 3-60 所示。

步骤 23：在右侧工具栏的"智能对象"下找到"输入/输出域"，使用鼠标左键将其拖拽到画面中，拖拽完成后，系统会自动弹出"I/O 域组态"窗口，单击"变量"后 3 个点的按钮，在弹出的变量选择对话框中选择"内部变量"，然后选中变量"@CurrentUser"，单击"确定"按钮，如图 3-61 所示。

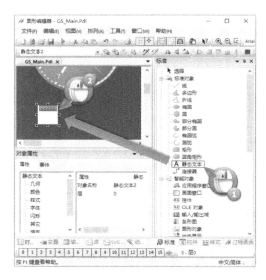

图 3-58　创建静态文本

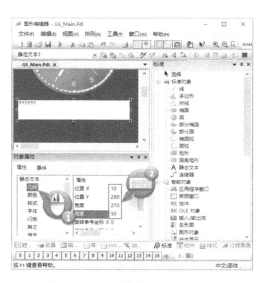

图 3-59　设置静态文本几何属性

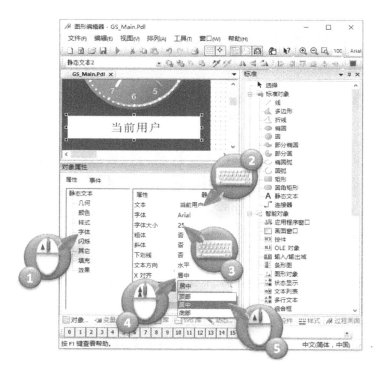

图 3-60　修改字体属性

步骤 24：选择 "I/O 域" 对象的 "几何" 属性，分别设置 "位置 X" 为 "10" "位置 Y" 为 "320" "宽度" 为 "270" "高度" 为 "50"，如图 3-62 所示。

步骤 25：选中 "I/O 域" 的 "字体" 属性，设置字体大小为 "25"，左键双击 "X 对齐"，选择 "居中"，同样设置 "Y 对齐" 也为 "居中"，如图 3-63 所示。

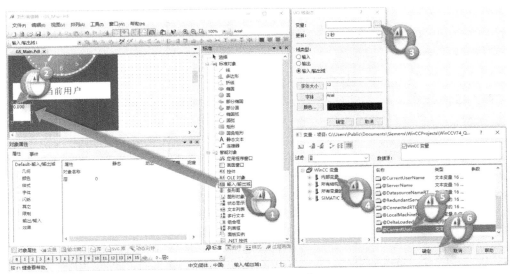

图 3-61　创建 I/O 域

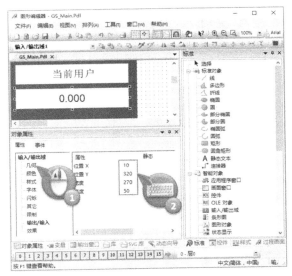

图 3-62　修改几何属性

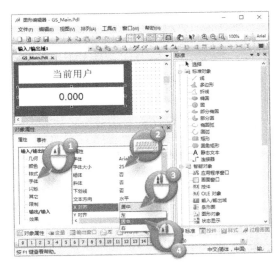

图 3-63　修改字体属性

步骤 26：选择 "I/O 域" 对象的 "输出/输入" 属性，双击 "域类型" 的静态内容，将其改为 "输出"，如图 3-64 所示。

步骤 27：选择 "I/O 域" 对象的 "输出/输入" 属性，双击 "数据格式" 的静态内容，将其改为 "字符串"，如图 3-65 所示。

步骤 28：在右侧工具栏中的 "窗口对象" 下找到 "按钮"，使用左键将其拖拽到画面上，在弹出的 "按钮组态" 对话框中，修改按钮的文本为 "登录"，如图 3-66 所示。

步骤 29：选中 "按钮" 对象的 "几何" 属性，分别设置 "位置 X" 为 "10" "位置 Y" 为 "390" "宽度" 为 "270" "高度" 为 "70"，如图 3-67 所示。

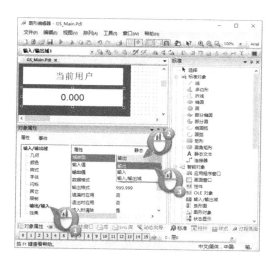

图 3-64　修改域类型

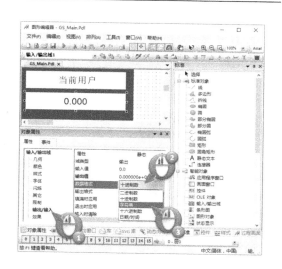

图 3-65　修改数据格式

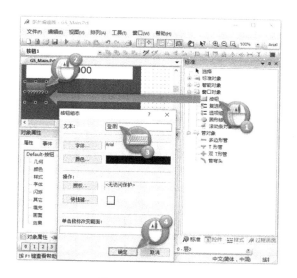

图 3-66　创建按钮

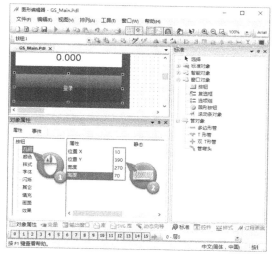

图 3-67　修改按钮几何属性

步骤 30：选中 "I/O 域" 的 "字体" 属性，设置字体大小为 "25"，如图 3-68 所示。

步骤 31：选中 "登录" 按钮，按下键盘 "Ctrl+C"，然后按 5 次 "Ctrl+V"，复制出 5 个新按钮，如图 3-69 所示。

步骤 32：按照表 3-1 分别设置这 5 个按钮的 "几何" 属性和 "文本" 属性，设置完成的按钮如图 3-70 所示。

步骤 33：选中 "流程画面" 按钮的 "其它" 属性，双击 "授权"，在弹出的窗口中选择 "改变画面"，然后单击 "确定" 按钮，如图 3-71 所示。

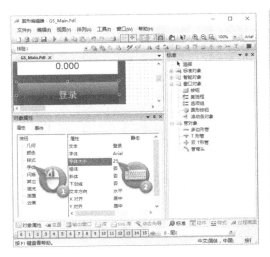

图 3-68　创建按钮

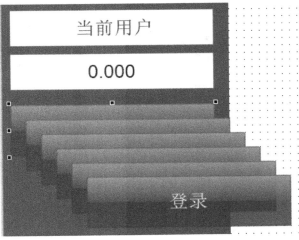

图 3-69　修改按钮几何属性

表 3-1　按钮的几何及文本

按钮	文本	位置 X	位置 Y
按钮 2	注销	10	470
按钮 3	流程画面	10	590
按钮 4	报警画面	10	680
按钮 5	趋势画面	10	770
按钮 6	退出系统	10	1000

图 3-70　按钮布局

步骤 34：重复步骤 33，分别为"报警画面"按钮和"趋势画面"按钮添加授权"改变画面"，为"退出系统"按钮添加授权"用户管理"。

步骤 35：选中"登录"按钮，单击"事件"选项卡，选择"鼠标"，右键单击"按左键"后的白色闪电图标，在弹出的菜单中选择"C 动作…（C）"，如图 3-72 所示。

步骤 36：在弹出的"编辑操作"窗口中，删除两个大括号之间的内容，然后输入如下脚本，输入完成后单击工具栏上的编译按钮。在窗口右下角可以看到"0 Error（s），0 Warning（s）"，然后单击"确定"按钮。这时白色闪电图标将变为绿色带 C 的闪电图标，如图 3-73 所示。

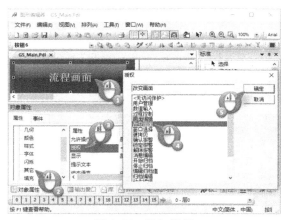

图 3-71　添加授权

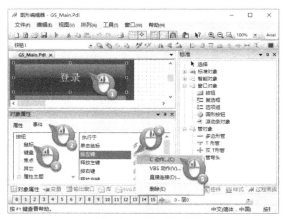

图 3-72　添加 C 动作

```
#pragma code ("useadmin.dll")
#include "PWRT_api.h"
#pragma code()
PWRTLogin('c');
```

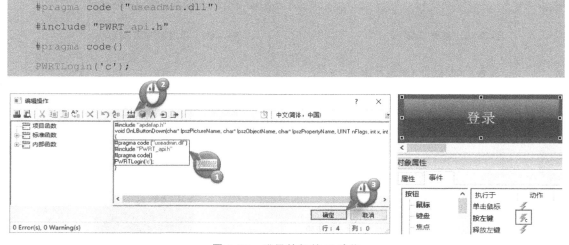

图 3-73　登录按钮的 C 动作

步骤 37：同理选中"注销"按钮，为其添加如下 C 脚本，如图 3-74 所示。

```
#pragma code ("useadmin.dll")
#include "PWRT_api.h"
#pragma code()
PWRTLogout();
```

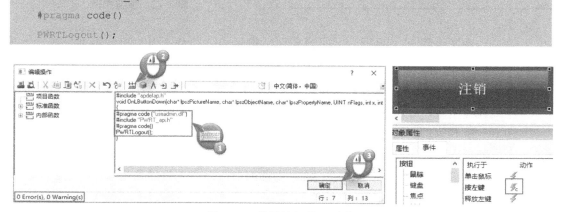

图 3-74　注销按钮的 C 动作

步骤 38：在右侧工具栏的"智能对象"中找到"画面窗口"对象，将其拖拽到画面上，选择"属性"选项卡，单击"几何"属性，设置"画面窗口"对象的"位置 X"为"310""位置 Y"为"80""窗口宽度"为"1620""窗口高度"为"1000"，如图 3-75 所示。

步骤 39：选中"画面窗口"对象的"其它"属性，左键双击"画面名称"，在弹出的画面名称对话框中选择"GS_WasteWater. Pdl"，然后单击"确定"按钮，如图 3-76 所示。

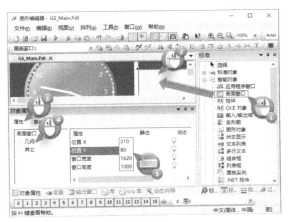

图 3-75　设置画面窗口几何属性

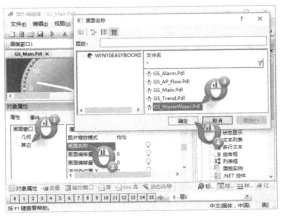

图 3-76　设置画面名称

步骤 40：在画面上左键单击"流程画面"按钮，在下方选择"事件"，然后选择"鼠标"，右键单击"按左键"右侧的白色闪电，在弹出的菜单栏中选择"直接连接（D）…"，如图 3-77 所示。

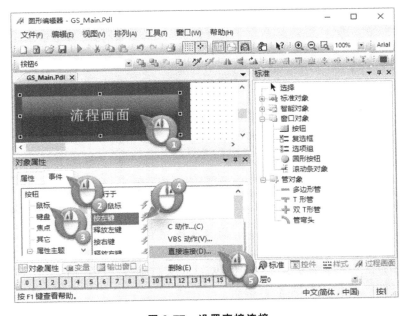

图 3-77　设置直接连接

步骤 41：在弹出的"直接连接"组态界面中，在"来源"区域选择"常数"，然后单击右侧的选择画面按钮，在弹出的画面选择对话框中选择"GS_WasteWater. Pdl"，然后单击

"确定"按钮,如图 3-78 所示。

图 3-78　设置直接连接来源

步骤 42:在"直接连接"组态界面的"目标"区域,选择"对象"列表中的"画面窗口 1",在"属性"列表中选择"画面名称",然后单击"确定"按钮,此时"按左键"右侧的白色闪电图标变为蓝色闪电图标,如图 3-79 所示。

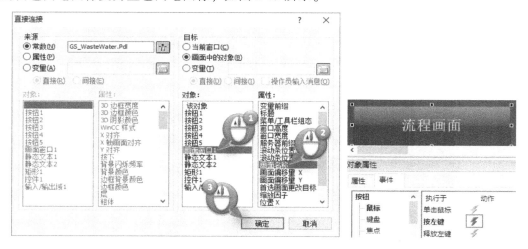

图 3-79　设置直接连接目标

步骤 43:重复步骤 40 至步骤 42,为"报警画面"添加"直接连接"事件,来源选择"GS_Alarm. Pdl";为"趋势画面"添加"直接连接"事件,来源选择"GS_Trend. Pdl"。

步骤 44:在画面上单击"退出系统"按钮,在界面下方选择"动态向导",然后选择"系统函数"选项卡,使用左键双击"退出 WinCC 运行系统",在弹出的"动态向导"对话框中单击"下一步"按钮,如图 3-80 所示。

步骤 45:选择"鼠标左键",然后单击"下一步"按钮,然后单击"完成"按钮,如图 3-81 所示。

步骤 46:选择"退出系统"按钮的"事件",选择"鼠标",双击"按左键"右侧的绿色闪电图标,可以看到 C 动作编辑器中多出一行"DeactivateRTProject ();",确认无误后单

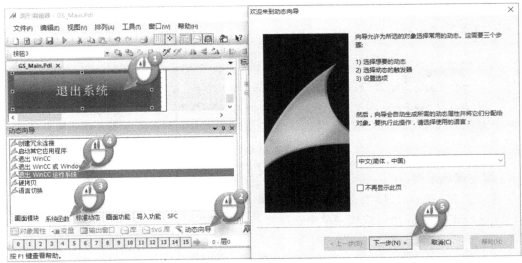

图 3-80 设置动态向导

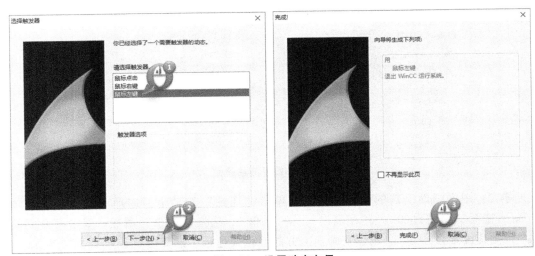

图 3-81 设置动态向导

击"确定"按钮关闭对话框，如图 3-82 所示。

图 3-82 退出系统 C 动作

步骤 47：单击工具栏上的"保存"按钮，关闭图形编辑器。此时 GS_Main.Pdl 画面组态完成，如图 3-83 所示。

图 3-83　保存并关闭画面

3.7.3　组态流程画面

步骤 1：在 WinCC 项目管理器中选择"图形编辑器"，然后右键单击"GS_WasteWater.Pdl"，在弹出的快捷菜单中选择"打开画面"，如图 3-84 所示。

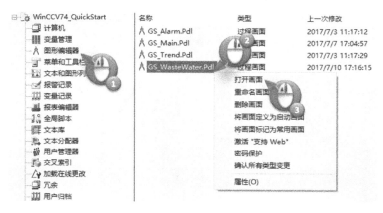

图 3-84　打开流程画面

步骤 2：单击画面空白的位置，在下方单击"属性"选项卡，选择"几何"属性，设置"画面宽度"为"1620""画面高度"为"1000"，选择"效果"属性，双击"全局颜色方案"，将其设置为"否"，然后在画面上方的颜色调色板中选择白色，如图 3-85 所示。

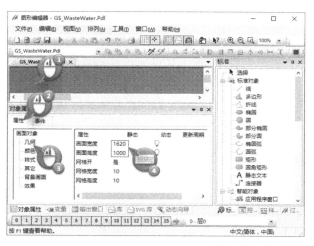

图 3-85　设置画面属性

步骤 3：在画面下方选择"库"选项卡，然后双击"全局库"，单击"Siemens HMI Symbol Library 1.4.1"左侧的"+"，单击上方的"超大图标"按钮和"预览"按钮，如图 3-86 所示。

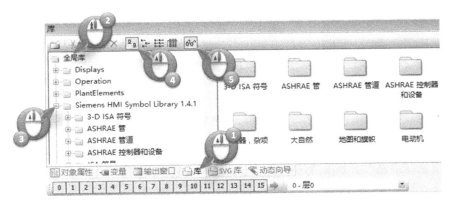

图 3-86　打开库对象

步骤 4：在左侧的树形结构中选择"管道"，依次将需要的管道对象拖拽至画面中任意位置，需要拖拽 1 个"90 度弯曲 2"、1 个"90 度弯曲 1"、1 个"左上弯管"、1 个"短垂直管"、6 个"短水平管"、2 个"右边带螺钉的法兰"和 1 个"左边带螺钉的法兰"，如图 3-87 所示。

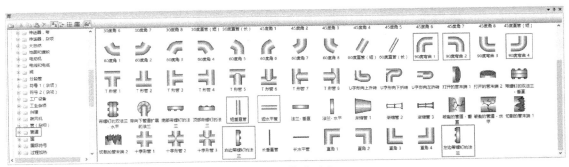

图 3-87　管道对象

步骤 5：在左侧的树形结构中选择"阀"，拖拽 2 个"3-D 阀"至画面任意的位置，如图 3-88 所示。

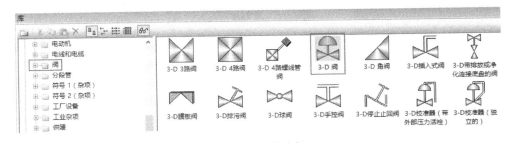

图 3-88　阀对象

步骤 6：在左侧的树形结构中选择"流量计"，拖拽 1 个"磁流量计 2"至画面的任意位置，如图 3-89 所示。

图 3-89 流量计对象

步骤 7：在左侧的树形结构中选择"水和废水"，拖拽 1 个"化学进料器 2"和 1 个"厌氧定序定量反应池"至画面的任意位置，如图 3-90 所示。

图 3-90 水和废水对象

拖拽出的库对象如图 3-91 所示。

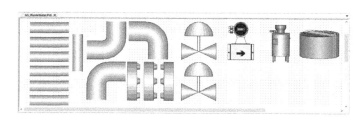

图 3-91 所需库对象

步骤 8：按照表 3-2 所示的位置及尺寸，设置各个库对象的"几何属性"，设置完成后的画面如图 3-92 所示。

表 3-2 库对象的位置及尺寸

对象	位置 X	位置 Y	宽度	高度
横管 1	138	398	80	20
横管 2	273	398	80	20
横管 3	606	712	80	20

（续）

对象	位置 X	位置 Y	宽度	高度
横管 4	736	579	80	20
横管 5	871	579	80	20
横管 6	1407	752	80	20
竖管	700	615	20	80
左上弯管	680	692	40	40
左下弯管	1489	751	40	40
右下弯管	700	579	40	40
左边带螺钉法兰	932	571	36	36
右边带螺钉法兰 1	589	704	36	36
右边带螺钉法兰 2	1390	744	36	36
化学进料器	309	325	340	500
厌氧定序定量反应池	955	473	450	360
磁流量计	1416	690	90	90
3-D 阀 1	210	354	70	70
3-D 阀 2	808	535	70	70

步骤 9：在画面中，单击化学进料器的 3D 阀，选择其"控件属性"，右键单击"符号外观"；在弹出的快捷菜单中，选择"阴影 - 1"，如图 3-93 所示，右键单击"前景色"右侧的白色灯泡图标，在弹出的快捷菜单中选择"动态对话框"，如图 3-94 所示。

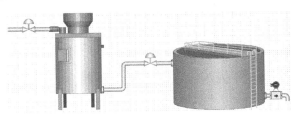

图 3-92　设置完成的库对象

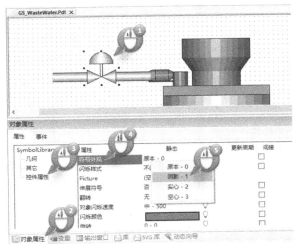

图 3-93　设置符号外观

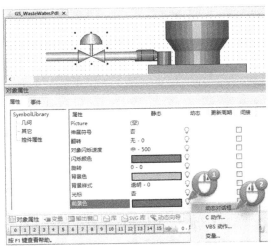

图 3-94　设置前景色（一）

步骤 10：在弹出的"动态对话框"中，选择数据类型为布尔型，然后双击"否/假"右侧的绿色前景色。在弹出的颜色选择对话框中，选择红色，然后单击"确定"按钮，如图 3-95 所示。

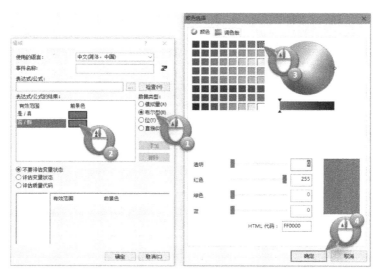

图 3-95 设置前景色（二）

步骤 11：单击"表达式/公式"右侧的 3 个点的按钮，选择"变量"，在打开的变量选择对话框中选中，"GS_AgitatedReactor"变量组，选中变量"GS_AR_Valve"，单击"确定"按钮，如图 3-96 所示。

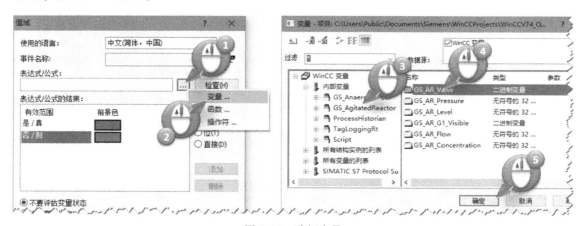

图 3-96 选择变量

步骤 12：左键单击界面右上方的触发器按钮，在弹出的"改变触发器"对话框中，选中变量"GS_AR_Valve"，右键单击标准周期下方的"2 秒"，在弹出的快捷菜单中选择"有变化时"，然后单击"确定"按钮，再次单击动态对话框的"确定"按钮，完成后，"前景色"右侧的白色灯泡图标将变为红色闪电图标，如图 3-97 所示。

步骤 13：重复步骤 9 至步骤 12，为"厌氧定序定量反应池"的 3D 阀的前景色设置动态对话框，步骤完全一致，不同的是变量选择变量组"GS_AnaerobicPool"下的变量"GS_

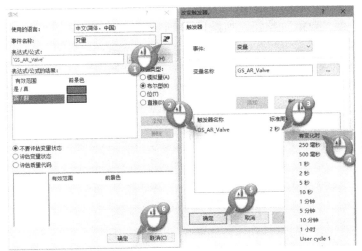

图 3-97 设置触发器

AP_Valve"。

步骤 14：在右侧工具栏的智能对象中，找到"条形图"，将其拖拽到画面上；在弹出的棒图组态对话框中，单击变量右侧的文件夹按钮；在弹出的变量选择对话框中，选中变量组"GS_AgitatedReactor"，然后选择变量"GS_AR_Level"，单击"确定"按钮，如图 3-98所示。

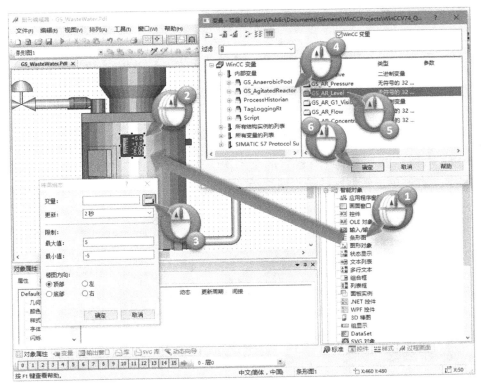

图 3-98 拖拽条形图

步骤 15：选择"更新"右侧的下拉列表按钮，选择"有变化时"，将最大值修改为 100，将最小值修改为 0，然后单击"确定"按钮，如图 3-99 所示。

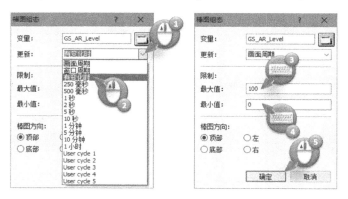

图 3-99　添加条形图变量

步骤 16：选择"条形图"对象的"几何"属性，将"位置 X"设置为"460""位置 Y"设置为"497""宽度"设置为"90""高度"设置为"210"，选择"其它"属性，双击"范围"，将其设置为"否"，选择"效果"属性，双击"全局颜色方案"，将其设置为"否"，如图 3-100 所示。

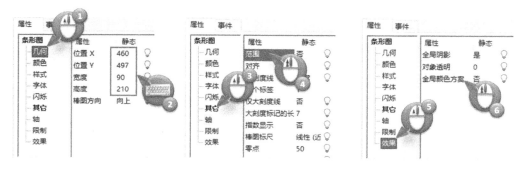

图 3-100　设置条形图属性

步骤 17：右键单击"化学进料器"的条形图，选择"复制"，然后右键单击任意位置选择"粘贴"，右键单击新粘贴的条形图选择"组态对话框"，如图 3-101 所示。

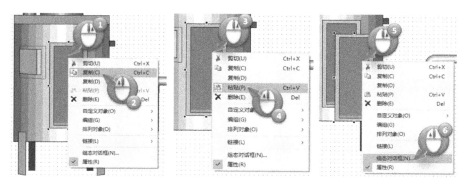

图 3-101　复制条形图

步骤 18：单击变量右侧的文件夹图标按钮，在弹出的变量选择对话框中，选择变量组"GS_AnaerobicPool"下的变量"GS_AP_Level"，单击"确定"按钮，然后再单击棒图组态的"确定"按钮，如图 3-102 所示。

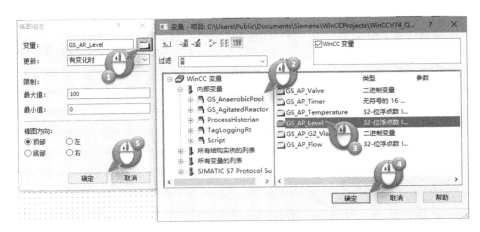

图 3-102　选择变量

步骤 19：选择新复制的条形图，将其"几何"属性中的"位置 X"设置为"1129"，"位置 Y"设置为"594"，如图 3-103 所示。

步骤 20：在右侧工具栏中，找到"窗口对象"下的"滚动条对象"，将其拖拽到画面上；在弹出的"滚动条组态"对话框中，单击变量右侧 3 个点的按钮，在变量选择对话框中选中变量组"GS_AgitatedReactor"，然后选择变量"GS_AR_Level"，单击"确定"按钮，如图 3-104 所示。

步骤 21：将"更新"改为"有变化时"，将"步长"改为"1"，然后单击"确定"按钮，选择滚动条对象的"几何"属性，设置"位置 X"为"290""位置 Y"为"500""宽度"为"50""高度"为"200"，选择"效果"属性，双击"WinCC 样式"，选择"全局"，如图 3-105所示。

步骤 22：重复步骤 20 至步骤 21，再创建一个"滚动条对象"，变量选择变量组"GS_AnaerobicPool"下的变量"GS_AP_Level"，"几何"属性中的"位置 X"设置为"880""位置 Y"设置为"620"。

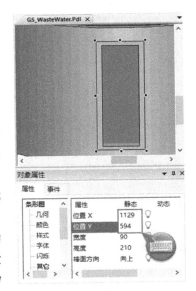

图 3-103　设置条形图位置

步骤 23：在右侧工具栏中找到"窗口对象"下的"按钮"，将其拖拽到画面上，在弹出的按钮组态对话框中将文本改为"OPEN"，然后单击"确定"按钮，如图 3-106 所示。

步骤 24：选择 OPEN 按钮的"效果"属性，双击"全局颜色方案"，将其改为"否"。选择"几何"属性，设置"位置 X"为"195""位置 Y"为"310""宽度"为"50""高度"为"30"，如图 3-107 所示。

图 3-104　设置滚动条变量

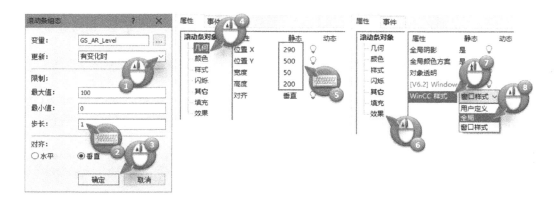

图 3-105　设置滚动条属性

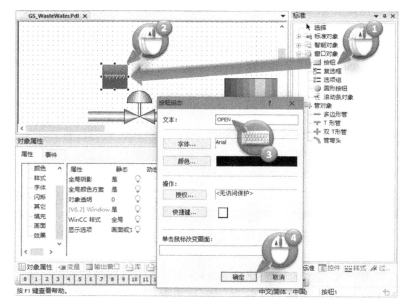

图 3-106　组态 OPEN 按钮

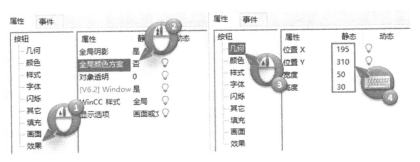

图 3-107　组态 OPEN 按钮属性

步骤 25：选择 OPEN 按钮的颜色属性，右键单击"背景颜色"，单击"编辑"，在弹出的"颜色选择对话框"中，选择绿色，然后单击"确定"按钮，如图 3-108 所示。

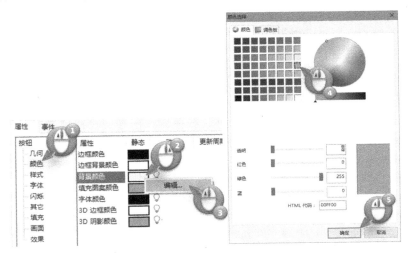

图 3-108　组态 OPEN 按钮背景色

步骤 26：选择 OPEN 按钮的"事件"选项卡，选择"鼠标"，右键单击"按左键"右侧的白色闪电图标，在弹出的快捷方式中，选择"直接连接（D)···"，如图 3-109 所示。

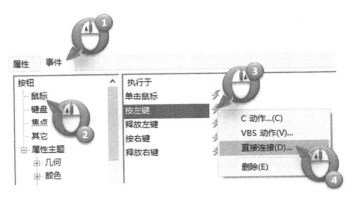

图 3-109　组态 OPEN 按钮鼠标事件

步骤 27：在弹出的直接连接组态对话框中，在"来源"下选择"常数"，然后填写数字 1，在"目标"侧选择"变量"，单击其右侧文件夹图标按钮，选中变量组"GS_Agitated-Reactor"，然后选择变量"GS_AR_Valve"，单击"确定"按钮，再单击直接连接组态对话框的"确定"按钮，如图 3-110 所示。

图 3-110　组态 OPEN 按钮直接连接

步骤 28：选择 OPEN 按钮，按下键盘 Ctrl+C 进行复制，然后按下键盘 Ctrl+V 进行粘贴，将新粘贴的按钮的"几何"属性按如下方式设置："位置 X"为"245""位置 Y"为"310""宽度"为"50""高度"为"30"，在"字体"属性中将"文本"设置为"CLOSE"，在"事件"中的"鼠标"中双击"按左键"右侧的蓝色闪电，将"常数"设置为 0，然后单击"确定"按钮，如图 3-111 所示。

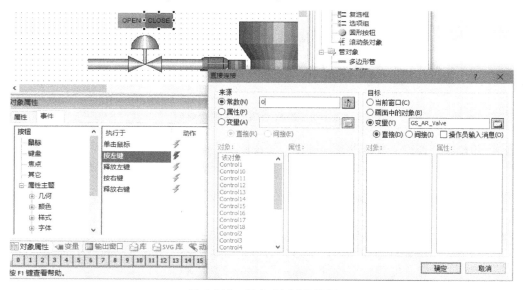

图 3-111　组态 CLOSE 按钮

步骤 29：按下 Shift 键同时选中"OPEN 按钮"和"CLOSE 按钮"，按下键盘 Ctrl+C 进行复制，然后按下键盘 Ctrl+V 进行粘贴，设置新"OPEN 按钮"的"位置 X"为"790""位置 Y"为"491""宽度"为"50""高度"为"30""直接连接"事件的变量为"GS_AP_Valve"；设置新"CLOSE 按钮"的"位置 X"为"840""位置 Y"为"491""宽度"为"50""高度"为"30""直接连接"事件的变量为"GS_AP_Valve"，单击工具栏上的保存按钮后关闭画面，完成的 WasteWater 画面如图 3-112 所示。

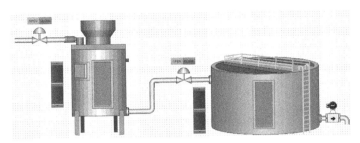

图 3-112 完成的 WasteWater 画面

3.7.4 组态报警画面

步骤 1：在 WinCC 项目管理器中，选择"图形编辑器"，然后右键单击"GS_Alarm.Pdl"，在弹出的快捷菜单中，选择"打开"，如图 3-113 所示。

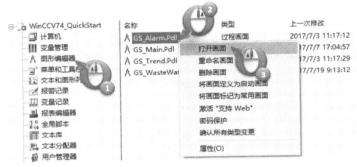

图 3-113 打开报警画面

步骤 2：单击画面空白的位置，在下方单击"属性"选项卡，选择"几何"属性，设置"画面宽度"为"1620""画面高度"为"1000"选择"效果"属性，双击"全局颜色方案"，将其设置为"否"，然后在画面上方的颜色调色板中选择白色，如图 3-114 所示。

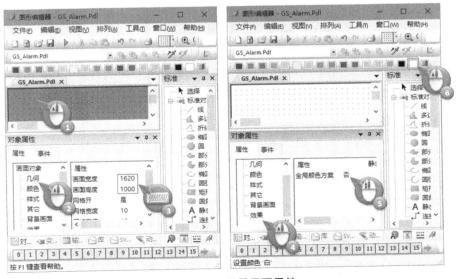

图 3-114 设置画面属性

　　步骤 3：在画面右侧的工具栏中，选择"控件"选项卡；在 ActiveX 控件中，找到"WinCC Alarm Control"，将其拖拽到画面上；在弹出的"WinCC AlarmControl 属性"对话框中，选择"消息列表"选项卡；在"可用的消息块"中，选择"消息文本"，单击下方的向右单箭头按钮，将其挪动至"选定的消息块"，然后单击"确定"按钮，如图 3-115 所示。

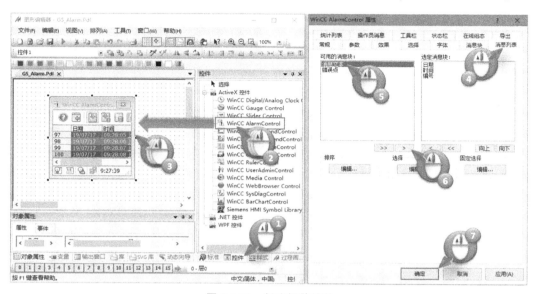

图 3-115　创建报警控件

　　步骤 4：选中"报警控件"，在"几何"属性中，设置"位置 X"为"10""位置 Y"为"10""宽度"为"1600""高度"为"980"，如图 3-116 所示。单击工具栏上的保存按钮后关闭画面。

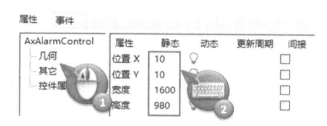

图 3-116　设置报警控件几何属性

3.7.5　组态趋势画面

　　步骤 1：在 WinCC 项目管理器中，选择"图形编辑器"，然后右键单击"GS_Trend. Pdl"，在弹出的快捷菜单中选择"打开"，如图 3-117 所示。

　　步骤 2：单击画面空白的位置，在下方单击"属性"选项卡，选择"几何"属性，设置"画面宽度"为 1620，"画面高度"为"1000"，选择"效果"属性，双击"全局颜色方案"，将其设置为"否"，然后在画面上方的颜色调色板中选择白色，如图 3-118 所示。

　　步骤 3：在画面右侧的工具栏中，选择"控件"选项卡，在 ActiveX 控件中找到"WinCC OnlineTrendControl"，将其拖拽到画面上，在弹出的"WinCC OnlineTrendControl 属性"对话框的"趋势"选项卡中，单击"变量名称"右侧的文件夹图标按钮，在弹出的归

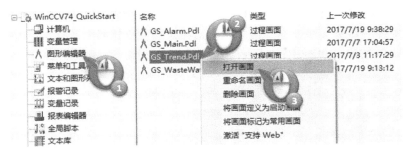

图 3-117　打开趋势画面

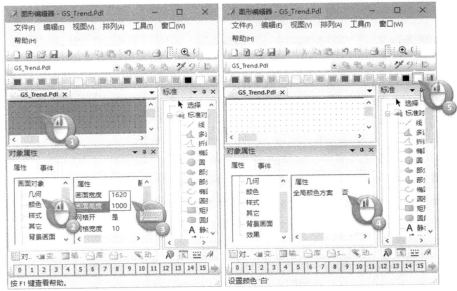

图 3-118　设置画面属性

档选择对话框中依次展开左侧的树形结构，选择归档变量"GS_AR_Level"，然后单击"确定"按钮，如图 3-119 所示。

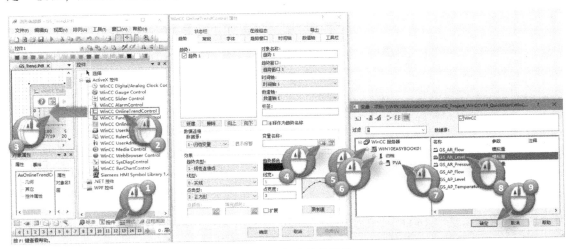

图 3-119　创建趋势控件

步骤4：将对象名称改为"GS_AR_Level"，然后单击"新建"按钮，再次单击"变量名称"右侧的文件夹图标按钮，在弹出的归档选择对话框中选择归档变量"GS_AP_Level"，然后单击"确定"按钮，如图 3-120 所示。

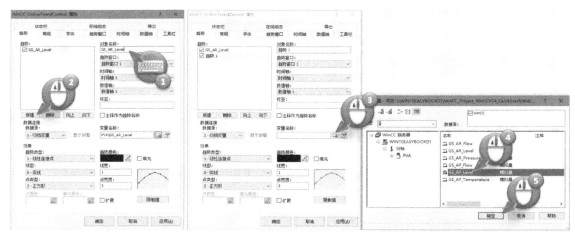

图 3-120　选择归档变量

步骤5：将对象名称改为"GS_AP_Level"，然后选择"数值轴"选项卡，取消"自动"的复选框，将范围改为"0~100"，然后单击"确定"按钮，如图 3-121 所示。

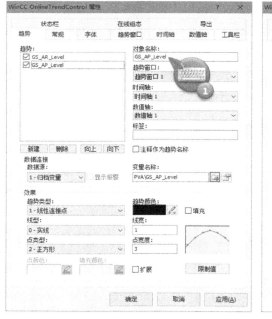
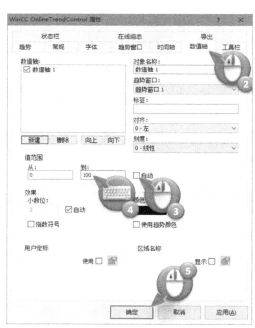

图 3-121　设置趋势控件属性

步骤6：选中"趋势控件"，在"几何"属性中，设置"位置 X"为"10""位置 Y"为"10""宽度"为"1600""高度"为"980"，如图 3-122 所示。单击工具栏上的保存按钮后关闭画面。

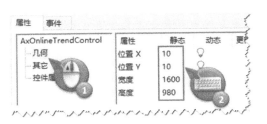

图 3-122　设置趋势控件几何属性

3.8　激活测试

当 WinCC 项目的组态工作完成后，可以使用工具栏中的激活按钮激活项目，激活后的项目称为 WinCC 的运行系统。下面将介绍激活项目前还要设置哪些选项？以及如何激活项目。

3.8.1　激活前工作

激活前工作步骤如下：

步骤 1：在 WinCC 项目管理器中，单击"计算机"，然后右键单击计算机名称；在弹出的快捷菜单中，选择"属性"，如图 3-123 所示。

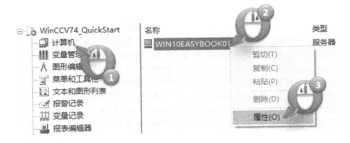

图 3-123　打开计算机属性

步骤 2：在"计算机属性"对话框中，选择"启动"选项卡，勾选"WinCC 运行系统的启动程序"中的"报警记录运行系统"和"变量记录运行系统"，然后选择"图形运行系统"选项卡，勾选"窗口属性"中的"全屏"，单击"确定"按钮，如图 3-124 所示。

步骤 3：在 WinCC 项目管理器中，选择"图形编辑器"，右键单击"GS_Main.Pdl"；在弹出的快捷菜单中，选择"将画面定义为启动画面"，如图 3-125 所示。

3.8.2　激活并测试项目

激活并测试项目步骤如下：

步骤 1：单击 WinCC 项目管理器上方工具栏中的三角形按钮，可以看到项目的激活过程，如图 3-126 所示。

步骤 2：单击"登录"按钮，输入 3.6.3 章节中创建的用户名及密码，如图 3-127 所示。

步骤 3：单击左侧的切换画面按钮，测试画面切换效果；单击"OPEN"和"CLOSE"按钮，查看是否分别可以将阀门改变为绿色和红色；上下拖动滑块，查看液位效果；切换至报警画面，查看报警信息；切换至趋势画面，查看曲线状态。

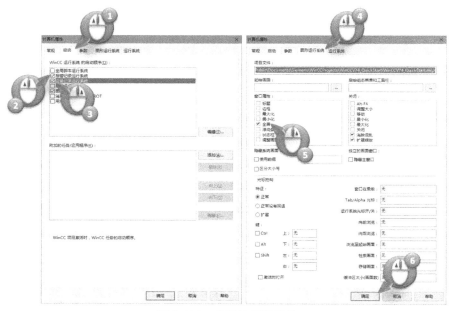

图 3-124　设置计算机属性

图 3-125　设置启动画面

图 3-126　激活项目

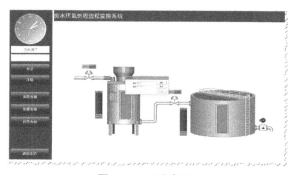

图 3-127　测试项目

第 4 章　使 用 项 目

WinCC 系统包括组态环境和运行环境。WinCC 的项目是指在组态环境中配置，并在运行环境中执行的工程文件，包括组态文件和运行数据。

通过本章的学习，能够初步地使用 WinCC 项目，并了解以下 WinCC 项目的常规设置。

- 了解 WinCC 的项目类型，创建新项目。
- 掌握 WinCC 项目管理器的常规操作。
- 设置项目在组态和运行环境的常规选项。
- 手动和自动启动项目。
- 设置项目的服务模式。
- 复制和移植项目。

4.1　项目类型

在创建项目之前，先简单介绍 WinCC 的三种项目类型：单用户项目、多用户项目和客户机项目。具体的内容将在第 12 章系统架构中有详细介绍。

4.1.1　单用户项目

如果只需要一台计算机运行 WinCC 项目，可创建单用户项目。运行 WinCC 项目的计算机既作为进行数据处理的服务器，又作为操作输入和结果输出的操作员站，而其它计算机不能通过网络远程组态该项目。运行 WinCC 单用户项目的计算机通过过程通信连接 PLC，其系统结构如图 4-1 所示。

4.1.2　多用户项目

如果需要在 WinCC 项目中使用多台计算机进行协同工作，可创建多用户项目。

对于多用户系统，存在以下两种不同情况。

1. 只有一个 WinCC 服务器的多用户系统

在该系统中只有一个 WinCC 服务器，该服务器具有一个或多个 WinCC 客户机，所有数据均位于服务器上。其系统架构如图 4-2 所示。

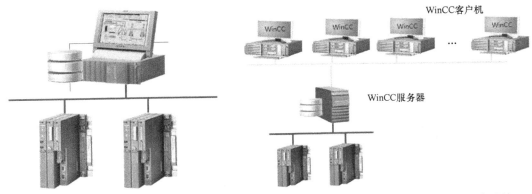

图 4-1　WinCC 单用户项目　　　　图 4-2　只有一个 WinCC 服务器的多用户系统

2. 具有一个或多个 WinCC 服务器的多用户系统

在该系统中具有多个 WinCC 服务器，多个 WinCC 服务器同时向一个或多个 WinCC 客户机提供数据，即一个 WinCC 客户机可访问一个或多个 WinCC 服务器。运行系统数据分布于不同 WinCC 服务器上，而组态数据位于 WinCC 服务器和 WinCC 客户机上。其系统架构如图 4-3 所示。

在图 4-3 中，圆圈数字标识的计算机表示不同类型的 WinCC 服务器和 WinCC 客户机。

运行 WinCC 多用户项目的计算机通过过程通信连接 PLC（可编程序控制器），其系统架构如图 4-2 和图 4-3 所示。在多用户项目中，可在服务器上组态对服务器进行访问的客户机，然后在相关计算机上创建所需要的客户机项目。

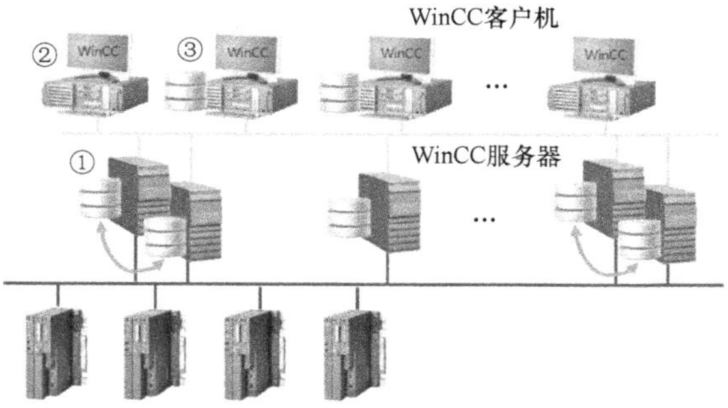

图 4-3　具有一个或多个 WinCC 服务器的多用户系统

注：①为 WinCC 冗余服务器；②为仅访问一个 WinCC 服务器的客户机；③为访问一个或多个 WinCC 服务器的客户机。

4.1.3　客户机项目

如果已经创建了多用户项目，随后则需要创建对服务器进行访问的客户机，并在作为客户机的计算机上创建一个客户机项目。

对于 WinCC 客户机而言，存在以下两种不同情况：

1. 只有一个服务器的多用户系统

客户机访问一个服务器。所有数据均位于服务器上，并在客户机上进行引用。系统架构如图 4-2 所示。组态只有一个服务器的多用户系统，不需要在 WinCC 客户机上创建客户机项目，这样的客户机也称为无项目的客户机。

2. 具有一个或多个服务器的多用户系统

客户机访问多个服务器。运行系统数据分布于不同服务器上，多用户项目中的组态数据位于相关服务器上。客户机上的客户机项目中可创建本机的组态数据：画面、脚本和内部变量等。系统架构如图 4-3 所示。

组态具有多个服务器的多用户系统，则必须在每个客户机上创建客户机项目。

4.2　项目创建及配置

WinCC 项目的创建及配置都是在 WinCC 的项目管理器中进行的。

4.2.1　项目管理器

WinCC 的项目管理器是单实例应用程序，在操作系统中只能打开一次。

1. 打开项目管理器

采用下列方式均可打开 WinCC 项目管理器以及相应项目（.mcp 文件）。

- 可在 Windows 开始菜单的"SIEMENS Automation"中选择"WinCC Explorer"快捷方式。

- 使用 Windows 桌面上的 WinCC 快捷方式。

- 在 Windows 资源管理器中，打开<项目>.mcp 文件。

　　首次启动 WinCC 时，将打开没有项目的 WinCC 项目管理器。每当再次启动 WinCC 时，上次最后打开的项目将再次打开。如果需要打开其它项目，可采用以下方式：

　　● 在 WinCC 项目管理器中，使用菜单"文件>打开"命令，浏览文件夹找到项目文件并打开项目文件。

　　● 在 WinCC 项目管理器中，使用菜单"文件>最近的文件"命令打开以前所打开的文件之一。最多可显示 8 个项目。

　　● 使用工具栏中的 按钮打开项目文件。

　　提示：当启动 WinCC 时，同时按下"SHIFT+ALT"键，并保持按下状态不动，直到出现 WinCC 项目管理器窗口时再松开，此时 WinCC 项目管理器打开，但不打开项目。

　　2. 关闭项目管理器

　　需要关闭 WinCC 项目管理器，可采用以下方式：

　　● 使用菜单"文件>退出"命令可关闭 WinCC 项目管理器，打开"退出 WinCC 项目管理器"对话框，如图 4-4 所示。

图 4-4　退出 WinCC 项目管理器

　　提示：未选择"退出时关闭项目"时，则只关闭 WinCC 项目管理器。如果项目已经激活，则项目将仍然处于打开和激活状态，打开的 WinCC 编辑器也保持打开。选择"退出时关闭项目"时，如果项目处于激活状态，则取消激活并关闭项目，WinCC 项目管理器以及所有打开的 WinCC 编辑器均将关闭。

　　● 使用在菜单"文件>关闭"命令，关闭当前项目以及所有打开的编辑器，而 WinCC 项目管理器不会关闭。

　　● 单击 WinCC 项目管理器窗口右上角的 按钮，退出 WinCC 项目管理器。

　　● 当退出 Windows 时，WinCC 将完全关闭。

　　3. 项目管理器组件

　　当启动 WinCC 时，WinCC 项目管理器将打开。使用 WinCC 项目管理器，可以实现如下功能。

　　● 创建项目。

　　● 打开项目。

　　● 管理项目数据和归档。

　　● 打开组件编辑器。

　　● 激活或取消激活项目。

　　打开 WinCC 项目管理器，可浏览项目组件，如图 4-5 所示。

　　浏览窗口包含 WinCC 项目管理器中的编辑器的列表，通过双击编辑器，可打开导航窗口中的对象。也可使用鼠标右键打开快捷菜单，通过"打开"命令打开相应的对象。

　　单击浏览窗口中的编辑器，数据窗口将显示属于编辑器的组件。所显示的组件信息将随编辑器的不同而变化，双击数据窗口中的组件以便将其打开。

　　WinCC 项目管理器的浏览窗口中的编辑器的功能见表 4-1。

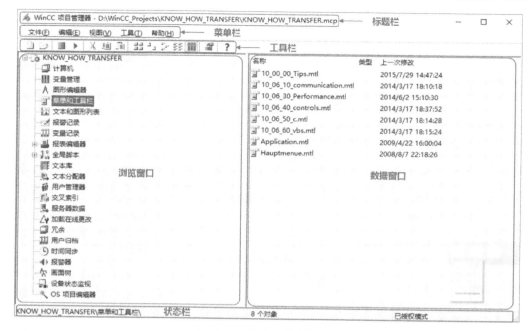

图 4-5　WinCC 项目管理器

表 4-1　编辑器和组件的功能列表

编辑器	功能用途	导入/导出工具	语言切换	在线组态
计算机	计算机名称和属性、项目属性(客户机和服务器)	不支持	支持	支持
变量管理	• 创建和编辑变量与通信驱动程序、结构类型与结构变量	WinCC Configuration Studio	不支持	支持
图形编辑器	创建和编辑过程画面	编辑器的导出功能	支持	支持
菜单和工具栏	为过程画面组态用户定义的菜单和工具栏	不支持	支持	支持
报警记录	组态消息和归档事件	WinCC Configuration Studio	支持	支持
变量记录	记录和归档变量	WinCC Configuration Studio	不支持	支持
报表编辑器	组态报表布局和打印任务	不支持	支持	支持
全局脚本	创建和编辑 C 脚本和 VB 脚本使项目动态化	编辑器的导出功能	支持	支持
文本库	创建和编辑与语言有关的用户文本	WinCC Configuration Studio	支持	支持
文本分配器	导出和导入与语言相关的文本	编辑器的导出和导入功能	支持	支持
用户管理器	管理用户和用户组的访问权	WinCC Configuration Studio	支持	支持
交叉索引	对使用对象的位置进行定位、显示和再连接	不支持	不支持	支持
服务器数据	创建和编辑用于多用户系统的服务器数据包	不支持	不支持	支持
加载在线更改	将已修改的项目组态传送给操作员站	不支持	不支持	支持
冗余	设置冗余系统中的两个服务器之间的同步参数	不支持	不支持	支持
用户归档	组态用户自定义的过程数据,例如配方	WinCC Configuration Studio	支持	支持
时间同步	对系统总线和终端总线上的设备的日期时间进行同步	不支持	不支持	支持
报警器	设置计算机声卡与消息相关的事件,例如声音报警	WinCC Configuration Studio	不支持	支持

（续）

编辑器	功 能 用 途	导入/导出工具	语言切换	在线组态
画面树	管理画面体系和名称体系	WinCC Configuration Studio	支持	支持
设备状态监视	监视服务器/客户机和服务器/PLC 之间的连接状态	不支持	不支持	不支持
OS 项目编辑器	初始化和组态类似于 PCS7 中的运行系统的用户界面和报警系统	不支持	不支持	不支持

如果安装了部分 WinCC 的选件，在项目管理器的浏览窗口中会出现新增的编辑器，例如 Web Navigator 等。

提示：在 WinCC 项目管理器的标题栏中，可右键单击并选择快捷菜单命令"将项目路径复制到剪贴板"，以备后续之用，如图 4-6 所示。

图 4-6 将项目路径复制到剪贴板

提示：在 WinCC 项目管理器的浏览窗口中，选择"图形编辑器"，在工具栏上选择 ⊞ ，可以显示画面预览，如图 4-7 所示。

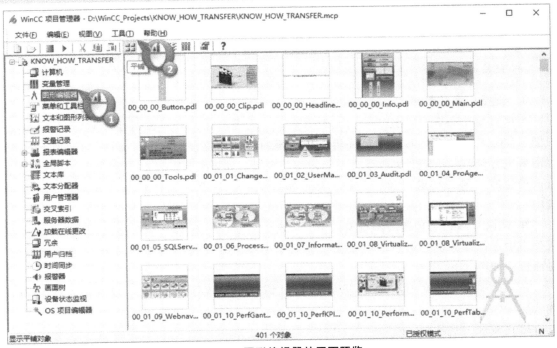

图 4-7 图形编辑器的画面预览

4.2.2 创建项目

不建议在系统分区或安装 WinCC 的分区里创建 WinCC 项目。当选择存储 WinCC 的分区时，请选择独立的分区并确保该分区有足够的可用空间。独立的分区还可确保在操作系统崩溃时，WinCC 项目及其包含的所有数据都不会丢失。

提示：不要将 WinCC 项目保存到压缩驱动器或目录中。

在第一次打开 WinCC 项目管理器时，或通过菜单"文件>新建"，或通过工具栏按钮"新建"创建 WinCC 项目时，需要设置项目的类型，如图 4-8 所示。

输入项目名称，选择项目路径，如图 4-9 所示。

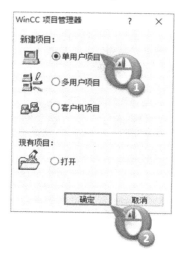

图 4-8　新建项目

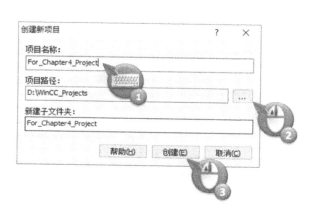

图 4-9　创建新项目

提示：如果希望项目文件夹名称与项目名称不同，在"新建子文件夹"中输入所需的文件夹名称。

4.2.3 设置计算机属性

当项目组态完毕，启动 WinCC 运行系统时，需遵循在"计算机属性"对话框中指定的设置。WinCC 将在每个项目中都采用运行系统的默认设置，而有些设置必须根据项目的实际需要进行修改。可随时更改运行系统的相关设置。如果某个项目正在运行系统中运行，但修改设置后，则必须退出运行系统，然后重新启动，这样所做的修改才会应用到运行系统中。

在 WinCC 项目管理器的浏览窗口中，单击"计算机"组件，在数据窗口中显示的计算机列表中选择计算机，然后双击或在快捷菜单中单击"属性"命令，打开"计算机属性"对话框，如图 4-10 所示。

在激活项目前，可在"计算机属性"对话框中定义下列设置（仅介绍主要的常用选项）。

1. "常规"选项卡

在"常规"选项卡中，显示项目运行的计算机名称和类型，如图 4-11 所示。

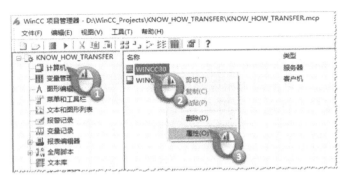

图 4-10　打开"计算机属性"窗口

图 4-11　"常规"选项卡

检查"计算机名称"输入框中是否输入了正确的计算机名称,"计算机类型"区域会显示将此计算机计划用作服务器还是客户机。

> **提示:**如果打开的项目是从其它计算机上复制的(未使用项目复制器),需要在本地计算机上运行,则单击"启动本地服务器"按钮,将项目中的计算机名称更改为本地计算机名称。关闭并重新打开项目之后,修改后的计算机名称才会生效,如图 4-12 所示。

2. "启动"选项卡

在"启动"选项卡中，可设置项目运行时的启动列表。在启动列表中，可指定激活项目时将要启动的应用程序，同时还将装载附加的应用程序。根据组态，WinCC 会自动勾选相应的组件。默认情况下，将始终启动并激活"图形运行系统"，如图 4-13 所示。

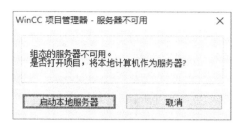

图 4-12　启动本地服务器

图 4-13　"启动"选项卡

在"WinCC 运行系统的启动顺序"列表框中，启用运行系统启动时要装载的应用程序。激活的模块通过列表条目前的复选标记进行标识。如果组态了编辑器组件的功能，但没有启用相应的应用程序，该功能将不会执行。例如，虽然在变量记录中组态了过程值归档，但没有启用"变量记录运行系统"，则不会有过程值进行数据归档。

如果希望在启动运行系统时打开附加的应用程序，单击"添加"按钮。打开"添加应用程序"对话框，如图 4-14 所示。

在"应用程序"输入框中，输入或单击"浏览按钮"导航所需要的应用程序及其完整路径，选择应用程序的命令行参数、工作目录以及窗口属性。

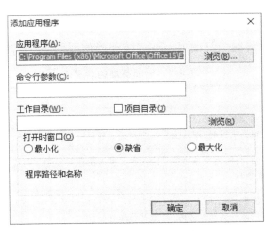

图 4-14　添加应用程序

提示：为了获得更好的计算机系统性能，应只启动 WinCC 运行系统中实际需要的应用程序。例如：在 WinCC 项目中未组态报表功能，可以不激活"报表运行系统"和"消息顺序报表"；在 WinCC 服务器项目（包括服务模式）中，一般无需在 WinCC 服务器本机上执行画面操作，可以不激活"图形运行系统"；"用户归档"作为 WinCC 的选件需要额外的许可证，如果没有组态"用户归档"功能，而启动了"用户归档"，系统会提示缺少"用户归档"的许可证。在默认情况下，WinCC 根据所组态的功能，已经将相应的附加应用程序添加到"附加的任务/应用程序"框中，而仅当需要 WinCC 启动其它应用程序时才需要手动添加。

3."参数"选项卡

在"参数"选项卡中，包含了对组态语言、时间显示模式和组合键的默认设置，如图 4-15 所示。

● 运行系统语言：在所选计算机上，选择系统运行时激活项目所应使用的语言。

● 运行系统默认语言：如果在"运行系统语言"中指定语言的相应文本不存在，那么选择用来显示画面对象文本的其它语言。

● 禁止键：为了避免在运行系统中出现操作错误，可锁定 Windows 系统典型的组合键。激活复选框，就可以避免操作员通过 Windows 系统典型的组合键（如

图 4-15　"参数"选项卡

<Windows+R>键或<CTRL+ESC>键等）脱离 WinCC 运行系统而操作其它应用程序。

 ● 运行时显示时间的时间基准：选择运行系统和报表系统中的时间显示模式。可以选择："本机时区""协调世界时（UTC）"和"服务器的时区"，具体说明见表4-2。

表 4-2　时间基准的含义

选　项	含　义
本机时区	在运行期间,时间信息以客户机或服务器的当地时区进行显示,即将协调世界时(UTC)转换为当地时区。创建新项目时,默认值为本机时区。项目中的单个对象使用默认设置"应用项目设置"
协调世界时/UTC	在运行期间,时间信息显示世界协调时。世界协调时(UTC)对应于格林威治标准时间,与时区无关,不存在夏令时
服务器的时区	在运行系统中,显示服务器的当地时区。在单用户系统中,该时间对应于当地时区的时间。以 ISO 8601 格式显示当地时区时,与世界协调时一致

4. "图形运行系统"选项卡

在"图形运行系统"选项卡中，包含了画面和热键的默认设置，如图4-16所示。

图 4-16　"图形运行系统"选项卡

（1）起始画面

在"起始画面"域中，输入相应的画面文件名称（PDL 格式），或单击 ... 按钮进行选择。如果组态了自定义的菜单和工具栏，在"启始组态菜单和工具栏"域中，输入相应的菜单和工具栏文件名称（MTL 格式），或单击 ⸺ 按钮进行选择。

> **提示**：也可以通过如下方式定义起始画面：在 WinCC 项目管理器浏览窗口中单击 "图形编辑器" 组件，数据窗口中将显示当前项目的所有画面（PDL 格式），右键单击所期望的画面，并选择 "将画面定义为启动画面"，如图 4-17 所示。

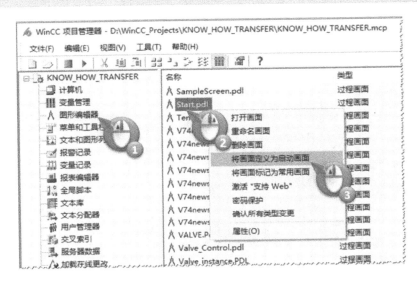

图 4-17　定义启动画面

（2）窗口属性

在 "窗口属性" 列表框中，激活运行系统中的窗口外观属性。在 "关闭" 列表框中，选择关闭占用大量内存的画面操作。

（3）隐藏画面和独立窗口

如果激活 "隐藏系统画面" 中的 "使用前缀" 并设置后面的前缀字符，则所有以该前缀字符作为前缀的画面在 "画面编辑器" 中都将隐藏。

如果激活 "隐藏主窗口"，则可使画面窗口在 WinCC 运行系统中以独立窗口的形式呈现。

（4）光标控制

在按表格形式排列对象的过程画面中，可定义光标控制光标和快捷键的行为，便于在没有鼠标的情况下通过键盘在对象之间进行切换。

（5）画面浏览热键

在某些情况下，无法使用鼠标控制 WinCC 运行时的过程画面和对象，这样就需要定义组合键，通过键盘对其进行操作。

● 窗口在最前：定义快捷键用于在主画面上的多个画面窗口之间进行切换，快捷键可激活下一画面窗口以便操作。

● Tab 或 Alpha 光标：切换 "光标模式" 属性。该快捷键用于切换 Tab 顺序和 Alpha 光标，操作过程画面中的多个对象，这需要为画面对象组态两种类型的光标顺序。

提示：在画面编辑器中，通过菜单"编辑>Tab 顺序→Alpha 光标/Tab 顺序"分别设定两种不同的对象切换顺序。

5. "运行系统"选项卡

在"运行系统"选项卡中，对运行系统进行某些特定的附加功能的设置，如图 4-18 所示。

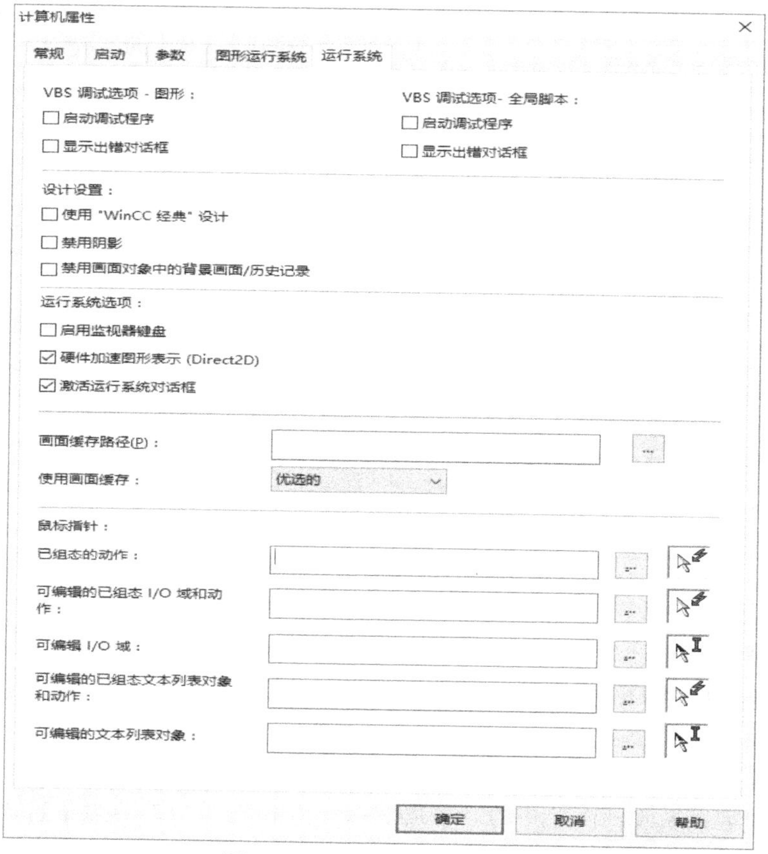

图 4-18　"运行系统"选项卡

（1）VB 脚本的调试选项

如果激活"启动调试程序"功能，则在运行系统中启动第一个 VB 脚本时，调试程序将启动。在项目调试阶段，该功能会加快故障排除的速度。

如果激活"显示出错对话框"功能，当 VB 脚本出错时将显示带有相关错误信息的警告对话框。可使用出错对话框中的按钮启动调试程序。

提示：如果需要调试程序和排除故障，就必须安装 Visual Basic 的调试程序。具体的信息请参考第 14 章 WinCC 脚本系统。在运行系统中激活调试程序时，会显示警告信息，但不会影响脚本执行。

（2）设计设置

设计设置要求使用建议的计算机硬件设备。通过关闭全局设计的部分功能，可以缩短计算机的响应时间。

- 使用"WinCC 经典"设计：无论在项目属性中的设置如何，WinCC 运行系统均以 WinCC 经典设计形式显示。并非所有 WinCC 画面中的对象都能用于 WinCC 经典设计中。
- 禁用阴影：在过程画面中，关闭对象的阴影效果。
- 禁用画面对象中的背景画面/历史记录：关闭背景画面和颜色渐进效果。

（3）运行系统选项

- 启用监视器键盘：激活"启用监视器键盘"复选框会在启动 WinCC 运行系统的同时激活虚拟键盘。
- 硬件加速图形表示（Direct2D）：Direct2D 用于显示图形效果和阴影，随着计算机硬件技术的不断提高，建议选择激活选项。
- 运行系统的系统对话框：可在运行系统中通过系统对话框快速切换画面和语言。

（4）画面缓存

为了显示运行系统画面，WinCC 客户机通常会访问 WinCC 服务器，并从中调用当前画面。为了降低 WinCC 服务器和网络负荷，可以使用"画面缓存"将 WinCC 服务器的画面存储在 WinCC 客户机上。该选项只对与 WinCC 服务器相连的 WinCC 客户机有意义，WinCC 客户机无需每次都加载 WinCC 服务器画面上的对象，而只是刷新这些对象中的数据。

"使用画面缓存"选择字段提供以下选项见表 4-3。

表 4-3　"使用画面缓存"选项

选项	功　　能
从不触发	不使用画面高速缓存
优选的	从服务器读取更改的画面，从画面高速缓存读取未更改的画面
总是	始终从画面高速缓存读取画面

（5）鼠标指针

使用"鼠标指针"组态操作 WinCC 运行系统的光标显示样式。使用 ⬚ 按钮打开文件选择对话框，浏览并选择相应的光标。默认的鼠标指针已经显示在 ⬚ 按钮的右侧。

4.2.4　设置全局设计

当项目组态完毕，启动 WinCC 运行系统时，除了"计算机属性"对话框中指定的设置外，还需遵循"项目属性"对话框中指定的设置。

在 WinCC 项目管理器的浏览窗口中，右键单击项目名称，打开"项目属性"对话框，如图 4-19 所示。

图 4-19　打开"项目属性"窗口

切换到"用户界面和设计"选项卡中，如图 4-20 所示。

为方便用户在 WinCC 项目运行时的对象以统一的风格样式显示所有对象，系统提供了许多用于更改项目在运行系统中的显示方式的选项。可以从一系列预定义和自定义的设计方案中选择，所有设计方案均包含颜色、图案和其它光学效果。

单击"激活设计"的"编辑"按钮，打开"全局设计设置"窗口，如图 4-21 所示。

WinCC 为项目提供了 5 种默认设计（图标右上角有锁型标志），不能修改。除了系统提供的设计之外，可创建、编辑、重命名和删除自定义的设计。

图 4-20　"用户界面和设计"选项卡

1. 创建和编辑设计

可预先选择某种系统设计，再单击 按钮添加新设计，新设计即以该系统设计作为模板，该设计的对象预览效果显示在"预览"框中，如图 4-22 所示。

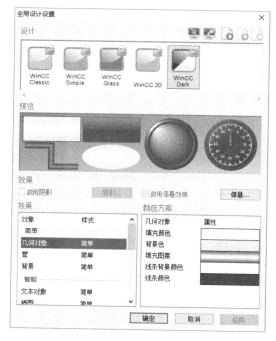

图 4-21　"全局设计设置"窗口

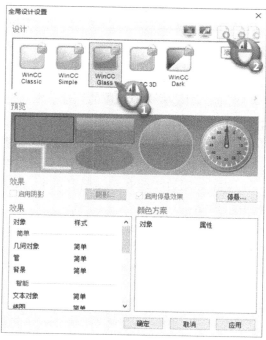

图 4-22　创建设计

（1）阴影效果

新建设计后，激活"启用阴影"，然后单击"阴影"按钮，打开"阴影设置"对话框，设置阴影偏移量和阴影颜色，如图 4-23 所示。

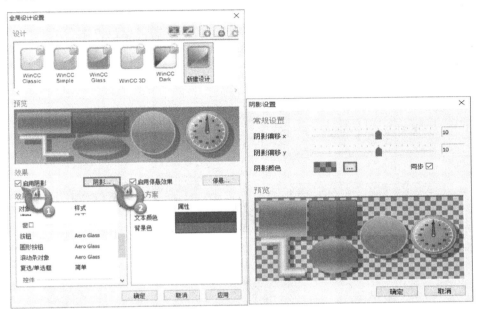

图 4-23 设置阴影效果

选中"同步"时，x 轴和 y 轴方向上的偏移量始终保持相同。

（2）悬停效果

悬停效果是指鼠标指针停留在对象上方时，对象所临时改变的显示状态。激活"启用停悬效果"，然后单击"停悬"按钮，打开"阴影设置"对话框，设置所需悬停效果，如图 4-24 所示。

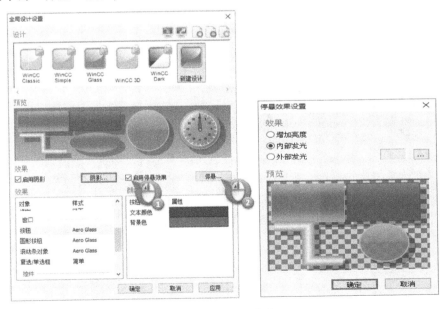

图 4-24 设置悬停效果

图 4-24 中，选中"增加亮度"为鼠标指针移到对象上方时，整个对象会变得更明亮；选中"内部发光"为鼠标指针移到对象上方时，对象内部以选定颜色发光；选中"外部发光"为鼠标指针移到对象上方时，对象边缘以选定颜色发光。

（3）画面对象的样式和颜色方案

在"效果"列表中为不同的对象选择相应的样式，并在"颜色方案"列表中为不同的对象选择相应的颜色（可以输入包括透明度的百分比和 RGB 的数值）和填充图案，如图4-25和图 4-26 所示。

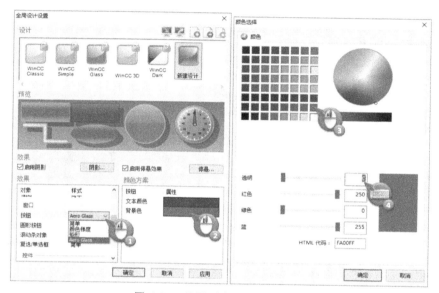

图 4-25　设置对象的样式和颜色

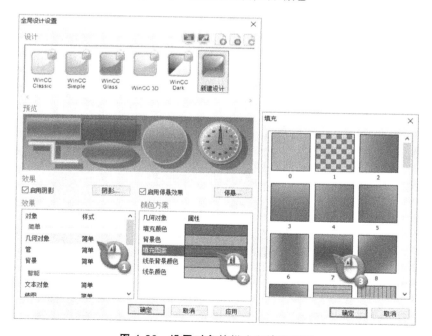

图 4-26　设置对象的样式和填充图案

　　提示： 画面对象的属性默认为全局设计设置。如果通过全局设计设置了某个属性，例如图 4-26 中"效果>简单>几何对象的"的"颜色方案"的填充颜色为红色，则即使将画面中的"圆圈"对象的填充颜色改为绿色（静态），或设置值为 RGB 数值的变量（动态），而在运行时画面中"圆圈"的填充颜色依然保持全局设计设置的红色。为启用所组态对象的静态和动态属性，可以在画面编辑器中的对象属性中禁用对象的全局阴影和全局颜色方案，如图 4-27 所示。

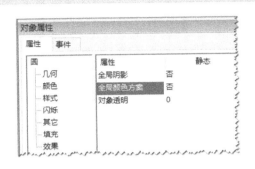

图 4-27　禁用对象的全局阴影和全局颜色方案

　　2. 导出和导入设计

　　单击 按钮导出相应的设计，以供其它项目使用。

　　单击 按钮导入相应的设计。

4.2.5　加载在线更改

　　1. 概述

　　在项目实施的某些阶段，例如前期调试或后期维护期间，通常会发现需要对现有的 WinCC 项目进行在线修改，也就是在不退出项目运行的情况下，在激活的项目中立即应用所做的修改。为了简化组态过程和缩短停机时间，需要事先将一台或多台计算机上运行的 WinCC 项目集中复制到一台计算机上统一进行修改。组态和测试完毕后将修改结果同步更新到一台或多台计算机上运行的项目中，这就需要使用"加载在线更改"功能。在之后的描述中，用于集中进行 WinCC 组态的计算机被称作组态计算机（即工程师站），用于在其上激活 WinCC 运行系统的计算机被称作操作员站。

　　对于项目的所有修改都在组态计算机上直接在线进行，无需在操作员站上进行组态修改。在线修改包括添加、编辑和删除运行系统对象，例如变量、报警和归档，加载在线修改的过程中并不需要取消激活操作员站上的 WinCC 项目。

　　2. 基本操作

　　（1）激活"加载在线更改"

　　在激活"加载在线更改"功能之前，必须将组态计算机和操作员站上的项目同步到同一项目状态，即必须通过项目复制将组态计算机和操作员站上的 WinCC 项目保持一致，具体的步骤参考章节 4.5 中项目复制。

　　在组态计算机的 WinCC 项目管理器的浏览窗口中，右键单击"加载在线更改"，选择"打开"，如图 4-28 所示。

> **提示**：如果首次使用"加载在线更改"功能，上述的"打开"命令可能不可用，可以选择"重置"和"关闭"命令取消"加载在线更改"功能，再选择"打开"命令。

激活"加载在线更改"功能后，WinCC 开始检测和记录对项目所作的所有修改。如果所作的修改不能用"加载在线更改"来记录，就会出现提示对话框，如图 4-29 所示。

图 4-28　打开"加载在线更改"

图 4-29　"加载在线更改"的提示对话框

此时，如果需要保留已有在线修改的组态，则选择"取消"放弃该组态步骤，然后执行下载"加载在线更改"；否则选择"确认"，在没有"加载在线更改"功能的情况下继续修改组态，这样一来，为使修改的组态生效，需要停止操作员站上的 WinCC 项目的运行，将组态计算机上的项目复制到操作员站之后再重新运行。

（2）下载"加载在线更改"

在下载"加载在线更改"前，必须在组态计算机上测试修改后的项目，确保该项目能够正常运行。同时必须关闭组态计算机上的所有 WinCC 编辑器。

如果需要在操作员站上运行的项目中应用"加载在线更改"功能所记录的组态修改，在组态计算机上的 WinCC 项目管理器的浏览窗口中，右键单击"加载在线更改"，选择"开始下载"，如图 4-30 所示。

然后，在"加载在线更改"对话框中，通过单击 ... 按钮导航或直接输入操作员站的计算机名称，如图 4-31 所示。

单击"确定"按钮后启动下载。在弹出的"加载在线更改"的进程对话框中包含两个进度条，分别反映整个下载的进度和当前操作的进度。如果之前已选中"下载后复位"复选框，则在"加载在线更改"之后进行复位，即删除之前所有记录的组态修改。下载完毕后，单击"确定"，关闭该进程对话框。

图 4-30　打开 "加载在线更改"

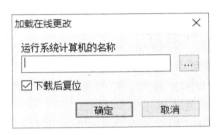

图 4-31　"加载在线更改" 的输入对话框

提示：如果修改的项目是多用户项目，在下载 "加载在线更改" 之后，操作员站上会重新生成服务器数据包，客户机利用服务器数据包自动更新功能将所做的更改作为数据包导入和加载。如果要下载 "加载在线更改" 到多个操作员站，需要禁用 "下载后复位" 复选框。

这样就将修改后的组态信息从组态计算机传送到操作员站，操作员站的 WinCC 项目将在运行系统中进行更新。

（3）复位 "加载在线更改"

以下两种方式均可复位 "加载在线更改" 功能。

1）重置：删除该功能记录的全部组态修改，这样可以避免将不需要的组态传送给操作员站。

2）关闭：删除该功能记录的全部组态修改后，关闭 "加载在线更改" 功能。

在组态计算机上的 WinCC 项目管理器的浏览窗口中，右键单击 "加载在线更改"，选择 "重置" 或 "关闭"，如图 4-32 所示。

单击 "是" 进行确认。所有记录的组态修改在 "加载在线更改" 功能中均将删除，不能再下载到操作员站。

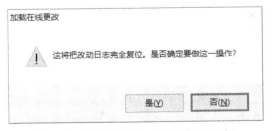

图 4-32　重置或关闭 "加载在线更改"

3. 使用限制

并非所有的对于项目的修改都可以从组态计算机通过 "加载在线更改" 功能同步传送

到操作员站。基本限制如下：

1）"加载在线更改"不能传送送任何打开的文件。例如，修改的画面在图形编辑器中处于打开状态。

2）组态计算机上的项目不能处于运行状态。

3）对于操作员站上运行的 WinCC 服务器项目，建议在已导入服务器数据包的所有 WinCC 客户机上打开相应的 WinCC 服务器项目。

4）在 WinCC 冗余系统中使用"加载在线更改"，需要将 WinCC 集成到 STEP 7 的 SIMATIC 管理器中，且仅需对主服务器启动下载"加载在线更改"。

5）"加载在线更改"功能不适于传送大量数据，一次性修改的 WinCC 对象不能超过 500 个变量、归档变量和消息。

"加载在线更改"功能支持的 WinCC 对象，请参考在线帮助中的描述。

4.3　项目运行

4.3.1　启动运行系统

激活 WinCC 项目，就是按照之前设置的计算机属性和项目属性启动 WinCC 运行系统。启动运行系统有以下几种方式。

1. WinCC 项目管理器的工具栏

在 WinCC 项目管理器中，打开所需的项目，单击工具栏按钮 ▶，"激活"对话框随即打开，显示将要启动的应用程序。

2. WinCC 项目管理器的菜单栏

打开 WinCC 项目管理器的菜单栏中的"文件 > 激活"命令，之后"激活"命令旁显示复选标记。

3. 打开 WinCC 项目管理器

如果已经激活了 WinCC 项目，在关闭 WinCC 项目管理器之前，未取消激活该 WinCC 项目，则再次打开 WinCC 项目管理器时，原项目将在运行系统中再次激活。

> **提示**：为避免上述情况，当启动 WinCC 时，同时按下 <SHIFT + CTRL> 键，并保持按下状态不动，直到在 WinCC 项目管理器中完全打开和显示项目。

4. 图形编辑器

在"图形编辑器"中，直接运行当前打开的画面，也可以启动运行系统。如果运行系统已经打开，则该画面将取代当前正在显示的 WinCC 运行系统画面。

可使用菜单"文件 > 激活运行系统"命令或单击工具栏 ▶ 按钮以启动运行系统。

4.3.2　设置自动启动

在 WinCC 项目投入运行之后，可以设置在操作系统启动并登录后，直接进入 WinCC 运行系统。无需打开 WinCC 项目编辑器，从而避免操作员在组态环境下的误操作。

在 Windows 开始菜单的"SIEMENS Automation > Autostart"，打开"Autostart 组态"对话框。系统默认显示本地计算机的自动启动设置，如图 4-33 所示。

1. 选择计算机和 WinCC 项目

如果设置本地计算机上的 WinCC 项目的自动启动，则单击"本地计算机"按钮；如果设置其它计算机上的 WinCC 项目的自动启动，则输入计算机名称，或单击 ⋯ 按钮选择网络路径中的计算机。可单击"读取组态"显示已选计算机的当前已组态的 WinCC 项目的自动启动信息。

单击"WinCC 项目"框旁的 ⋯ 按钮，选择所需要的项目，项目文件及其完整路径将输入框中，项目类型将显示在路径下。

2. 组态自动启动设置

组态自动启动的设置，相关选项的描述见表 4-4。

3. 取消自动启动设置

取消激活"自动启动激活"和

图 4-33　自动启动组态

"启动时激活项目"选项。WinCC 项目将从自动启动中删除，但项目路径仍然在"项目"框中保留，单击"删除输入字段"按钮，完全移除 WinCC 项目的自动启动设置。

表 4-4　自动启动选项

自动启动设置	Windows 系统启动时的动作
自动启动激活	● WinCC 启动 ● 在 WinCC 项目管理器中打开项目 ● 如果上次退出时已激活项目,则运行系统启动
启动时激活项目	● WinCC 启动 ● WinCC 项目管理器不打开 ● 在运行系统中启动项目 如果在客户机的自动启动组态选中复选框"启动时激活项目",而同时该服务器在网络中存在且可用,则将先激活该服务器项目,随后再激活客户机项目
激活时允许"取消"	如果项目已在运行系统中启动,则可以使用"取消"按钮将其取消激活
不含自身项目的客户端: 登录/密码	● WinCC 启动 ● 打开 WinCC 项目时,应用"多用户项目"中的系统设置 ● 使用相应的 WinCC 用户和密码自动登录
Windows 用户自动登录	● WinCC 启动 ● 打开 WinCC 项目时,应用"多用户项目"中的系统设置 ● 使用相应的 Windows 用户自动登录
添加备选/冗余项目	如果希望以自动启动的方式启动有冗余服务器的客户端,则也需要将备选/冗余项目输入到自动启动组态中。如果主服务器不可用,则备用服务器项目将随后启动

4.3.3　设置服务模式

从 WinCC 项目在操作系统中运行的方式上看，可将 WinCC 项目组态为标准项目或服务项目。

1. 标准项目

标准项目是指用户必须先在计算机上登录，才能够运行 WinCC 运行系统。即在运行系统中可进行交互式用户操作。这也是实际项目中常规的组态方式。

标准项目的启动步骤是用户先登录到操作系统，通过手动或自动的方式启动 WinCC 运行系统，然后 WinCC 运行系统将保持激活状态，直到用户退出 WinCC 运行系统或从操作系统注销，此后 WinCC 运行系统终止。

2. 服务项目

服务项目是指在没有用户登录到计算机时，也可以在计算机上以服务的方式运行 WinCC 运行系统。在装有 Windows Server 操作系统的 WinCC 服务器上，WinCC 运行系统可作为服务项目运行，而在具有或不含自身项目的 WinCC 客户机上，进行对服务器项目的用户交互式操作。

例如，WinCC 服务器项目部署在无人值守的服务器计算机上，这样在操作系统正常启动后，或在服务器计算机因故障宕机而重新启动操作系统后，用户不登录操作系统的情况下，WinCC 服务器项目作为操作系统的后台服务开始运行。对于项目的操作，由操作员在 WinCC 客户机上进行。

> **提示：** 服务项目的启动需要在 WinCC 自动启动中设置。

对于服务项目，WinCC 运行系统将作为服务的启动方式如图 4-34 所示。

在项目属性中，指定该项目作为服务项目运行，默认设置为作为标准项目运行。在 WinCC 项目管理器的浏览窗口中，单击项目名称，并在快捷菜单中选择"属性"，打开"项目属性"对话框。切换到"操作模式"选项卡，如图 4-35 所示。

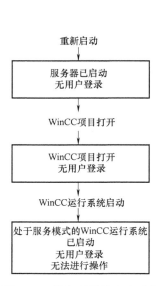

图 4-34　服务项目的启动过程

图 4-35　操作模式

启用"服务"选项，输入操作系统的用户和相应的密码，该用户必须是网络中所有 WinCC 系统相关计算机上的本地"SIMATIC HMI"用户组的成员，且该用户的密码在所有计算机上都必须相同。为保证 WinCC 服务项目的无中断运行，已组态的操作系统用户的密码不可更改且不能过期，这需要在设置操作系统用户属性时激活选项"用户不能更改密码"和"密码永不过期"，否则需要在"操作模式"中重新设置用户密码。

> **提示**：对于服务项目，在 C 脚本和 VB 脚本中不能调用需要交互操作的输入和消息框；也不能手动添加附加程序和任务到启动列表。

4.4　项目复制

使用项目复制器可以将项目复制到本地或另一个计算机上。

在 Windows 开始菜单的"SIEMENS Automation > Project Duplicator"，打开"项目复制器"组态对话框，如图 4-36 所示。

复制前必须先关闭要复制的源项目，且当前操作系统用户对项目复制的目标文件夹具有写访问的权限。

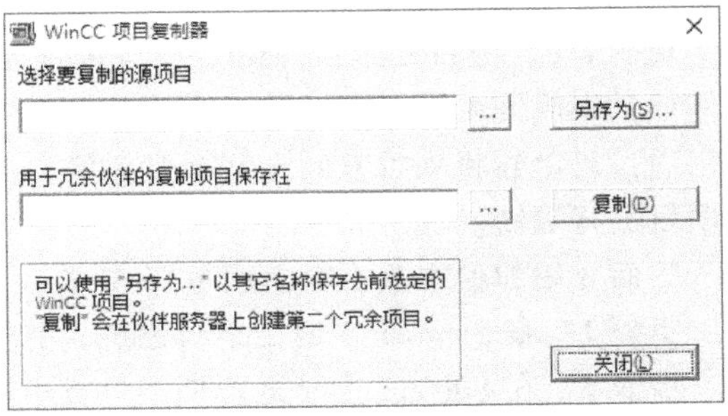

图 4-36　WinCC 项目复制器

4.4.1　另存项目

在下列情况下，可以使用"另存为..."功能复制项目。

- 希望在多台计算机上编辑同一项目。
- 希望在多台计算机上的多用户系统中运行项目。
- 希望编辑项目并使用下载在线更改功能。
- 希望将项目进行备份归档。

在"选择要复制的源项目"域中，输入包含完整路径的项目文件名称，或单击 ... 按钮搜索所需项目文件。单击"另存为..."按钮，打开"保存一个 WinCC 项目"对话框，如图 4-37 所示。

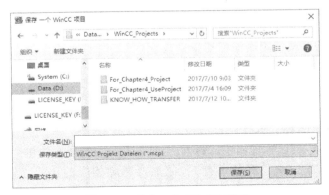

图 4-37　另存一个 WinCC 项目

选择项目复制目标文件夹，在"文件名"域中输入项目名称。

"另存"功能仅复制 WinCC 项目的组态数据，不包括之前运行的历史数据。

提示：不能直接将项目复制到外部存储介质。如果希望将某个项目复制到外部数据介质上进行备份，则应先使用项目复制器将该项目先另存到本地文件夹，再将该文件夹通过复制、粘贴的方法复制到外部存储介质。

4.4.2　为冗余服务器复制项目

对于冗余项目，需要在主服务器上使用"复制"功能复制项目到冗余伙伴服务器。

在"选择要复制的源项目"框中，输入包含完整路径的项目文件名称，或单击 ⋯ 按钮搜索所需项目文件。在"用于冗余伙伴的复制项保存在"框中，输入要存储所复制项目的路径，或通过单击 ⋯ 按钮进行搜索。

复制后，"项目复制器说明"窗口将打开，WinCC 提示仍需检查的设置。

如果编辑冗余项目，某些组态不能用"加载在线更改"功能来保存和同步，这就需要使用项目复制器将项目复制到冗余服务器，从而实现在项目运行和操作期间对冗余服务器上的项目进行更新。

下面介绍如何在具有两个服务器 Server1 和 Server2 的冗余系统中使用该功能。

步骤 1：在 Server1 上退出运行系统，并关闭项目。

步骤 2：在 Server2 上于运行期间进行组态更改，并保存这些更改。

步骤 3：在 Server2 上启动项目复制器，使用"复制"按钮，将 Server2 上的项目复制到 Server1 项目的目标文件夹，并将原项目覆盖。

步骤 4：在 Server1 上打开项目，检查之前在 Server2 上进行的组态更改。启动运行系统，等待进行冗余同步。

4.5　应用示例

在完成以上关于 WinCC 项目学习目标的基础上，通过示例来实现以下功能。

- 创建单用户项目，然后修改为多用户项目。
- 组态多语言。
- 设置项目属性。
- 设置计算机属性。
- 启用系统对话框调，用画面和切换语言。
- 在本地备份项目。

步骤 1：打开 WinCC 项目管理器后，通过工具栏按钮"新建"创建 WinCC 项目，设置项目的类型为"单用户项目"，如图 4-38 所示。

步骤 2：输入项目名称，选择项目路径，如图 4-39 所示。

步骤 3：在 WinCC 项目管理器中，打开"文本库"编辑器，右键"文本库"；在快捷菜单中，选择"添加语言"或"删除语言"，添加或删除相应的语言，使得文本语言仅包含"英语"和"中文"，如图 4-40 和图 4-41 所示。

步骤 4：在 WinCC 项目管理器中，右键"图形编辑器"，在快捷菜单中选择"新建画面"，然后双击打开新建的画面，如图 4-42 所示。

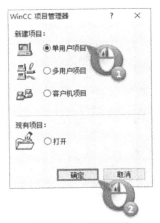

图 4-38 新建项目

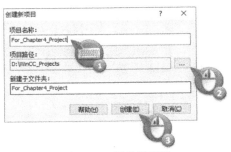

图 4-39 创建新项目

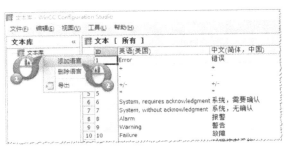

图 4-40 添加语言

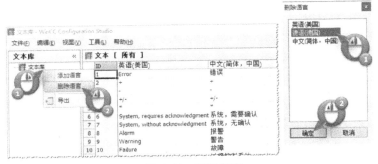

图 4-41 删除语言

步骤 5：在图形编辑器和"标准对象"中，选择"静态文本"，拖拽到画面中的相应位置。在该静态文本的"属性 > 字体 > 文本"上双击打开文本输入窗口，在相应的语言栏中输入相应的字符，如图 4-43 所示。

步骤 6：单击工具栏中 按钮，保存当前画面。选择菜单"文件 > 另存为"，将画面另存为第二个画面，如图 4-44 所示。

步骤 7：在 WinCC 项目管理器中，打开"文

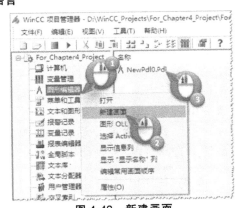

图 4-42 新建画面

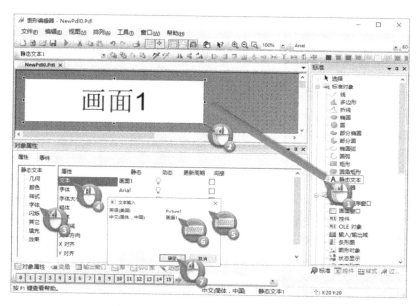

图 4-43 静态文本输入多语言字符

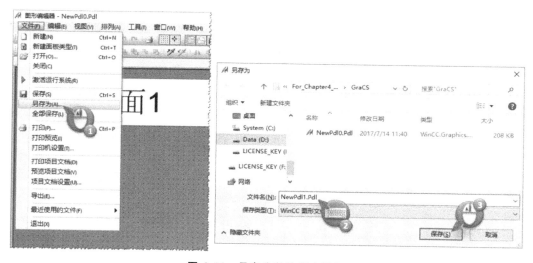

图 4-44 另存为其他相应画面

本分配器"编辑器，选择"导出文本"，取消其它选项，仅保留"图形编辑器 > 画面中的文本"，选择"导出文件"的文件格式为文本文件，如图 4-45 所示。

> **提示**：导出的文件格式还可以选择 CSV 文件，以便在 Excel 中分列后进行编辑。如果需要导出的画面数量固定，则可以激活"选择画面"，选择相应的画面；如果需要导出的画面对象过多，则可以激活"每个画面一个文件"。如果并非编辑导出的所有语言，则可以激活"选择语言"，选择相应的语言。

步骤 8：使用记事本打开导出的文件<项目>_ GraphicsDesigner.txt，修改另存画面中的静态文本的多语言字符，如图 4-46 所示。

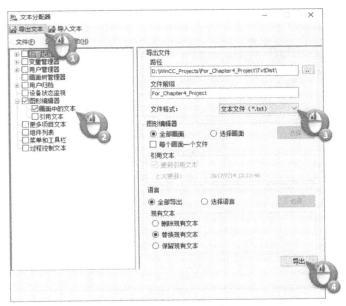

图 4-45 导出文本

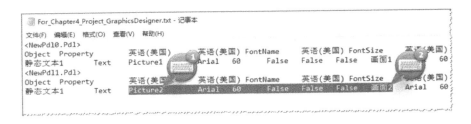

图 4-46 在记事本中修改导出文本

步骤 9：在 WinCC 项目管理器中，打开"文本分配器"编辑器，选择"导入文本"，选择"导出文件"的"文件格式"为文本文件，选择"图形编辑器 > 画面中的文本"，如图 4-47 所示。

步骤 10：在 WinCC 项目管理器的浏览窗口中，单击"图形编辑器"组件，数据窗口中将显示当前项目的所有画面（PDL 格式），右键单击所期望的画面，并选择"将画面定义为启动画面"，如图 4-48 所示。

步骤 11：选择所有画面并右键单击，在快捷菜单中，选择"将画面标记为常用画面"，如图 4-49 所示。

步骤 12：在 WinCC 项目管理器的浏览窗口中，右键单击项目名称，打开"项目属性"对话框，如图 4-50 所示。

步骤 13：在"常规"选项卡中，修改项目类型为"多用户项目"，并在修改者、版本和注释中输入相应的信息，如图 4-51 所示。

步骤 14：在"快捷键"选项卡和动作列表中，选择"运行系统对话框"，输入快捷键组合后，单击"分配"按钮，如图 4-52 所示。

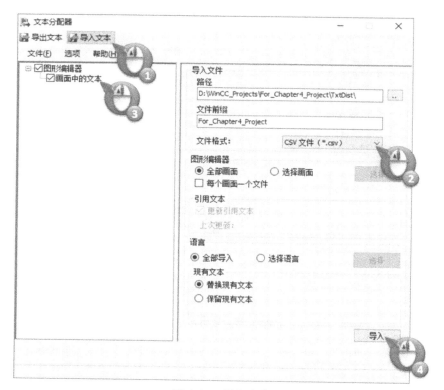

图 4-47　导入文本

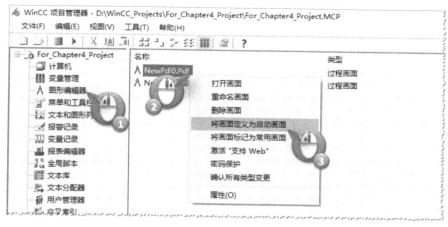

图 4-48　定义启动画面

在"快捷键"的动作中可以为以下操作设置快捷键。

1）登录：将打开一个窗口，用于运行系统中用户登录。

2）注销：用于在运行系统中注销当前用户。

3）硬拷贝：将打开一个对话框，用于在运行系统中打印当前的 WinCC 画面。

4）运行系统对话框：在运行系统中，打开系统对话框，用于切换画面和语言。

步骤 15：在"用户界面和设计"选项卡中，选择"激活运行系统对话框"，单击"激

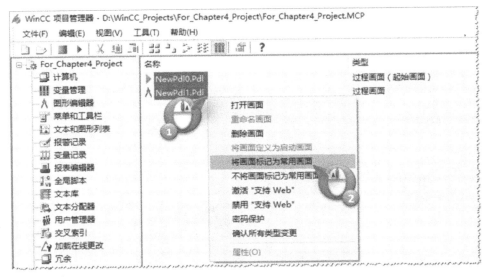

图 4-49　标记常用画面

图 4-50　打开"项目属性"窗口

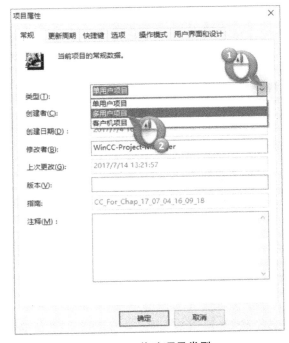

图 4-51　修改项目类型

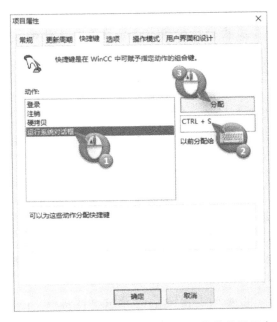

图 4-52　分配"运行系统对话框"的快捷键组合

活设计"的"编辑"按钮,如图 4-53 所示。

　　步骤 16:在打开的"全局设计设置"选项卡中,选择相应的全局设计,如图 4-54 所示。

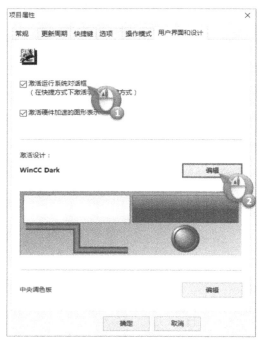

图 4-53　激活运行系统对话框

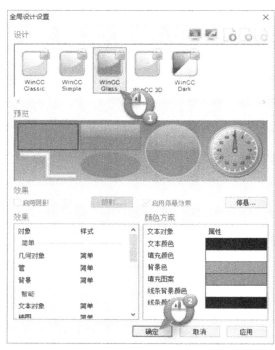

图 4-54　选择全局设计

　　步骤 17:在 WinCC 项目管理器的浏览窗口中,单击"计算机"组件;在数据窗口中显示的计算机列表中,选择计算机,然后双击或在快捷菜单中单击"属性"命令,打开"计算机属性"对话框,如图 4-55 所示。

　　步骤 18:在"启动"选项卡中,选择"图形运行系统",如图 4-56 所示。

　　步骤 19:在"参数"选项卡中,为"运行系统语言"和"运行系统默认语言"选择相应的语言,如图 4-57 所示。

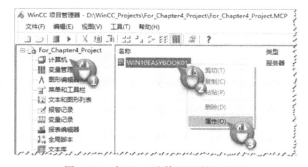

图 4-55　打开"计算机属性"窗口

　　步骤 20:在"图形运行系统"选项卡中,选择起始画面,并选择选择相应的窗口属性,如图 4-58 所示。

　　步骤 21:在 WinCC 项目管理器中,单击工具栏按钮 ▶ 激活项目,项目运行后显示起始画面,按下快捷组合键,打开运行系统对话框,如图 4-59 所示。

图 4-56 在"启动"选项卡中选择"图形运行系统"

图 4-57 选择"运行系统语言"

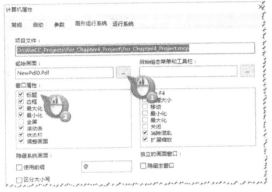

图 4-58 设置"图形运行系统"

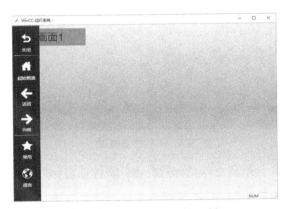

图 4-59 打开运行系统对话框

运行系统对话框包括以下过程画面导航选项,见表 4-5。

表 4-5 运行系统对话框导航选项

按钮	描述
关闭	"关闭":退出运行系统对话框
起始画面	"起始画面":调用定义为起始画面的过程画面
返回	"返回":导航至之前调用的过程画面
向前	"向前":导航至下一个过程画面
常用	"常用":显示已标记为常用画面的一组过程画面
语言	"语言":显示多语言切换

步骤 22：通过图标![]和![]，可在 2D 和 3D 视图间进行切换，在画面的缩略图上单击切换到相应的画面，如图 4-60 所示。

单击图标![]，可进入编辑模式更改常用视图中过程画面的顺序：拖动相应的过程画面到期望的位置；如果要将画面从常用画面中移除，可单击画面缩略图右上角的"X"。

步骤 23：可以直接在项目组态的多语言之间进行切换，如图 4-61 所示。

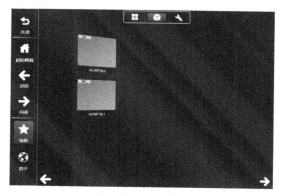

图 4-60　常用画面

图 4-61　多语言切换

步骤 24：单击 WinCC 项目管理器的菜单栏中的 ![] 按钮退出运行系统，并选择菜单"文件 > 退出"，关闭 WinCC 项目管理器。

步骤 25：在 Windows 开始菜单的 "SIEMENS Automation > Project Duplicator" 中，打开"项目复制器"组态对话框，在"选择要复制的源项目"域中，通过单击 ![] 按钮搜索项目路径下 <项目>.MCP 文件，单击"另存为"按钮，如图 4-62 所示。

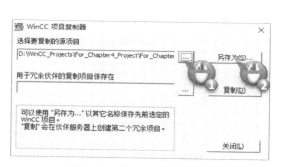

图 4-62　WinCC 项目复制器

步骤 26：在"保存一个 WinCC 项目"对话框中，选择要备份的路径，可以输入需要改变的项目名称，单击"保存"按钮，完成项目备份，如图 4-63 所示。

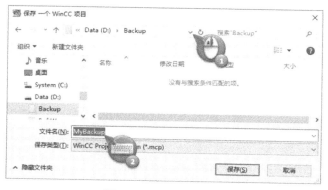

图 4-63　完成项目备份

4.6　扩展信息

4.6.1　系统托盘中的 WinCC 状态和选项

WinCC 在任务栏通知区（即系统托盘区）中显示 "SIMATIC WinCC" 图标，该图标提供了有关项目状态的信息。WinCC 项目可以通过该图标的快捷菜单激活和禁用。不同项目状态下的 "SIMATIC WinCC" 图标显示样式不同，见表 4-6。

表 4-6　SIMATIC WinCC 图标

SIMATIC WinCC 图标	状态
	• WinCC 未激活 • WinCC 未打开项目
	WinCC 处于状态更改中： • WinCC 正在打开项目 • WinCC 正在激活项目 • WinCC 正在取消激活项目 • WinCC 正在关闭项目
	WinCC 项目已经打开
	WinCC 项目被激活
	WinCC 项目已被激活,但服务器为"故障"状态

1. 状态显示

单击 "SIMATIC WinCC" 图标，可以显示当前 WinCC 的项目名称、类型、当前所处状态和项目的计算机列表，如图 4-64 所示。

如果项目为激活状态，计算机列表将显示网络中的所有计算机的连接状态，连接状态的图标及其含义，见表 4-7。

表 4-7　计算机连接状态信息

图标	状　　态
	• 无连接 • 连接已断开
	• 本地计算机 • 冗余伙伴服务器
	• 与备用服务器连接正常 • 与主服务器连接正常,但备用服务器为首选服务器
	• 与主服务器连接正常 • 与备用服务器连接正常,但备用服务器作为首选服务器

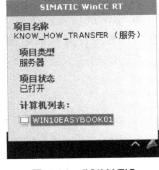

图 4-64　"SIMATIC WinCC" 图标状态信息

2. 控制选项

可以根据已打开项目的状态对其进行控制，右键 "SIMATIC WinCC" 图标，显示快捷菜单，如图 4-65 所示。

根据项目实际状态可以执行以下控制选项：

1）打开/关闭项目。

2）启动/禁用运行系统。

3）启动/退出图形运行系统。

4）打开诊断窗口。

5）运行系统启动选项。

6）WinCC 许可证分析。

（1）诊断窗口

诊断窗口提供了有关本地计算机和所连接服务器的诊断信息。"WinCC 诊断"对话框显示了本地计算机和所连接服务器的 WinCC 无效许可证的消息，有关消息的详细信息，可通过双击相应的消息获得，如图 4-66 所示。

图 4-65 "SIMATIC WinCC"图标控制选项

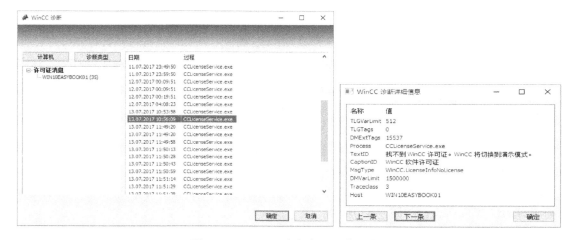

图 4-66 WinCC 诊断窗口及详细信息

（2）许可证分析

如果 WinCC 项目在运行时缺失相应的许可证，则提示信息将显示在一个需要确认的对话框中。相关计算机的名称列出在括号 [ ] 中。使用"详细资料"按钮可以浏览到更多缺失许可证的信息，如图 4-67 所示。

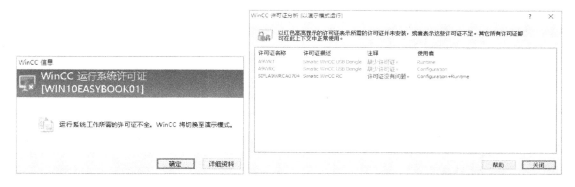

图 4-67 WinCC 许可证分析

　　提示：如果出现上述提示，请根据"许可证描述"列中的信息在 Automation License Manager（自动化许可证管理器）中查找相应的许可证。一般情况下，相应的许可证已缺失或损坏。

4.6.2　常见问题

　　1. 项目移植

　　本章节仅介绍了对在 WinCC V6.2 SP3 及更高版本中创建的 WinCC 项目进行移植的相关信息。如果对于更低版本 WinCC 的项目移植，可以参考条目 ID 44029132。

　　在 WinCC V7.4 中，打开某些低版本的项目时，系统将提示需要进行移植。

　　(1) 使用 WinCC 项目管理器移植

　　在打开旧项目时，移植组态数据和运行系统数据，其中包括需要根据当前版本的 WinCC 调整画面和脚本等文件，并将其转换为当前的文件格式。

　　在 WinCC 项目管理器中，选择"工具 > 转换项目数据"菜单命令，打开转换数据对话框，如图 4-68 所示。

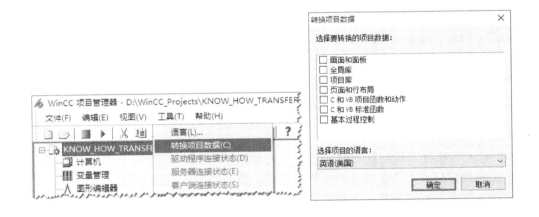

图 4-68　转换项目数据

　　选择需要转换的项目数据和相应的项目语言后，即可将项目数据转换为当前版本。

　　(2) 使用 WinCC 项目移植器移植

　　使用 WinCC 项目移植器可移植多个 WinCC 项目。

　　在操作系统的"开始"菜单中，打开"Siemens Automation > Project Migrator"，项目移植器打开时会弹出"CCMigrator-第 1 步/总共 2 步"起始窗口，如图 4-69 所示。

　　通过单击按钮 [...]，选择 WinCC 项目所在的项目目录。如果移植多个项目，选择包含 WinCC 项目所在的目录路径。为创建项目时所用的计算机设置语言，默认情况下设置的是针对非 Unicode 程序在操作系统语言选项中或系统区域设置中所设置的语言版本。

　　单击"移植"按钮，打开"CCMigrator-第 2 步/总共 2 步"窗口。项目移植器将显示移植步骤，项目移植过程可能需要较长时间（视项目规模而定）。

图 4-69　项目移植器

> **提示**：移植之前需要关闭 WinCC 项目管理器和运行系统。项目移植器会将移植期间出现的错误消息保存到已移植项目所在的目录下的 "MigratorLog. txt" 诊断文件中。打开该文件并根据其中的描述，在源项目中清除错误，然后重新启动项目移植器再次进行移植。

2. 项目无法打开

使用 WinCC 项目管理器打开项目时，可能会遇到以下情况而无法打开项目。

1）提示当前用户不具备执行此操作的权限，请参考条目 ID 19346272。

2）提示需要进行项目移植，请参考条目 ID 23712529。

3）提示访问当前项目受限，请参考条目 ID 21922674。

4）其它包含 HResult Error 0x800XXXXX 错误代码的提示，请参考条目 ID 6836122。

3. 项目自动启动异常

由于计算机操作系统启动后，除自动启动的 WinCC 运行系统外，可能还会自动启动其它的应用程序，例如 SIMATIC NET，可能会导致 WinCC 的自动启动异常。

1）在 SIMATIC NET 中，设置 WinCC 运行系统的自动启动，请参考条目 ID 23061262。

2）通过批处理文件延时，运行 WinCC 运行系统的自动启动，请参考条目 ID 19249315。

4. 项目管理器或运行系统长时间无响应

以管理员身份运行 "命令提示符"，输入 "reset_wincc. vbs"，所有 WinCC 相关的进程都被终止。之后建议重新启动操作系统，否则如果重新启动 WinCC 项目管理器或运行系统，系统可能会显示 WinCC 的某些进程异常。

5. 如何获取演示项目

WinCC 的演示项目随着 WinCC 每一个新版本的发布而更新，请参考条目 ID 109482515。

第 5 章　过 程 通 信

本章包含 WinCC 与 SIEMENS PLC 以及第三方 PLC 数据通信的原理及组态介绍，以及 WinCC 的 OPC UA 通信组态步骤，并介绍了 WinCC 过程通信故障的诊断方法。

通过学习完成本章之后，除了能够理解 WinCC 的通信过程及原理外，还能够掌握以下通信组态以及诊断方法。

- 实现 WinCC 与 S7-300/400 PLC 的通信。
- 实现 WinCC 与 S7-1500 PLC 的通信。
- 实现 WinCC 的 Modbus TCP 通信。
- 实现 WinCC 的 OPC UA 通信。
- WinCC 过程通信故障的诊断及排除。

5.1　WinCC 过程通信原理

通信是指在两个通信伙伴之间进行数据交换。本章中的"通信"特指 WinCC 与控制器（PLC）之间的通信。

在 WinCC 中，通信主要有如下用途：

- 控制生产过程（控制）。
- 监视生产过程数据（监视）。
- 指示生产过程中的异常状态（报警）。
- 为归档提供生产过程数据（归档）。

WinCC 提供多种通信驱动程序和现场的控制系统进行过程通信。在 WinCC 中，将通信驱动称为通道。WinCC 通信驱动程序向控制器发送请求报文，而控制器则在相应的响应报文中将所请求的过程值发送回 WinCC。

WinCC 应用程序包括很多组件，如图形运行系统、报警运行系统和变量记录运行系统等。这些组件用到的变量由变量管理器统一管理，变量管理器有自己的变量缓冲区（变量的过程映像），向 PLC 发起读写请求。在 WinCC 中，使用变量管理器集中管理其变量。

下面以 WinCC 和 S7-400 通信为例，说明 WinCC 和 PLC 之间的通信过程，如图 5-1 所示。

1. 工作方式

在运行系统执行过程中，WinCC 变量管理器对 WinCC 变量进行管理。各种 WinCC 应用程序向变量管理器提出变量要求。随后，变量管理器使用集成在每个 WinCC 项目中的通信驱动程序，从 PLC 中取出所需的变量值。

WinCC 不同应用程序请求数据的机制不同。

（1）图形运行系统请求数据的机制

- 画面打开时，将画面中用到的外部变量及其周期注册到变量管理器，开始循环读取变量。

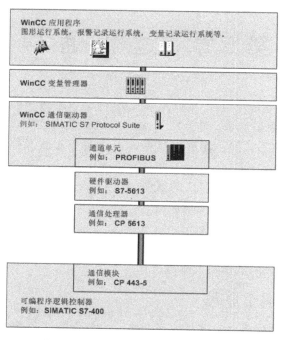

图 5-1　WinCC 和控制器的通信过程

- 画面关闭时，相应的变量从变量管理器中注销。
- 画面上的变量的周期是在使用变量的对象中定义的（最小 100ms）。

（2）报警记录系统请求数据的机制

- 项目激活时，所有的报警消息变量将被注册到变量管理器，并开始循环读取。
- 项目取消激活时，消息变量从变量管理器注销。
- 外部消息变量的循环读取周期默认为 1s。

> **提示**：消息变量的默认更新时间可以在注册表中修改。关于如何更改 WinCC 消息记录的采集周期的详细的组态步骤请参考条目 ID 22269712。

（3）变量归档系统

- 项目激活时，所有的归档变量将被注册到变量管理器，并开始循环读取。
- 项目取消激活时，归档变量从变量管理器注销。
- 按照在变量归档编辑器中为归档变量定义的采集周期或事件去读取变量。

2. 通信驱动程序

WinCC 中的通信驱动程序称为"通道"，其文件扩展名为"﹡.chn"。计算机中安装的所有通信驱动程序都位于 WinCC 安装目录的子目录"\bin"中。如图 5-2 所示。

WinCC 驱动程序负责将过程数据传送到变量缓冲区（过程映像）中。其它应用程序（画面、归档、报警……）从变量缓冲区获取数据。

一个通信驱动程序针对不同通信网络会有不同的通道单元，图 5-3 中的"SIMATIC S7 Protocol Suite"通道下就包括多个单元。

图 5-2　WinCC 驱动程序文件

3. 通道单元

每个通道单元相当于计算机上的一个通信处理器的接口。因此，每个被使用的通道单元必须指定各自的通信处理器。例如，图 5-4 是为 SIMATIC S7 Protocol Suite 通道下的 TCP/IP 通信单元指定通信网卡。

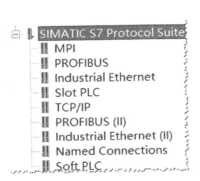

图 5-3　SIMATIC S7 Protocol Suite

图 5-4　逻辑设备名称

5.2　WinCC 过程通信驱动

目前，WinCC V7.4 SP1 提供的驱动程序如图 5-5 所示。

针对西门子控制器产品，WinCC 提供如下通信驱动程序：S7-300/400 通道、S7-1200/1500 通道、SIMOTION（西门子运动控制系统）通道。

针对第三方 PLC，WinCC 提供的驱动程序（只支持以太网）如下：

- Modbus TCPIP（施耐德 PLC）通道。
- Mitsubishi Ethernet（三菱 PLC）通道。
- Allen Bradley-Ethernet IP（罗克韦尔 PLC）通道。

对于 WinCC 没有提供直接驱动的设备，可以使用 WinCC 的 OPC 通道去连接设备的 OPC 服务器，从而实现 WinCC 和设备之间的通信。

5.2.1　西门子通信驱动

WinCC 不仅支持西门子最新的控制器 S7-1200/1500，也支持早期的 SIMATIC S5 和 TI 505 控制器。西门子的 WinCC 通信驱动程序除了支持和 PLC 之间进行基本的变量读写通信外，还可以进行批量数据的传送。

图 5-5　WinCC 通信驱动程序

1. "SIMATIC S7 Protocol Suite" 通道

通过 "SIMATIC S7 Protocol Suite" 通道，WinCC 可以使用不同的接口去连接 SIMATIC S7-300 和 S7-400 系列的 PLC。

根据所用的通信硬件，"SIMATIC S7 Protocol Suite" 通道支持如图 5-6 所示的通道单元。

- 工业以太网（Industrial Ethernet）：使用设备的物理地址（MAC 地址）与 PLC 进行通信。支持 CP1623、普通以太网卡。

- 工业以太网（Ⅱ）[Industrial Ethernet（Ⅱ）]：工业以太网和工业以太网（Ⅱ）可以各自使用不同的通信网卡进行通信。

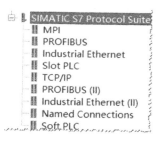

- MPI：通过通信板卡（例如 CP 5611、CP 5613）连接 PLC 的 MPI 通信口进行 MPI 通信。

- 命名连接（Named Connections）：需要结合 SIMATIC NET 的组态使用，一般用于 WinCC 连接 S7-400H（硬冗余）PLC。

图 5-6　"SIMATIC S7 Protocol Suite" 通道

- PROFIBUS：使用通信板卡（例如 CP 5611、CP 5613）通过 SIMATIC NET PROFIBUS 网络与 PLC 进行通信。

- PROFIBUS（Ⅱ）：PROFIBUS 和 PROFIBUS（Ⅱ）可以各自使用不同的通信板卡进行通信。

- Slot-PLC：与 Slot PLC（例如 WinAC Pro）进行通信，这种 PLC 作为 PC 卡安装在 WinCC 计算机上。

- Soft-PLC：与 Software PLC（例如 WinAC Basis）进行通信，这种 PLC 作为应用程序安装在 WinCC 计算机上。

- TCP/IP：使用 TCP/IP 与 PLC 进行 S7 通信。

使用 "SIMATIC S7 Protocol Suite" 通道下的每个通道单元进行通信时，都需要设置其系统参数。

（1）系统参数

"SIMATIC S7 Protocol Suite" 通道下 "TCP/IP" 的系统参数如图 5-7 所示。在系统参数下可以设置变量的周期管理、计算机使用的通信接口以及写优先等内容。

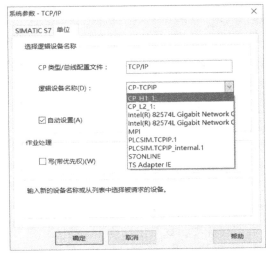

图 5-7 系统参数

1）周期管理："通过 PLC" 选项决定 PLC 是否使用 "循环读取服务" 功能上传数据给 WinCC。

WinCC 第一次读取数据时会注册变量信息，PLC 按照请求的周期主动发送数据给 WinCC，称为循环读取服务。激活 "通过 PLC" 选项，PLC 提供的是循环读取服务；取消 "通过 PLC" 选项，PLC 提供的是非循环读取服务。即 WinCC 和 PLC 按照一问一答的方式进行数据交换。WinCC 周期性地请求数据，PLC 返回请求的数据。

如果激活 "通过 PLC" 选项的同时也激活了 "更改驱动的传输" 选项，则 PLC 只发送有变化的数据。建议同时激活 "通过 PLC" 和 "更改驱动的传输" 选项，这样会使通信数据量最小化。

周期性读服务的数目取决于 S7-PLC 中可用的资源。对于 S7-300，最多有 4 个周期性服务可用，对于 S7-416 或 417，则最多为 32 个。该数目适用于与 PLC 进行通信的所有成员，也就是说，如果有多个 WinCC 系统与 S7-PLC 进行通信，则它们必须共享可用的资源。如果超过资源的最大数目，则更多的周期性读取服务访问将被拒绝。

2）CPU 停机监控：如果激活 "CPU 停机监控" 选项，当 PLC 处于 "STOP" 状态时，WinCC 的连接会变成故障状态。如果取消了 "CPU 停机监控" 选项，当 PLC 处于 "STOP" 状态时，WinCC 的连接不会变成故障状态。

3）逻辑设备名称："SIMATIC S7 Protocol Suite" 通信程序通过逻辑设备名称指定的接口与 PLC 进行通信。

在 "逻辑设备名称" 列表中选择访问点名称（例如 "CP-TCPIP" "S7ONLINE" 等），也可以直接选择接口（例如 "网卡名称 . TCPIP. 1"）。

如果选择的是访问点，还需要在计算机的"设置 PG/PC 接口"程序中为访问点指定接口。如图 5-8 所示。

> **提示**：有时在"单元"下"逻辑设备名称"列表中没有直接接口的选项，这是因为没有安装 SIMATIC NET。

如果计算机上只安装了 WinCC 运行环境，而没有安装 WinCC 开发环境。这种情况下，就需要在组态项目时，在逻辑设备名称中选择访问点名称而不是直接选择接口。这是因为组态计算机和运行计算机的接口设备名称（例如，网卡名称）可能会不同，而在只安装了 WinCC 运行环境计算机上是无法修改逻辑设备名称的。

4）写优先：如果激活"写（带优先权）"选项，则 WinCC 写请求的处理要

图 5-8　设置 PG/PC 接口

优先于读请求的处理。这种情况下，如果变量写请求过多，WinCC 会优先处理写请求，而不去读取变量。这时 WinCC 变量的状态将不再是 GOOD，变量的数值也可能会和 PLC 中的数值不同。

（2）连接参数

在连接参数中，设置 PLC 的 IP 地址、机架号及插槽号，如图 5-9 所示。

1）IP 地址：此处填写 WinCC 所连接的 PLC 通信端口的 IP 地址。

2）机架号和插槽号：输入 PLC CPU 所在的机架号和插槽号。

● 如果连接的是 S7-300 或 S7-400 CPU 本身的通信端口，可以不用输入 CPU 的机架号和插槽号。

● 如果连接的是 S7-300 或 S7-400 CPU 的外部通信模块（例如 CP343-1），则必须输入 CPU 的机架号和插槽号。

3）发送/接收原始数据块：这个选项只有在使用原始数据类型中的"BSEND/BRCV"功能时才需要激活。关于 BSEND/BRCV"功能的详细使用信息请参考条目 ID 79551652。

（3）从 TIA 博途文件中导入 PLC

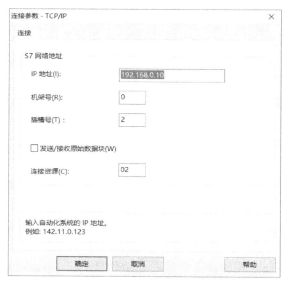

图 5-9　连接参数

变量。

需要用到 TIA 博途的导出工具，这个导出工具的安装文件在 WinCC 安装包 SmartTools 文件夹下，如图 5-10 所示。

在 TIA 博途软件中，右键单击 PLC，选择 "Export to SIMATIC SCADA"，然后导出类型为 .zip 的文件，如图 5-11 所示。

右键单击 WinCC 连接名称，在弹出菜单中选择 "AS 符号 > 从文件中加载"，如图 5-12 所示。选择从 TIA STEP7 中导出的文件。

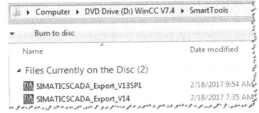

图 5-10　SIMATIC SCADA Export

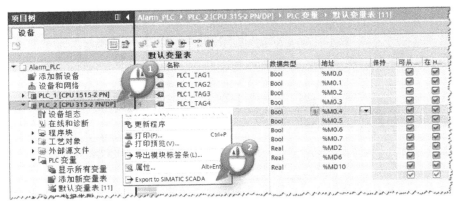

图 5-11　TIA 博途中导出 AS 符号

PLC 的符号（DB 块和变量表）会加载到 WinCC 中，选择需要的变量即可，如图 5-13 所示。

2. "SIMATIC S7-1200，S7-1500" 通道

"SIMATIC S7-1200、S7-1500" 通道用于 WinCC 与 SIMATIC S7-1200 和 S7-1500 系列 PLC 之间的以太网通信。其特点如下：

● 通过访问点连接 PLC，访问点可自定义（图 5-14 中的 "CP-TCPIP"），也可以选择已经存在的访问点。

● 可以创建相应的系统变量，断开或恢复 SIMATIC S7-1200/1500 PLC 的连接。

● 支持对 SIMATIC S7-1200 和 S7-1500 PLC 的绝对地址访问和符号访问。

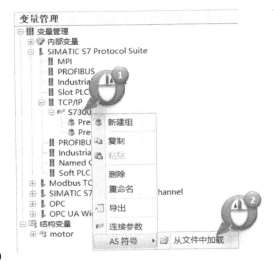

图 5-12　离线加载 AS 符号

● 支持 S7-1500 软 PLC。

● 可以直接从 PLC 读取变量列表并导入到 WinCC 的变量管理中。

● 可以直接读取 S7-1500 PLC 的报警并导入到 WinCC 的报警记录中。

（1）"SIMATIC S7-1200，S7-1500" 通道系统变量

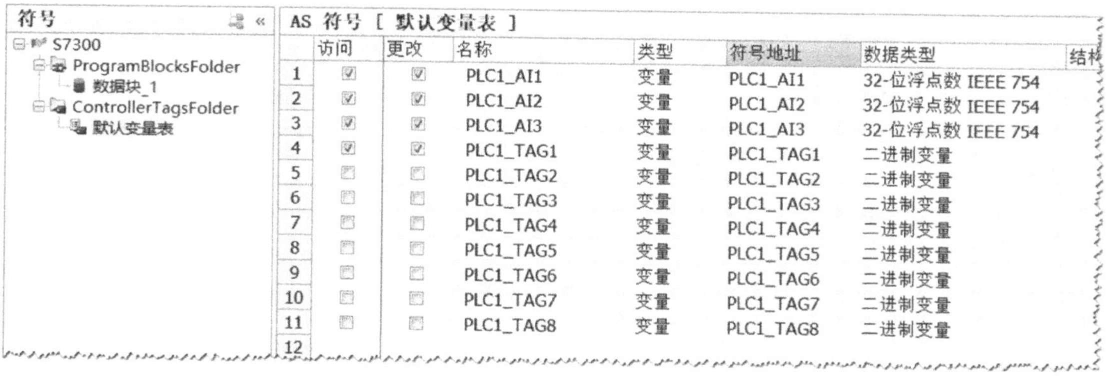

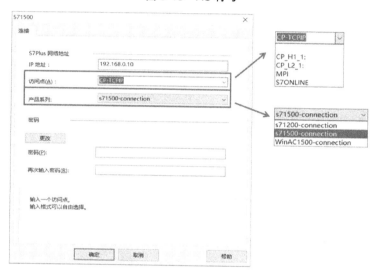

图 5-13　AS 符号

图 5-14　S7-1200 连接参数

在连接下创建变量 "@ <连接名称>@ ForceConnectionState" 或 "@ <连接名称>@ Con-nectionState"，如图 5-15 所示。其中：

- 变量 "@ <连接名称>@ ForceConnectionState" 可以建立或断开连接 ("1"：建立连接，"0"：断开连接)。

- 变量 "@ <连接名称>@ ConnectionState" 反馈当前连接的状态 ("1"：连接准备就绪，"0"：连接被断开)。

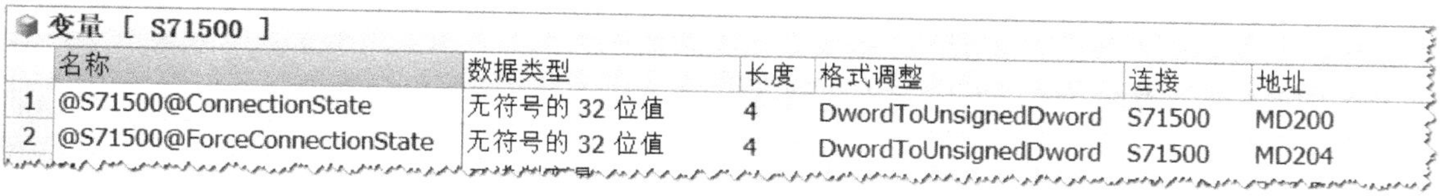

变量 [S71500]					
名称	数据类型	长度	格式调整	连接	地址
1 @S71500@ConnectionState	无符号的 32 位值	4	DwordToUnsignedDword	S71500	MD200
2 @S71500@ForceConnectionState	无符号的 32 位值	4	DwordToUnsignedDword	S71500	MD204

图 5-15　S7-1200/S7-1500 连接的系统变量

当组态 "1" 作为变量 "@ <连接名称>@ ForceConnectionState" 的起始值时，启动运行系统时 WinCC 将建立和 S7-1200/S7-1500 的连接。当组态 "0" 作为变量 "@ <连接名称>@ Force-

ConnectionState" 的起始值时，启动运行系统时 WinCC 将断开和 S7-1200/S7-1500 的连接。

另外，这里的系统变量只是占用相应的 PLC 地址而不会实际改变 PLC 地址的值。例如，设置图 5-15 中的变量 "@ S71500@ ForceConnectionState" 为 1，"S71500" 连接将建立，但 PLC 中的 MD204 的值不会随着变为 1。

（2）绝对地址访问和符号访问

WinCC 支持对 SIMATIC S7-1200 和 S7-1500 PLC 的绝对地址访问和符号访问。

当在 TIA 博途中，将数据块的属性 "优化的块访问"（Optimized block access）取消时，采用绝对地址访问，如图 5-16 所示。

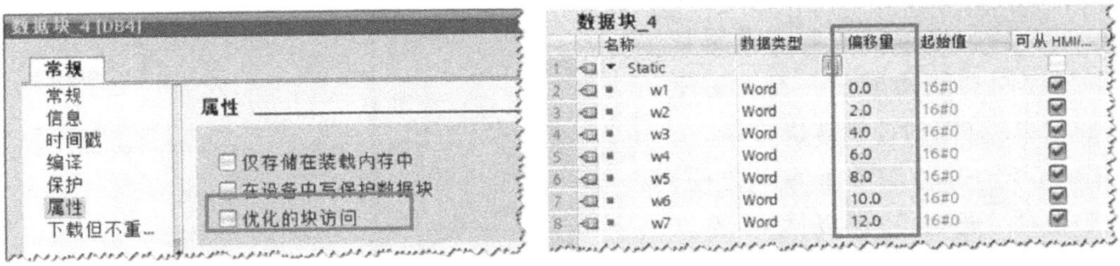

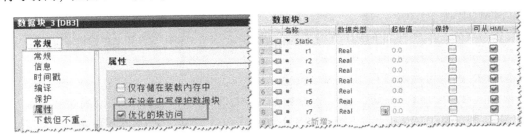

图 5-16　绝对地址访问

在 TIA 博途中，将数据块的属性 "优化的块访问"（Optimized block access）激活时，采用符号访问，如图 5-17 所示。

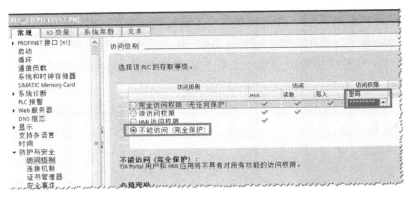

图 5-17　符号访问

（3）使用密码保护的连接

使用 "SIMATIC S7-1200, S7-1500 Channel" 进行连接时，可使用密码保护对自动化系统的访问，如图 5-18 所示。

图 5-18　S7-1500 密码设置

PLC 中定义的保护 1 级、2 级和 3 级对 WinCC 没有限制，只有"完全保护"级别才对 WinCC 有效。当 PLC 中定义的保护级别为"完全保护"时，需要在 WinCC 连接中输入访问密码。如图 5-19 所示。

提示：在图 5-19 中，需要先点击"更改"按钮，然后才能修改密码。

3. "SIMOTION" 通道

SIMOTION 是一个全新的西门子运动控制系统，将运动控制、逻辑控制及工艺控制功能集成于一身，为生产机械提供了完整的控制解决方案。

WinCC 与 SIMOTION 控制器之间，使用 TCP/IP 通过工业以太网建立连接。

在 WinCC V7.0 SP2 及以前版本中，未提供专用的驱动程序和 SIMOTION 通信，只能通过 SIMATIC NET 建立 SIMOTION 的 OPC 服务器，WinCC 作为 OPC 客户机和 SIMOTION 通信。关于 WinCC 作为 OPC 客户机和 SIMOTION 通信可参考条目 ID 73984307。

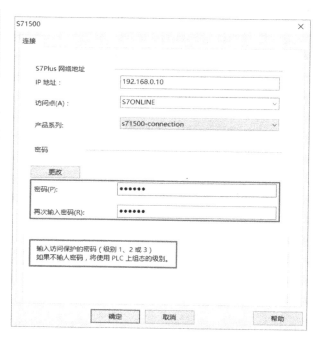

图 5-19　S7-1200/1500 驱动中的密码设置

从 WinCC V7.0 SP3 开始，提供了专用的 SIMOTION 驱动程序，可以通过工业以太网（TCP/IP）和 SIMOTION 通信。SIMOTION 驱动程序包含在 WinCC 基本系统中，无需单独购买。WinCC 和 SIMOTION SCOUT（SIMOTION 的组态软件）也无需集成。

关于如何实现 WinCC 和 SIMOTION 的工业以太网通信可参考条目 ID 74930232。

4. SIMATIC S5 及 TI 505 通信

另外，WinCC 还提供了目前已经停产的 SIMATIC S5 和 TI 505 控制器的通信驱动程序。

Texas Instruments TI 505 是一款 20 世纪 70 年代开发的控制系统，以高质量、坚固、多用途的可编程序逻辑控制器在自动化领域建立了良好的声誉。许多 TI505 控制器现在仍然广泛地应用在各种场合中。SIMATIC S5 是 20 世纪 70 年代末 80 年代初发布的控制系统，30 多年来，SIMATIC S5 已经成功地应用在加工行业以及制造业的自动化中，用于各种各样的控制器任务。许多 SIMATIC S5 控制系统仍然在可靠的工作。

为了兼容以前的控制系统，使用户投资不受损失，WinCC V7.4 SP1 仍然提供 SIMATIC S5 及 TI 505 控制器的通信驱动程序。本书不涉及 SIMATIC S5 及 TI 505 通信，如需了解请参考 WinCC 的帮助。

5. 连接数量

WinCC 能连接的 S7 PLC 的数量见表 5-1。

表 5-1 WinCC 能连接的 S7 PLC 的数量

WinCC 中的通信通道		MPI/Profibus		工业以太网	
		Soft-Net	Hard-Net	Soft-Net	Hard-Net
SIMATIC S7 Protocol Suite	MPI	8	44	—	—
	Soft-PLC	1	—	—	—
	Slot-PLC	1	—	—	—
	Profibus(1)	8	44	—	—
	Profibus(2)	8	44	—	—
	指定连接	—	—	64	60
	Industrial Ethernet ISO L4(1)	—	—	64	60
	Industrial Ethernet ISO L4(2)	—	—	64	60
	Industrial Ethernet TCP/IP	—	—	64	60
	SIMATIC S7-1200	64			
	SIMATIC S7-1500	128			

注: 1. Soft-Net: CP5611, CP5612, 普通网卡。
2. Hard-Net: CP5613, CP1613 A2, CP1623。
3. 超过 8 个连接需要单独购买 Softnet-S7 或 Hardnet-S7 的授权。

5.2.2 第三方通信驱动

对于使用比较广泛的第三方厂家的 PLC, 例如施耐德 PLC、三菱 PLC 和 Allen-Bradley PLC, WinCC 也提供了专门的通信驱动程序。

1. "Modbus TCPIP" 通道

"Modbus TCPIP" 通道用于 WinCC 与施耐德 PLC 之间通过以太网进行通信, 如图 5-20 所示。

支持下列类型的施耐德控制器:

● Modicon 984: 984 是原 Modicon (莫迪康) 公司 20 世纪 80 年代产品, 目前已经停产。

● Modicon Compact、Quantum 和 Momentum: 原 Modicon 旗下的产品, 属于中高端产品。

● Modicon Premium 和 Modicon Micro: 原 TE 旗下的产品, 属于中低端产品。

(1) 施耐德 PLC 之间的区别

不同类型的施耐德 PLC 存在两点区别如下:

● 双字、字、位之间的排列关系不同。

● 字中位的起始编号不同。有的从 0 开始编号, 有的从 1 开始编号。

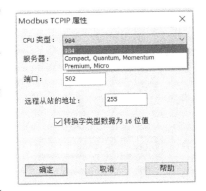

图 5-20 Modbus TCPIP 驱动

当在连接参数中没有选择 "Swap words in 32-bit values" 时, 不同 CPU 类型的双字、字、位之间的关系见表 5-2 和表 5-3。

WinCC "Modbus TCP/IP" 通信驱动程序将按照表 5-1 或表 5-2 关系来处理读到的字和位。

当在连接参数中选择"Swap words in 32-bit values"时，WinCC 会相应交换高字和低字的顺序之后再赋值给对应的双字变量（包括浮点数）。

表 5-2　"984"和"Compact，Quantum，Momentum"双字、字、位之间的关系

双字	400100					
字	400100			400101		
位	400100.1	……	400100.16	400101.1	……	400101.16

表 5-3　"Premium，Micro"双字、字、位之间的关系

双字	400100(%mw99)					
字	400101			400100		
位	400101.15	……	400101.0	400100.15	……	400100.0

（2）WinCC 和第三方 Modbus 设备通信

由于 WinCC 官方只测试过通过"Modbus TCPIP"通道与施耐德 PLC 通信，如果第三方设备使用的 Modbus TCPIP 和施耐德 PLC 完全相同，那么也可以和 WinCC 通过"Modbus TCPIP"通道通信。但需要根据实际情况去选择使用"Modbus TCPIP"通道中的哪种类型的 CPU。

2."Mitsubishi Ethernet"通道

WinCC "Mitsubishi Ethernet"通道用于 WinCC 与三菱 FX3U 和 Q 系列控制器之间通过 MELSEC 通信协议（MC 协议）进行通信。图 5-21 为 WinCC 的"Mitsubishi Ethernet"通道。

图 5-21　Mitsubishi 以太网驱动

对于这两个系列的控制器，连接和变量的组态步骤基本相同。区别是只有三菱 Q 系列才支持信息的路由（网络编号），如图 5-22 所示。

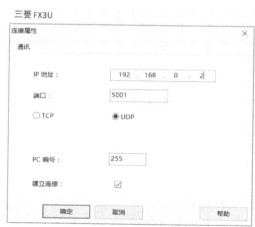

图 5-22　三菱网络编号

对于三菱 Q 系列 PLC，WinCC 支持与三菱 Q CPU 自带的以太网口和扩展的以太网模块通信。三菱 FX3U CPU 本身不带以太网口，需要扩展以太网模块（例如，FX3U-ENET-L 模

块）才能和 WinCC 通信。关于 WinCC 和三菱 PLC 以太网通信的详细信息可参考条目
ID 75379198。

3. "Allen Bradley-Ethernet IP" 通道

"Allen Bradley-Ethernet IP" 通道用于 WinCC 和 Allen-Bradley 系列 PLC 使用 Ethernet IP
进行通信，如图 5-23 所示。

从 WinCC V7.0 SP1 开始，WinCC 增加了 "Allen
Bradley-Ethernet IP" 驱动，可以通过以太网与 Allen-
Bradley 的 PLC 进行通信。其中 "Allen Bradley E/IP
ControlLogix" 通道单元用于和 ControlLogix5500、Com-
pactLogix5300 系列 PLC 通信。"Allen Bradley E/IP
SLC50x" 通道单元用于和 SLC500 和 MicroLogix 系列
PLC 通信。"Allen Bradley E/IP PLC5" 通道单元用于
和 PLC5 系列 PLC 通信。

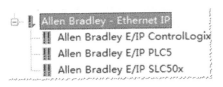

图 5-23　Allen Bradley-
Ethernet IP 驱动

关于 WinCC 和 Allen-Bradley ControlLogix 的详细信息可参考条目 ID 91455991。

4. 连接数量

WinCC 第三方驱动及 OPC 连接的数量和计算机性能有关，如果计算机性能足够强大的
情况下，WinCC 第三方驱动及 OPC 连接数是没有限制的。

5.2.3　OPC 通道

OPC 是一个工业标准，所属国际组织是 OPC 基金会，现有会员已超过 220 家，包括世
界上所有主要的自动化控制系统、仪器仪表及过程控制系统的公司。经典 OPC 规范基于微
软 Windows 系统的 COM/DCOM 技术，用于软件之间进行数据交换。OPC 规范定义了以下几
种不同的、用于访问过程数据、报警信息以及历史数据的规范。

- OPC 实时数据访问规范（OPC DA）定义了包括数据值，更新时间与数据品质信息
的相关标准。
- OPC 历史数据访问规范（OPC HDA）定义了查询、分析历史数据和含有时标数据的
方法。
- OPC 报警事件访问规范（OPC AE）定义了报警与时间类型的消息类信息以及状态
变化管理等相关标准。

OPC UA（Unified Architecture）是新一代技术，提供安全、可靠的数据传输方式。与传
统 OPC 规范相比，OPC UA 具有以下特点：

- 访问统一性：OPC UA 有效地将现有的 OPC 规范（DA、A&E、HDA、命令、复杂数
据和对象类型）集成进来，成为现在的新的 OPC UA 规范。
- 可靠性、冗余性：OPC UA 的开发含有高度可靠性和冗余性的设计。可调试的逾时设
置，错误发现和自动纠正等新特征，都使得符合 OPC UA 规范的软件产品，可以很自如地处
理通信错误和失败。OPC UA 的标准冗余模型也使得来自不同厂商的软件应用可以同时被采
纳并彼此兼容。
- 标准安全模型：OPC UA 访问规范明确提出了标准安全模型，每个 OPC UA 应用都必
须执行 OPC UA 安全协议，这在提高互通性的同时降低了维护和额外配置费用。用于 OPC
UA 应用程序之间传递消息的底层通信技术提供了加密功能和标记技术，保证了消息的完整

性，也防止信息的泄漏。

● 平台无关：OPC UA 规范不再是基于 COM/DCOM 技术，因此 OPC UA 不仅能在 Windows 平台上使用，更可以在 Linux、Unix、Mac 等各种其它平台中使用。

WinCC 的 OPC 客户端通信驱动程序包括 OPC 通道和 OPC UA 通道，如图 5-24 所示。

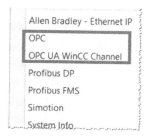

图 5-24　WinCC OPC 驱动

1. WinCC OPC 通道

OPC 通信驱动程序可用作 OPC DA 客户端，图 5-25 所示，OPC XML 客户端客户端，图 5-26 所示。

图 5-25　OPC DA 通道

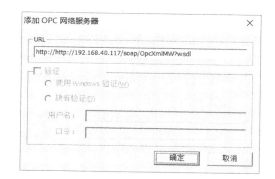

图 5-26　OPC XML 客户端

对于 WinCC 没有提供驱动程序的自动化系统（例如，S7-200、OMRON PLC），可以通过 OPC 协议进行通信。需要向自动化系统厂家购买自动化系统的 OPC 服务器软件，WinCC 通过 OPC 通道和自动化系统的 OPC 服务器软件进行通信。

关于 WinCC 和 S7-200 进行 OPC 通信的具体信息请参考条目 ID V1639。

2. OPC UA 通道

WinCC V7.4 SP1 可以作为 OPC UA Server 为第三方 Client 提供数据，也可以作为 OPC UA Client 来连接其它厂家的 OPC UA Server，如图 5-27 所示。

5.2.4　System Info 通道

"System Info" 通道用于获取计算系统信息，如时间、日期、磁盘容量，并提供定时器和计数器等功能，如图 5-28 所示。

可能的应用如下：

● 在过程画面中显示时间、日期和星期。
● 通过在脚本中判断系统信息来触发事件。
● 在趋势图中显示 CPU 负载。
● 显示和监视客户端系统中不同服务器上可用的驱动器空间。
● 监视可用磁盘容量并触发消息。
● 显示 C/S 多用户系统架构中多个服务器的系统信息。

提示："System Info" 通道下的变量不算在授权变量计数中。

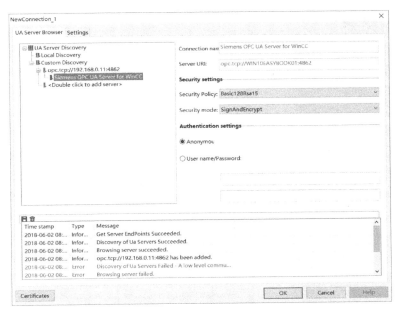

图 5-27 OPC UA 客户端

使用时，需要在变量管理下添加"System Info"通道，并创建连接。

	名称	注释	数据类型	格式调整	连接	地址
1	sys_second	系统时间中的秒值	无符号的 16 位值	WordToUnsignedWord	PC_information	F=8,0
2	sys_min	系统时间中的分钟	无符号的 16 位值	WordToUnsignedWord	PC_information	F=7,0
3	sys_hour	系统时间中的小时	无符号的 16 位值	WordToUnsignedWord	PC_information	F=6,0
4	sys_CPU_used	系统CPU使用率	32-位浮点数 IEEE 754	FloatToFloat	PC_information	F=11,0,3000,0,_Total
5						

变量管理 《 变量 [PC_information]
变量管理
内部变量
OPC UA WinCC Channel
System Info
System Info
PC_information
结构变量

图 5-28 WinCC"System Info"通道

然后，在连接下创建变量并为变量选择信息，如图 5-29 所示。

系统信息
系统变量

函数 CPU 利用率
格式化
日期
天
月
年
星期
时间
小时
分钟
CPU 编号 秒
毫秒
计数器
更新 CPU 利用率
预览 定时器
可用主内存
可用磁盘空间
数据类型 打印机监控
导出文件状态
在组合框中，从下拉列表中选择期望的函数。

确定   取消   帮助

图 5-29 WinCC"System Info"变量信息

5.3　WinCC 变量

WinCC 使用以下三种类型的变量：
- 外部变量（也叫"过程变量"）。
- 内部变量。
- 系统变量。

5.3.1　外部变量

外部变量用于 WinCC 与控制器（PLC）之间的通信，对应的是控制器中的地址或符号。

WinCC 外部变量的属性取决于所使用的通信驱动程序。因此，在变量管理器中所创建的外部变量是位于相应的通信驱动程序连接下的，即图 5-30 中 "S7300" 连接下的变量。

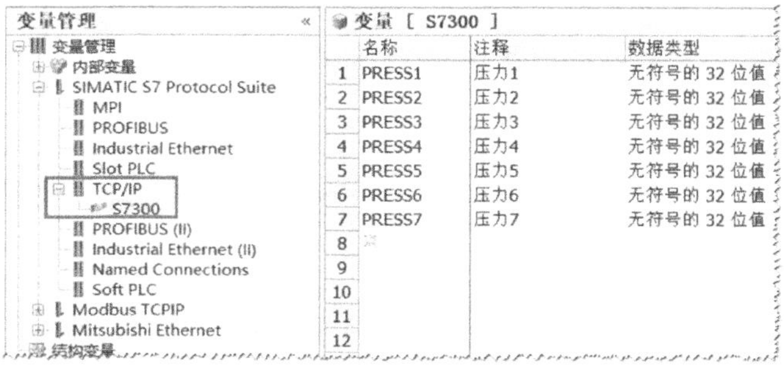

图 5-30　WinCC 外部变量

1. 外部变量的更新

对于 WinCC 外部变量而言，在其属性下需要定义对应的 PLC 中的地址（例如，DB1. DBD0），但其更新周期不是在变量属性下定义，而是在使用这个变量的对象中定义，如图 5-31 所示的输入/输出域。

WinCC 也可将数据写回控制器（PLC）。可以使用事件触发，例如，按下按钮立刻触发写入数据。也可以使用周期触发，例如，全局动作周期触发写入数据。

> **提示：** 当同一个外部变量在 WinCC 中被多次使用时，建议对这个变量设置相同的更新周期。否则会增加通信负荷。

图 5-31　变量更新

2. 外部变量的授权许可

使用 WinCC 时，需要购买相应点数的外部变量的授权。例如，使用包含 2048 个授权变量的授权，就能够在 WinCC 项目中使用最多 2048 个外部变量。已许可的和已组态的外部变量的数目将会在 WinCC 项目管理器的状态栏中显示，如图 5-32 所示。

WinCC 的基本授权许可证分为下列两种类型：

"RC"：完全版授权，用于特定数目外部变量的组态和运行系统。例如，"2048 PowerTags（RC 2048）"的许可证允许在 WinCC 组态和运行系统中使用 2048 个外部变量。

"RT"：运行版授权，仅用于特定数目外部变量的运行系统。例如，"2048 PowerTags（RT 2048）"的许可证只允许在 WinCC 运行系统中使用 2048 个外部变量。

关于 WinCC 授权使用的详细信息请参考条目 ID 75380544。

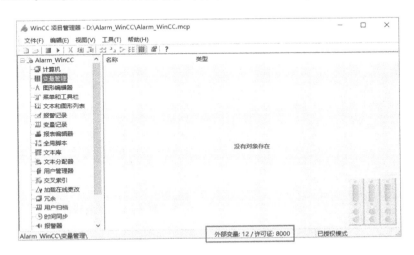

图 5-32　WinCC 状态栏

3. 外部变量的创建

外部变量需要在相应的通信连接下创建，单击空白行中黄色星号所在的单元格即可创建新变量（输入新变量名称），如图 5-33 所示。

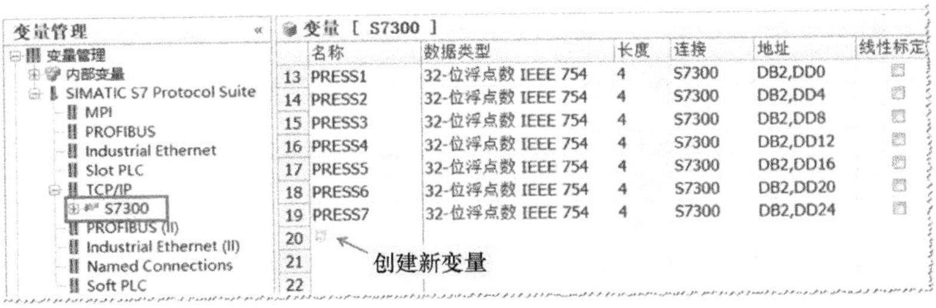

图 5-33　创建变量

变量属性窗口中列出了变量所有的属性。选中某一属性，在窗口下方会出现这个属性的说明，如图 5-34 所示。

4. 外部变量的地址

每个 WinCC 外部变量都需要对应 PLC 中的某个地址，如图 5-35 所示。

不同数据类型的变量、不同通信驱动的连接下的变量，地址都是不同的。

5. 线性标定

当希望以不同于 PLC 所提供的数值形式显示某个过程值时，可使用线性标定，只标定 WinCC 变量而不会修改过程值本身。例如，通过线性标定可以把毫秒显示转换为秒来显示，过程中的值范围 [0...1000] 可以转换为 WinCC 变量的值范围 [0...1]，如图 5-36 所示。

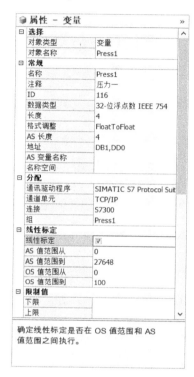

图 5-34　外部变量的详细属性

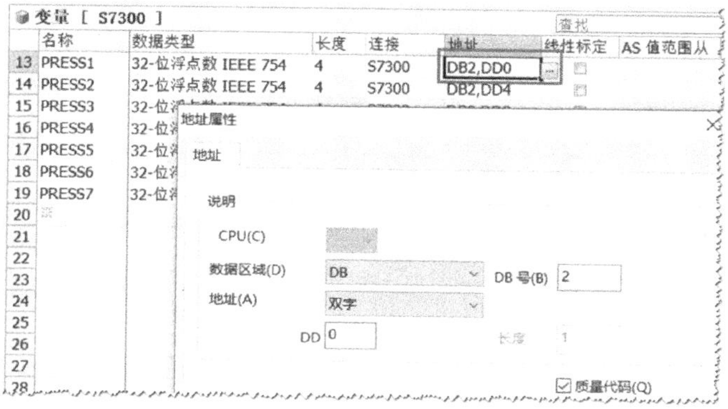

图 5-35　变量地址

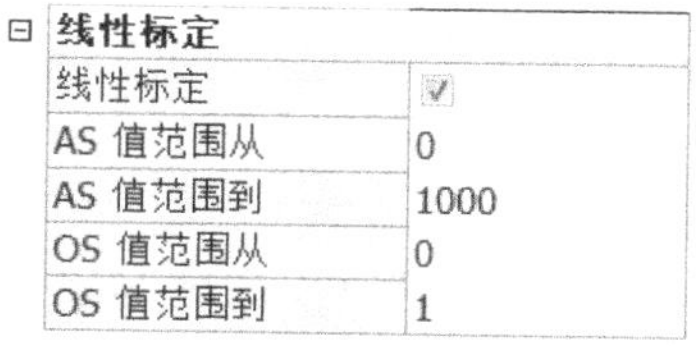

图 5-36　线性转换

提示：如果希望把 PLC 中 0~27648 的整形线性标定成 0~100.00 浮点数，可以创建"32 位浮点数"变量，变量的"调整格式"设为"FloatToUnsignedWord"，然后变量地址就可以选择 Word 类型的地址，再进行线性转换设置即可。

6. 调整格式

组态变量时，有时需要根据 PLC 中的数据格式定义数据类型和类型转换。

例如，当 WinCC 需要显示 S7-300 的 S5#TIME 格式的时间变量时，就需要使用调整格式。

S5#TIME 为无符号 16 位 S5 时间数据类型，由 3 位 BCD 码时间值（0~999）和时基组成，如图 5-37 所示。

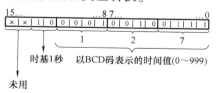

图 5-37　S5#TIME 格式

时间基准定义将时间值递减一个单位所用的时间间隔。最小的时间基准是 10ms；最大的时间基准是 10s，见表 5-4。

表 5-4　S5#TIME 时间基准

时间基准	时间基准的二进制编码	时间基准	时间基准的二进制编码
10ms	00	1s	10
100ms	01	10s	11

此时在 WinCC 中新建数据类型为"浮点数 32 位 IEEE754"的变量，调整格式选"Float-ToSimaticBCDTimer"，如图 5-38 所示。

	名称	数据类型	长度	格式调整	连接	地址	线
1	Timer1	32-位浮点数 IEEE 754	4	FloatToSimaticBCDTimer	S7300	DB3,DBW0	

变量 [Time]

图 5-38　格式调整

可以看到，虽然创建的是浮点数变量，但经过"FloatToSimaticBCDTimer"格式调整后，对应的 PLC 的地址为 Word 类型。这样，在 WinCC 就可以直接监控 S5#TIME 的时间了。此时，还是以 ms（毫秒）单位来显示时间的，如果要以其它单位来显示，需要进行线性标定。

关于如何在 WinCC 项目中监控 S7-300/400 PLC 中的定时器的信息可参考条目 ID 79552957。

7. 数据类型

WinCC 变量支持以下的数据类型：

- 二进制变量（BIT）。
- 有符号 8 位数（CHAR）。
- 无符号 8 位数（BYTE）。
- 有符号 16 位数（SHORT）。
- 无符号 16 位数（WORD）。
- 有符号 32 位数（LONG）。
- 无符号 32 位数（DWORD）。
- 浮点数 32 位 IEEE754（FLOAT）。
- 浮点数 64 位 IEEE754（DOUBLE）。
- 文本变量，8 位字符集（TEXT8）。
- 文本变量，16 位字符集（TEXT16）。
- 原始数据类型。
- 日期/时间。

接下来对其中几种数据类型进行介绍。

1）文本变量：对于"SIMATIC S7-1200、S7-1500 Channel"中的 8 位文本变量，WinCC 仅支持 S7 字符串类型，该类型由一个控制字和用户字符串组成：控制字的第一个字节包含字符串自定义的最大长度，第二个字节包含实际长度。WinCC 中 8 位文本变量的地址对应控制字的第一个字节。

在进行读操作时，控制字将和用户数据一起被读取，并将判断第二个字节中的当前长度。只有长度与第二控制字节中包含的当前长度一致的用户字符串才传送到 WinCC 的

8 位文本变量。在进行写操作时，字符串的实际长度和用户输入的字符串一起发送给 PLC。

　　2）原始数据类型：WinCC 支持 Rawdata（原始数据）类型的变量，可以实现和 PLC 的批量数据交换。例如，WinCC 原始数据类型的变量可以一次读取 DB1.DBB0～DB1.DBB99 的 100 个字节的数据，这个变量无法直接在画面中使用，需要用脚本处理字节数组的方式来访问它，如图 5-39 所示。

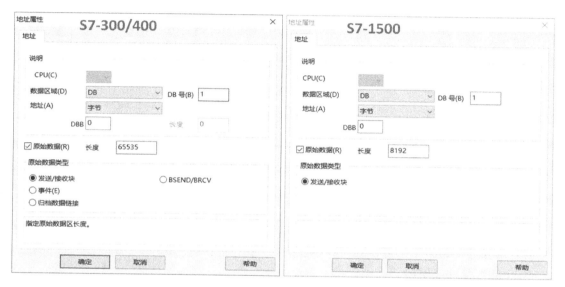

图 5-39　原始数据类型

　　"发送/接收块"（Send/Receive）：PLC 侧不需要编程，只需在 WinCC 定义 Rawdata 类型的变量即可。发送数据量受 PDU（Protocol Data Unit：每一个循环读取服务所能处理的数据大小，见表 5-5）尺寸的限制。

表 5-5　S7 PLC 的 PDU 大小

编号	协　　　议	PDU 大小/B
1	S7-300/400 的 MPI 和 PROFIBUS 协议	240
2	S7-300 的以太网协议	240
3	S7-400 的以太网协议	480

　　S7-1200/S7-1500 也支持"发送/接收块"（Send/Receive）原始数据类型，能传送的数据量最大为 8KB。

　　关于 S7-300/400/1500 和 WinCC 之间批量交换数据的详细的组态步骤请参考条目 ID 37873547。关于 S7-400 AR_ SEND 的详细的使用步骤请参考条目 ID 79544473。

5.3.2　内部变量

　　内部变量是不直接连接到控制器（PLC）的变量。内部变量不占用 WinCC 变量授权点数。在 C 或 VB 脚本之间传送数据或者存储显示运算结果时可以使用内部变量。通过"运行系统保持"属性的设置，可以设置关闭运行系统时内部变量是否保持。保存的值用作重启运行系统的起始值，如图 5-40 所示。

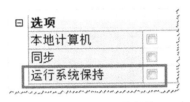

图 5-40　运行系统保持

5.3.3　系统变量

系统变量是 WinCC 创建的具有特殊含义的一些的变量，这些变量的名称均以"@"字符开头，如图 5-41 所示。

例如，可以使用系统变量"@CurrentUserName"来获取当前登录的用户名称，"@LocalMachineName"获取 WinCC 所在计算机的名称。

图 5-41　系统变量

5.4　WinCC 变量组态

在 WinCC 项目中是通过变量进行数据交换的。例如，画面中显示的是变量的值，报警消息是由消息变量来触发的。因此，需要在 WinCC 项目中创建各种类型的变量。

5.4.1　变量命名规则

在 WinCC V7.4 SP1 中命名变量时，必须遵守以下规则：

● 变量名称在整个项目中必须唯一。

● WinCC 变量名称不区分大小写（"TAG1"和"tag1"被认为是同一个变量），所以无法创建仅名称大小写不同的变量。

● 变量名称不能超过 128 个字符。对于结构变量元素，此限制适用于整个表达式"结构变量名称+点+结构类型元素名称"。

● 在变量名中不得使用某些特定的字符，见表 5-6。或参考 WinCC 信息系统中的"使用 WinCC>使用项目>附录>非法的字符"。

表 5-6　非法字符

编号	组件	非法字符
1	变量名	: ? " ' \ * % 空格 不区分大小写 "@"只用于系统变量 句点用作结构变量中的分隔符
2	变量组的名称	' \ 空格 不区分大小写
3	结构类型、结构元素、结构实例的名称	. : ? ' \ * % 空格 结构变量的名称不能为"EventState"

5.4.2　WinCC Configuration Studio

WinCC Configuration Studio 使得 WinCC 项目批量组态数据更为简单且高效。

WinCC Configuration Studio 的用户界面划分为 3 个区域：类似于 Microsoft Outlook 的导航区域、类似于 Microsoft Excel 的数据区域以及属性区域。用户既可为 WinCC 项目组态批量数据，同时也可保留电子表格程序的操作优势，界面如图 5-42 所示。

图 5-42　WinCC Configuration Studio

WinCC Configuration Studio 包括下列编辑器和功能：

- 变量管理。
- 变量记录。
- 报警记录。
- 文本库。
- 用户管理器。
- 报警器。
- 用户归档。

其中，变量管理器将对项目所使用的变量和通信驱动程序进行管理。WinCC Configuration Studio 中的变量管理器具有以下特点：

（1）直接监视变量值

在 WinCC 运行时，WinCC 变量管理器可以直接显示变量的实时数值，数值列默认为隐藏，需要将它显示出来（右击任一列标题，选择"取消隐藏"），如图 5-43 所示。

图 5-43　显示相应的列

这样在变量管理器表中就可以直接监视变量数值（不能控制），如图 5-44 所示。

图 5-44　直接监视变量

（2）设置变量注释

在 WinCC Configuration Studio 中，可以为变量设置注释，如图 5-44 中的"注释"列。

（3）方便管理数据

可以进行类似 Microsoft Excel 的查找、替换、复制和粘贴等操作。

- 在变量管理器中选择相应的内容，然后右键，即可调出操作菜单，如图 5-45 所示。例如可以将图 5-46 中的变量名中的"tag"批量替换为"variable"。

- 可实现大数据量组态，类似 Excel 的拖拽功能。选中一行中需要拖拽的内容，移动鼠标到选中框的右下方，当出现"+"时，按住左键进行拖拽，如图 5-47 所示。

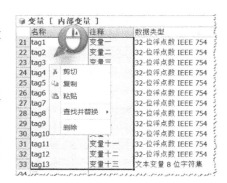

图 5-45　变量管理

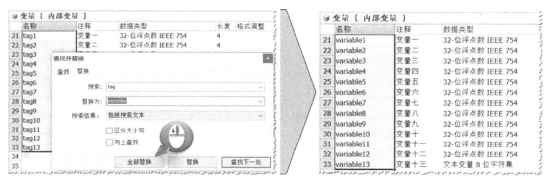

图 5-46　变量替换

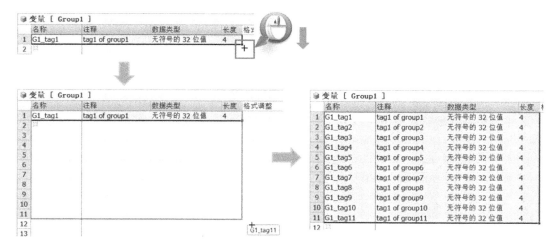

图 5-47　变量表格拖拽功能

（4）方便快捷地在不同项目间复制数据

在一个项目的 WinCC Configuration Studio 中选择数据，直接复制并粘贴到 Excel。然后，打开另一个项目的 WinCC Configuration Studio 并粘贴到相应的位置即可。

（5）直接修改结构类型

WinCC Configuration Studio 可以直接修改结构类型，其对应的结构变量自动进行更改。

例如，原来的结构类型包含 "name"、"control" 及 "status" 3 个结构元素，现在需要新添加 1 个结构元素。这时可以在 WinCC Configuration Studio 中直接为结构变量添加新元素 "new_element"，即可以看到对应的结构变量 "Motor1" "Motor2" 及 "Motor3" 下自动增加了一个 "MotorX.new_element" 变量，如图 5-48 所示。

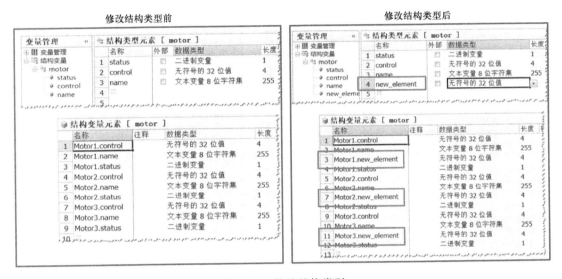

图 5-48 修改结构类型

5.4.3 变量组

当在项目中创建了大量变量时，可根据主题（工艺、使用的位置或参数类型）将这些变量进行分组。

例如，在项目中创建一个 "Press" 的变量组。将所有压力变量创建到这个变量组中，如图 5-49 所示。

图 5-49 变量组

这样，可使 WinCC 检索变量更容易。

5.4.4 结构类型和结构变量

在实际项目中，经常会遇到多个设备具有相同的参数（组）的情况，例如现场有多个电机，每个电机需要实现如下相同的功能。

- 显示状态（运行/停止/故障）。
- 显示实际转速。
- 控制启停。
- 设定转速。

这时结合使用画面模板和结构变量，可以减少大量的组态工作，并方便以后对项目的维护，如图 5-50 所示。

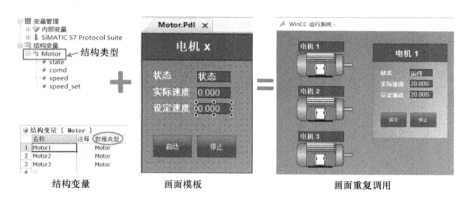

图 5-50　WinCC 画面复用

1. 结构类型

WinCC 结构类型可以简化创建具有相同属性的多个变量的过程。

结构类型至少包含 1 个结构元素，图 5-50 中为所有电机创建的 "Motor" 结构类型，包括 state、comd、speed、speed_set 4 个结构元素，如图 5-51 所示。

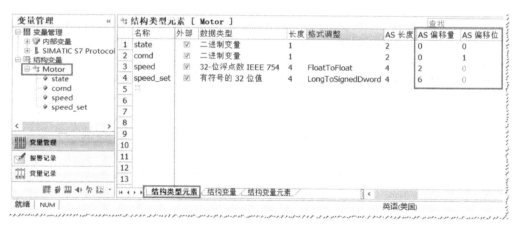

图 5-51　结构类型

结构类型在导航区域的 "结构变量" 文件夹中创建和显示。

需要为结构类型中的每个元素设定属性，包括变量类型（内部变量/外部变量）以及数据类型，如果是外部变量，则需要为每个元素指定地址偏移量（字节）以及偏移位。

可在同一结构类型中定义内部变量和外部变量的结构元素。在通信驱动程序的连接下创建结构变量元素后，在结构类型中定义的外部变量也将创建在该连接下。内部变量则创建于变量管理的 "内部变量" 下。

2. 结构变量

结构变量是借助结构类型所创建的一种变量。结构变量的模板是结构元素。

图 5-50 中为电机创建的 "Motor1" "Motor2" "Motor3"，就是结构类型为 "Motor" 的结构变量，如图 5-52 所示。结构变量在表格区域的 "结构变量" 选项卡中创建和显示。创建结构变量时需要指定通信驱动程序的连接名称以及起始地址。

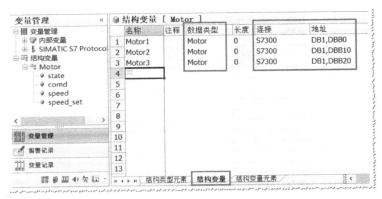

图 5-52　结构变量

3. 结构变量元素

结构变量的名称由结构实例的名称以及所使用的结构元素的名称组成。该名称的这两部分之间用一个 "·" 隔开。结构变量元素的地址根据设定的起始地址和每个元素的偏移量自动生成，如图 5-53 所示。

	名称	数据类型	长度	连接	地址
1	Motor1.comd	二进制变量	1	S7300	DB1,D0.1
2	Motor1.speed	32-位浮点数 IEEE 754	4	S7300	DB1,DD2
3	Motor1.speed_set	有符号的 32 位值	4	S7300	DB1,DD6
4	Motor1.state	二进制变量	1	S7300	DB1,D0.0
5	Motor2.comd	二进制变量	1	S7300	DB1,D10.1
6	Motor2.speed	32-位浮点数 IEEE 754	4	S7300	DB1,DD12
7	Motor2.speed_set	有符号的 32 位值	4	S7300	DB1,DD16
8	Motor2.state	二进制变量	1	S7300	DB1,D10.0
9	Motor3.comd	二进制变量	1	S7300	DB1,D20.1
10	Motor3.speed	32-位浮点数 IEEE 754	4	S7300	DB1,DD22
11	Motor3.speed_set	有符号的 32 位值	4	S7300	DB1,DD26
12	Motor3.state	二进制变量	1	S7300	DB1,D20.0
13					

结构变量元素 [Motor]

结构类型元素 / 结构变量 / **结构变量元素**

英语(美国)

图 5-53　结构变量元素

结构变量元素不需要组态，它们在创建结构变量时自动生成。

关于 WinCC 如何使用结构变量组态画面模板可参考条目 ID 109738835。

5.4.5　变量的导出导入

变量的导出导入功能可以将 WinCC 变量导出到 Microsoft Excel 中，在 Excel 中修改后再导入到 WinCC 项目中。

WinCC 提供两种方法来实现变量的导出导入功能。

1. 使用 WinCC "Tag Export Import" 工具

"Tag Export Import" 是 WinCC 提供专门用来导出、导入变量的工具，可以导出变量到

csv 文件。通过 Windows "开始＞所有程序＞Siemens Automation＞SIMATIC＞WinCC＞Tools＞Tag Export Import"，可以打开 WinCC "Tag Export Import" 工具，如图 5-54 所示。

在 WinCC "Tag Export Import" 工具中设置路径及文件名，并选择是进行导入还是导出操作，然后单击 "Execute" 执行，如图 5-55 所示。

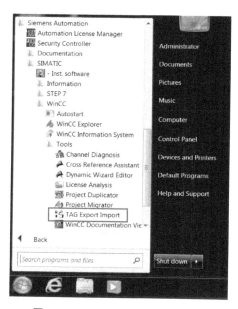

图 5-54　Tag Export Import 路径

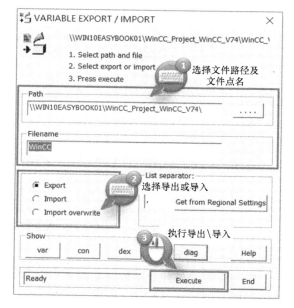

图 5-55　Tag Export Import

2. 直接从 WinCC Configuration Studio 导出、导入变量

在 WinCC Configuration Studio 选择需要导出的变量，通过 "编辑" 菜单下的 "导出" 功能导出变量到 Txt 或 Excel 文件。修改后，再通过 "导入" 功能导入变量，如图 5-56 所示。

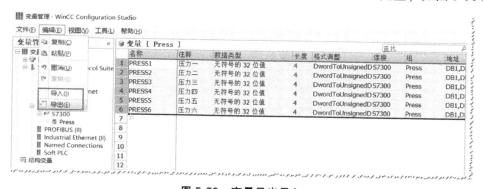

图 5-56　变量导出导入

5.5　WinCC 过程通信应用示例

5.5.1　WinCC 与 SIMATIC S7-1500 通信的组态

WinCC 提供 "SIMATIC S7-1200、S7-1500 Channel" 通道，用于 WinCC 与 S7-1200/S7-1500 PLC 之间的以太网通信。本节以 CPU 1515-2PN 为例说明 WinCC V7.4 SP1 与 S7-1500

的通信组态步骤。使用的软件版本为 TIA 博途 STEP7 V14 SP1。

1. 查看 PLC 通信参数

步骤 1：在 STEP7 V14SP1 组态软件中，打开 S7-1500 项目。

步骤 2：在树形结构中，打开"设备和网络"，打开网络视图并单击 CPU 1515-2PN 通信端口，在"属性"界面中查看通信参数，如图 5-57 所示。

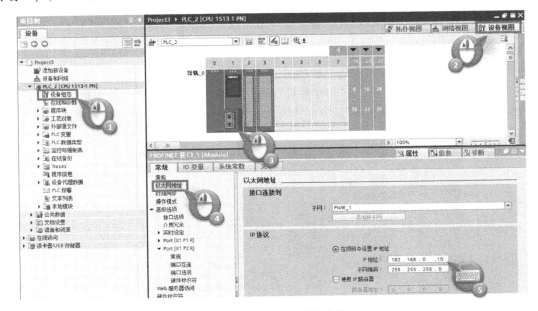

图 5-57　S7-1500 通信参数

2. 检测计算机与 PLC 的连接状态

可以通过 ping 命令，检测 WinCC 所在计算机与 PLC 的连接状态。按下 Win 键和 R 键，打开运行，在运行中输入"cmd"，回车进入命令提示等界面。使用网络命令 ping 测试以太网连接是否建立。

ping 命令如下：ping 目标 IP 地址 -参数。例如 ping 192.168.0.10，返回结果如图 5-58 所示，代表计算机和 PLC 的物理网络连接已建立。

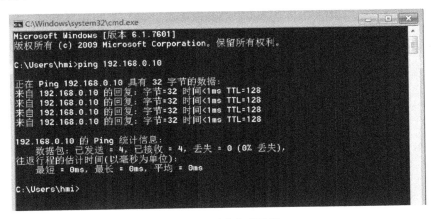

图 5-58　测试物理连接

提示：如果此处不能 ping 通 PLC 的 PN 端口或者以太网模块，则通信不可能建立。若要通信成功，必须保证实际的物理以太网通信保持正常。

如果不能 ping 通 PLC，请检查：

1）检查或测试网线接线。

2）如果没有路由器，请检查计算机和 PLC 的 IP 地址是否在同一网段。

3）如果经过路由，请检查路由设置是否正确。

3. WinCC 连接的设置

在 WinCC 中，创建连接并设置连接参数。

步骤 1：在 WinCC 项目中，打开变量管理器，选择"变量管理"，单击鼠标右键，选择"添加新的驱动程序"。在驱动列表中，选择 "SIMATIC S7-1200，S7-1500 Channel" 驱动，如图 5-59 所示。

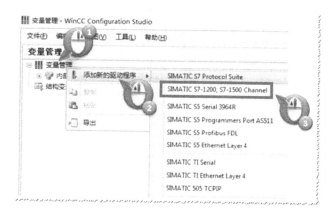

图 5-59　添加驱动

步骤 2：鼠标右键单击 "SIMATIC S7-1200，S7-1500 Channel" 驱动下的 "OMS+" 选项，选择"新建连接"，新建与 S7-1500 PLC 的连接。

步骤 3：右键选择连接名称，选择"连接参数"，如图 5-60 所示。

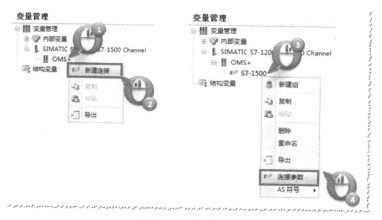

图 5-60　新建连接

步骤 4：连接参数中的"IP 地址"，填写 S7-1500 通信端口的 IP 地址，在"访问点"输入自定义名称"CP-TCPIP"（需要在"设置 PG/PC 接口"中对应网卡），在"产品系列"，选择"s71500-connection"，如图 5-61 所示。

4. 设置 PG/PC 接口

WinCC 中的"SIMATIC S7-1200, S7-1500 Channel"连接的访问点不能直接选择网卡，需要在"设置 PG/PC 接口"中，为使用的访问点分配网卡。

步骤 1：打开计算机的控制面板，切换查看方式为"大图标"或"小图标"。然后选择"设置 PG/PC 接口（32 位）"选项，如图 5-62 所示。

图 5-61　连接参数

图 5-62　控制面板

步骤 2：在界面中，单击"应用程序访问点"下拉列表，选择"<添加/删除>"，如图 5-63 所示。

图 5-63　设置 PG/PC 接口

在弹出框中"新建访问点"处填写"CP-TCPIP"，单击"添加"按钮添加访问点，如图 5-64 所示，完成后关闭对话框。

步骤 3：返回"设置 PG/PC 接口"界面，在"应用程序访问点"选择"CP-TCPIP"。在"为使用的接口分配参数："选择计算机相应以太网卡的 TCPIP 协议，如图 5-65 所示，完成后单击"确定"按钮退出。

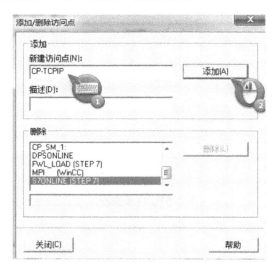

图 5-64　新建访问点

图 5-65　设置访问点

注意：

- 请确保所选条目为当前正在连接 PLC 的计算机上的以太网卡的名称。
- 本节使用的应用程序访问名称为"CP-TCPIP"，也可以使用其它名称。

5. 绝对地址访问

步骤 1：选中连接，在其右侧变量表格中按照图 5-66 所示步骤创建变量，并激活 WinCC

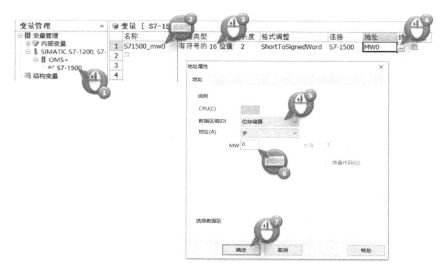

图 5-66　创建变量

运行系统。

步骤 2：WinCC 变量管理器可以直接显示变量的实时数值。数值列默认为隐藏，需要按如图 5-67 所示步骤将它显示出来（右击任一列标题，选择"取消隐藏"）。

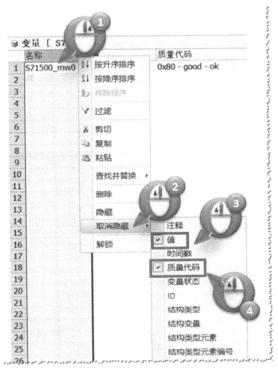

图 5-67　显示相应列

这样在变量表中就可以直接监视变量数值和质量代码，如图 5-68 所示。对应 PLC 中的数值，如图 5-69 所示。

图 5-68　监视变量

图 5-69　PLC 监视

6. 符号访问

WinCC V7.4 SP1 可以直接从 S7-1200/1500 中读取 PLC 的变量，从而节省大量的组态时间。

步骤 1：在 S7-1500 的项目中，使能了"在 HMI 工程组态中可见"选项的变量（数据块以及 PLC 变量表中的变量，如图 5-70 所示），可以被 WinCC 直接读取。

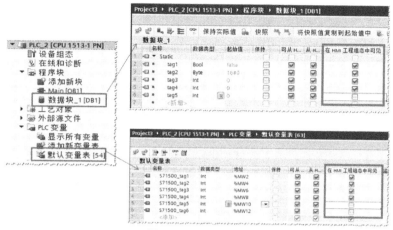

图 5-70　PLC 变量

步骤 2：运行 WinCC，当 WinCC 和 S7-1500 正常通信之后，即可以从 WinCC 直接读取 PLC 中的变量。

步骤 3：鼠标右键单击连接名称，选择"AS 符号"，然后选择"从 AS 中读取"，如图 5-71 所示。

步骤 4：在"AS 符号"表中，列出了所有"在 HMI 工程组态中可见"PLC 变量，在"访问"列中，选择 WinCC 需要的变量，如图 5-72 所示。之后这些变量将会被导入到 WinCC 变量表中。

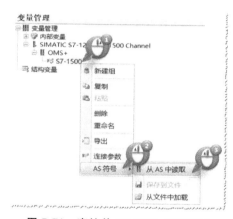

图 5-71　直接从 S7-1500 读取变量

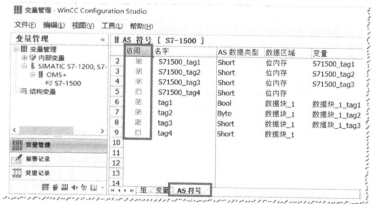

图 5-72　从 S7-1500 读取的变量

步骤 5：在变量表中直接监视变量值和质量代码，如图 5-73 所示。

	名称	值	质量代码	数据类型	长度	格式调整	连接	地址
2	S71500_tag1	0	0x80 - good - ok	有符号的 16 位值	2	ShortToSignedWord	S7-1500	0001:TS:7:52.562709
3	S71500_tag2	0	0x80 - good - ok	有符号的 16 位值	2	ShortToSignedWord	S7-1500	0001:TS:7:52.453135
4	S71500_tag3	0	0x80 - good - ok	有符号的 16 位值	2	ShortToSignedWord	S7-1500	0001:TS:7:52.D7189A
5	数据块_1_tag1	0	0x80 - good - ok	二进制变量	1		S7-1500	0001:TS:0:8A0E0001
6	数据块_1_tag2	0	0x80 - good - ok	无符号的 8 位值	1	ByteToUnsignedByte	S7-1500	0001:TS:36:8A0E000
7	数据块_1_tag3	0	0x80 - good - ok	有符号的 16 位值	2	ShortToSignedWord	S7-1500	0001:TS:7:8A0E0001

图 5-73 变量导入到 WinCC

5.5.2 WinCC 与 SIMATIC S7-300 通信的组态

本节以 CPU 315-2PN/DP 为例，介绍 WinCC 使用 "SIMATIC S7 Protocol Suite" 通信驱动，通过普通网卡连接 SIMATIC S7-300 的步骤。使用的软件版本为经典 STEP7 V5.5 SP4。

1. 查看 STEP7 组态

目的是在 STEP7 项目中查看 PLC 的 IP 地址。

打开硬件组态，双击 "PN-IO"，可以查看 CPU 的 IP 地址，如图 5-74 所示。如果 WinCC 连接的是 S7-300 的 CP341-1 模块，那么需要双击 CP343-1 查看 CP343-1 的 IP 地址。

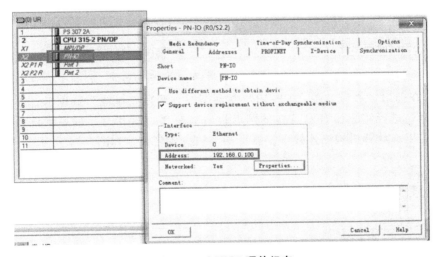

图 5-74 STEP7 硬件组态

2. 检测计算机与 PLC 的连接状态

可以通过批 ping 命令，检测 WinCC 所在计算机与 PLC 的连接状态。

按下 Win 键和 R 键，打开运行，在运行中输入 "cmd"，回车进入命令提示等界面。使用网络命令 ping 测试以太网连接是否建立。

ping 命令如下：ping 目标 IP 地址-参数。例如 ping 192.168.0.100。

　　提示：如果此处不能 ping 通 PLC 的 PN 端口或者以太网模块，则通信不可能建立。若要通信成功，必须保证实际的物理以太网通信保持正常。

　　如果不能 ping 通 PLC，请检查：

　　1）检查或测试网线接线。

　　2）如果没有路由器，请检查计算机和 PLC 的 IP 地址是否在同一网段。

　　3）如果经过路由，请检查路由设置是否正确。

　　3. 添加驱动程序并设置系统参数

　　步骤 1：打开 WinCC 项目管理器，右键单击"变量管理"，选择"打开"，打开变量管理器，如图 5-75 所示。

　　步骤 2：在变量管理器中，右键单击"变量管理"，选择"添加新的驱动程序"，添加"SIMATIC S7 Protocol Suite"，如图 5-76 所示。

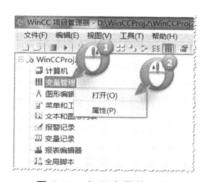

图 5-75　打开变量管理器

图 5-76　添加驱动程序

　　步骤 3：右键单击 TCP/IP，在弹出菜单中单击"系统参数"，如图 5-77 所示。

　　步骤 4：在弹出"系统参数 - TCP/IP"对话框中，选择"单位"选项卡，单击"逻辑设备名称"列表，选择实际和 PLC 连接的网卡且后缀是".TCPIP.1"的逻辑设备名称，如图 5-78 所示。可以在计算机网络连接中，查看网卡的设备名称，如图 5-79 所示。

图 5-77　设置系统参数

图 5-78　选择"逻辑设备名称"

提示：逻辑设备名称也可以选择访问点名称，例如"CP-TCPIP"或"S7ONLINE"。如果选择的是访问点，需要在"设置 PG/PC 接口"中将访问点和网卡对应。请参考本书 5.5.1 节。

图 5-79　选择"逻辑设备名称"

4. 连接的设置

步骤 1：右键单击"TCPIP"，选择"新建连接"，并为新建的连接命名，如图 5-80 所示。

步骤 2：右键单击新建的连接，选择"连接参数"，如图 5-81 所示。

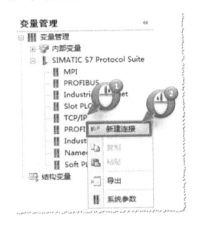

图 5-80　新建连接

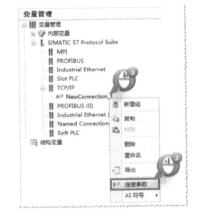

图 5-81　连接参数

步骤 3：在弹出的对话框中，输入 STEP7 中已经设置的 PN-IO 或者以太网模块的 IP 地址、机架号和插槽号，如图 5-82 所示。

IP 地址：CPU 或通信模块的 IP 地址。

机架号：CPU 所处机架号。除特殊复杂使用的情况下（例如 S7-400H），一般填入 0。

插槽号：CPU 所处的槽号。S7-300 的 CPU，插槽号固定为 2。

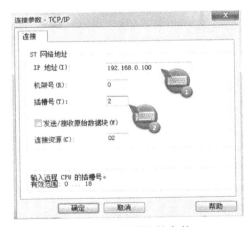

图 5-82　设置连接参数

提示：如果是 S7-400 的 PLC，那么此处应根据 STEP7 项目的硬件组态中 CPU 所处的插槽号来设定，否则通信不能建立。

5. 创建变量

选中连接，在其右侧变量表格中按照图 5-83 所示步骤创建变量。

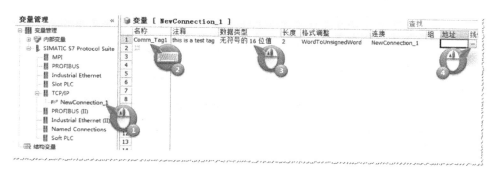

图 5-83　创建变量

为变量设定地址，如图 5-84 所示。

6. 通信测试

步骤 1：新建画面，并双击打开，如图 5-85 所示。

图 5-84　变量地址

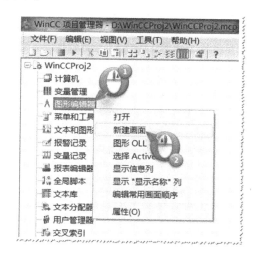

图 5-85　新建画面

步骤 2：在"图形编辑器"中，从右侧的"智能对象"下，选择"输入/输出域"，并拖拽到画面中，如图 5-86 所示。

然后，在弹出的组态对话框中，选择之前创建的变量"Comm_Tag1"，如图 5-87 所示。

步骤 3：在"图形编辑器"中，单击"运行系统"按钮，激活 WinCC 项目，如图 5-88 所示。

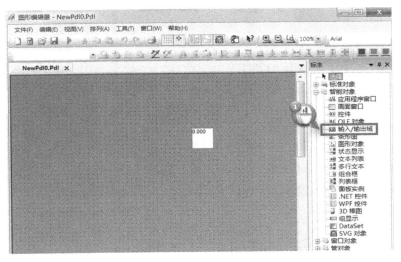

图 5-86 输入/输出域

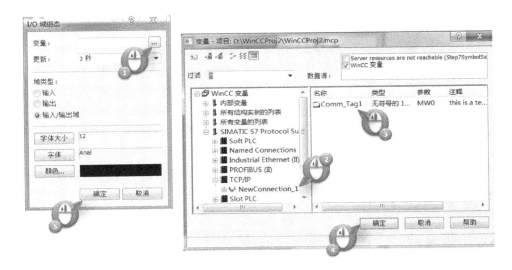

图 5-87 为"输入/输出域"选择变量

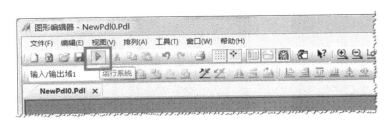

图 5-88 激活 WinCC

激活 WinCC 项目后，可以看到 WinCC 显示的数值与 PLC 中的实际数值相同，如图 5-89 所示。

5.5.3 WinCC "Modbus TCPIP" 通信的组态

本节以 Quantum CPU651 为例，介绍 WinCC 的 Modbus TCPIP 通信的组态步骤。并在最后列出 WinCC 和第三方 Modbus TCP 设备通信的注意事项。

1. Quantum PLC 组态

（1）硬件配置

在 PLC 的编程软件 Unity Pro 中，按实际情况配置硬件，本例配置如图 5-90 所示。

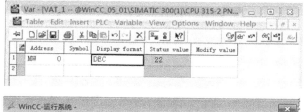

图 5-89　运行结果

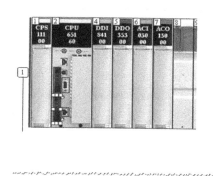
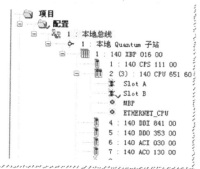

图 5-90　Unity Pro 硬件配置

（2）网络配置

在项目树中，选择"通信>网络"，创建新网络（例如"dd"），并双击新建的网络，配置 IP 地址及网络类型，如图 5-91 所示。

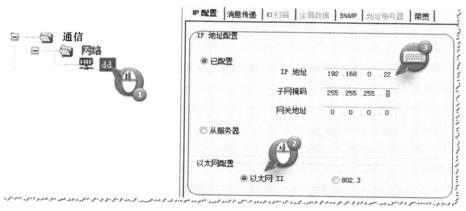

图 5-91　Unity Pro 网络配置

在硬件配置中，为 CPU 自带的以太网口分配网络，如图 5-92 所示。

（3）创建数据表

Quantum PLC 寄存器编址从 1 开始。Quantum PLC 寄存器地址与 Modbus 地址的对应关

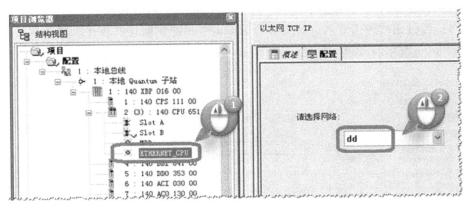

图 5-92　网络分配

系见表 5-7。

表 5-7　Quantum PLC 地址与 Modbus 地址的对应关系

Quantum PLC 寄存器区	Modbus 寄存器区	示例
%m	0x	例如,%m1 对应 000001
%i	1x	例如,%i1 对应 100001
%iw	3x	例如,%iw1 对应 300001
%mw	4x	例如,%mw1 对应 400001

在 Unity Pro 软件中创建数据表,如图 5-93 所示。

2. WinCC 组态

(1) 通信连接组态

步骤 1:在 WinCC 项目管理器中,打开"变量管理"。

步骤 2:鼠标右键单击"变量管理",选择"添加新的驱动程序",然后选择"Modbus TCPIP",如图 5-94 所示。

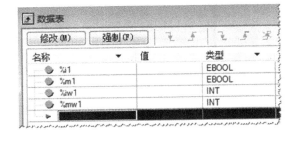

图 5-93　Unity Pro 数据表

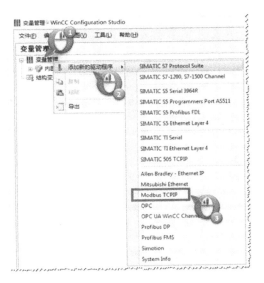

图 5-94　添加 Modbus TCPIP 驱动

步骤 3：右键单击"Modbus TCP/IP Unit #1"，选择"新建连接"，如图 5-95 所示。

步骤 4：为新建的连接命名（例如"Quantum"），并在新建的连接上单击鼠标右键选择"连接参数"，如图 5-96 所示。

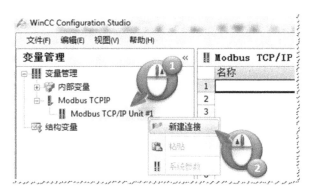

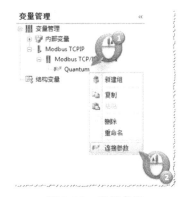

图 5-95　创建连接

图 5-96　连接参数

步骤 5：在弹出的"Modbus TCPIP"对话框中，设置连接属性，如图 5-97 所示。

CPU 类型：不同 CPU 的字和位的关系、寄存器起始地址存在不同，所以选择不同的 CPU 类型时，WinCC 变量地址设定及数据处理会有些不同。

这里选择"Compact、Quantum、Momentum"。

服务器：PLC 作为 Modbus TCP 通信的服务器，WinCC 作为客户机。这里输入 PLC 的以太网 IP 地址。

端口：Modbus TCP 通信默认端口为 502。

远程从站的地址：使用桥接器（例如 MB+到 Modbus TCPIP）时，此处输入远程控制器的从站地址。如果未使用桥接器，则必须输入默认值 255 或 0 作为地址。

转换字类型数据为 16 位数值：此处的翻译不准确，应该为"交换 32 位值中的字"（Swap words in 32-bit values），如图 5-98 所示。

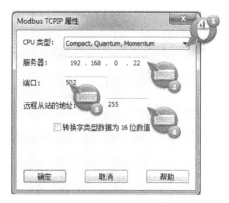

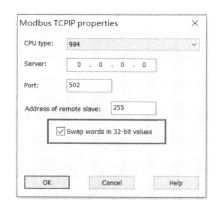

图 5-97　设置连接参数

图 5-98　"交换 32 位值中的字"

此选择只影响"有符号 32 位数""无符号 32 位数"和"浮点数 32 位 IEEE 754"三种数据类型。连接施耐德 PLC 时，此选项无需选择。

（2）创建变量

"Modbus TCPIP" 通道支持以下数据类型：二进制变量、有符号 16 位数、无符号 16 位数、有符号 32 位数、无符号 32 位数、浮点数 32 位 IEEE 754、文本变量 8 位字符集及文本变量 16 位字符集。

在 "Quantum" 连接下创建以下变量，如图 5-99 所示。其中 "tag_i01" 地址%i1，对应 modbus 区域为：1x 离散输入/%I，地址为 100001，如图 5-100 所示。"tag_m1" 地址%m1，对应 modbus 区域为：0x 线圈/%M，地址为 000001，如图 5-101 所示。"tag_iw1" 地址%iw1，对应 modbus 区域为：3x 输入寄存器/%IW，地址为 300001，如图 5-102 所示。"tag_mw1" 地址%mw1，对应 modbus 区域为：4x 保持寄存器/%MW，地址为 400001，如图 5-103 所示。

Quantum					
名称	数据类型	长度	连接	组	地址
1	tag_i01	二进制变量	1	Quantum		1x100001.1
2	tag_m1	二进制变量	1	Quantum		0x1.1
3	tag_iw1	无符号的16位值	2	Quantum		2x300001
4	tag_mw1	有符号 16 位数	2	Quantum		3x400001

图 5-99　创建变量

图 5-100　1x 离散量输入

图 5-101　0x 线圈输出

图 5-102　3x 输入寄存器

图 5-103　4x 保持寄存器

（3）运行结果

下载项目到 PLC，打开 Unity Pro 项目中的数据表，在线监视 PLC 变量的值，如图 5-104 所示。运行 WinCC，可以看到 PLC 的数据正确显示在 WinCC 画面中，如图 5-105 所示。在 WinCC 画面中修改变量的值（i 区不能修改），如图 5-106 所示。PLC 的数值发生相应的变化，如图 5-107 所示。

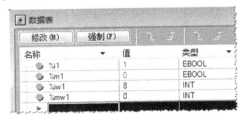

图 5-104　Unity Pro 数据表

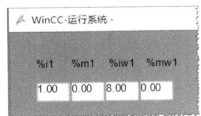

图 5-105　运行结果

（4）按位访问字寄存器

WinCC 二进制变量地址可以设置为 4x（或者 3x）的某一位，例如，访问 400001 寄存器的第 2 位，如图 5-108 所示。

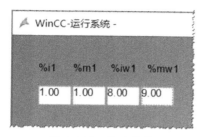

图 5-106　修改数值

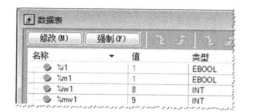

图 5-107　Unity Pro 数据表监视

图 5-108　按位访问字寄存器

关于这种访问方式，有两点需要注意：

① 位与字的关系。Quantum PLC、WinCC Modbus 中的位与字的对应关系见表 5-8。

表 5-8　位与字的对应关系

位（Modbus）	400001.1	400001.2	……	400100.8	400100.9	400100.10	……	400100.16
字	400001（%mw1）							
位（Quantum）	%mw1.15	%mw1.14	……	%mw1.8	%mw1.7	%mw1.6	……	%mw1.0

② 对于写操作。在更改指定位后，整个字将写回 PLC。但期间并不检查字中的其它位是否已改变。

如图 5-109 所示，在 WinCC 读取字和写入字之间，PLC 修改了这个字变量，后续

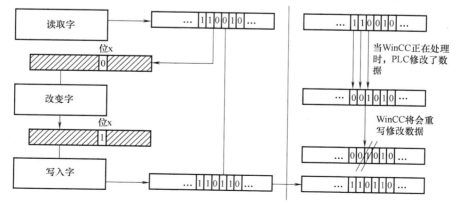

图 5-109　PLC 的修改操作被 WinCC 覆盖

WinCC 将会重新修改这个字变量，这样就有可能造成 PLC 逻辑出错。

（5）浮点数和 32 位整数变量

步骤 1：在 PLC 数据表中，创建 DINT 和 REAL 变量，如图 5-110 所示。

图 5-110　DINT 和 REAL 变量

步骤 2：在 WinCC 中，创建相应变量，如图 5-111 所示。

	名称	数据类型	长度	格式调整	连接	组	地址
1	tag_i01	二进制变量	1		Quantum		1x100001.1
2	tag_iw1	无符号的16位值	2	WordToUnsignedWord	Quantum		2x300001
3	tag_m1	二进制变量	1		Quantum		0x1.1
4	tag_md100	有符号 32 位数	4	LongToSignedDword	Quantum		3x400100
5	tag_mf102	浮点数 32 位 IEEE 754	4	FloatToFloat	Quantum		3x400102
6	tag_mw1	有符号 16 位数	2	ShortToSignedWord	Quantum		3x400001

图 5-111　WinCC 变量

步骤 3：运行 WinCC，结果如图 5-112 所示。

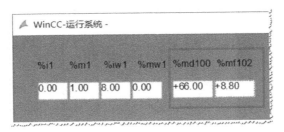

图 5-112　运行结果

（6）Modbus TCPIP 字符串变量

步骤 1：在 WinCC 中，创建字符串变量，如图 5-113 所示。

	名称	数据类型	长度	格式调整	连接	组	地址
1	tag_i01	二进制变量	1		Quantum		1x100001.1
2	tag_iw1	无符号的16位值	2	WordToUnsignedWord	Quantum		2x300001
3	tag_m1	二进制变量	1		Quantum		0x1.1
4	tag_md100	有符号 32 位数	4	LongToSignedDword	Quantum		3x400100
5	tag_mf102	浮点数 32 位 IEEE 754	4	FloatToFloat	Quantum		3x400102
6	tag_mw1	有符号 16 位数	2	ShortToSignedWord	Quantum		3x400001
7	tag_string	文本变量 8 位字符集	8		Quantum		3x400104
8							

图 5-113　字符串变量

步骤 2：运行 WinCC，结果如图 5-114 所示。

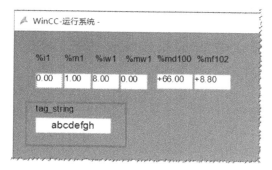

图 5-114　字符串变量显示

在 Unity Pro 数据表中监视变量数值（需要将显示格式改为 ASCII），可以看到 WinCC 字符串数值和 PLC 一致，如图 5-115 所示。

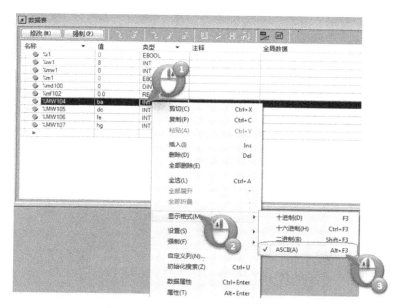

图 5-115　Unity Pro 数据表显示字符

5.5.4　WinCC"OPC UA"通信的组态

下面将以 WinCC V7.4SP1 通过 OPC UA 读取自己的内部变量为例，介绍 WinCC OPC UA 的使用。

需要满足的前提条件如下：

- WinCC V7.4SP1 作为 OPC UA Server 需要 WinCC/Connectivity Pack 的授权。
- 通信不得被防火墙拦截。OPC UA 服务器的端口号必须激活（端口号可以在服务器端配置）。

1. WinCC 作为 OPC UA 服务器的组态

WinCC OPC UA 服务器使用组态文件"OPCUAServerWinCC.xml"进行组态。

项目特定的组态文件"OPCUAServerWinCC.xml"存储在 WinCC 项目文件夹下，路径为："<WinCC 项目文件夹>\ OPC \ UAServer"，如图 5-116 所示。

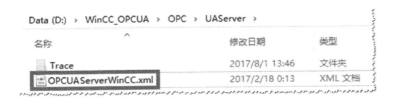

图 5-116　OPCUAServerWinCC. xml 配置文件

可以在 OPCUAServerWinCC. xml 禁用非安全通信模式。

步骤 1：鼠标右键单击 “OPCUAServerWinCC. xml”，选择 “编辑”，如图 5-117 所示。

图 5-117　打开 OPCUAServerWinCC. xml 文件

默认内容如图 5-118 所示，支持 “无”、“Basic128Rsa15”、“Basic256”、“Basic256Sha256” 4 种安全策略。在客户端可以选择使用 “这 4 种”→“使用的安全策略”，如图 5-119 所示。

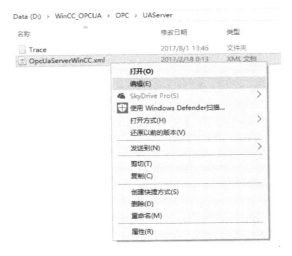

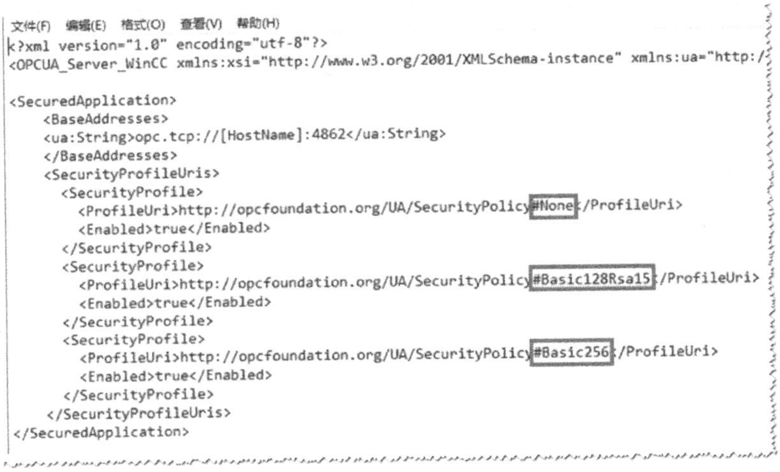


```
<?xml version="1.0" encoding="utf-8"?>
<OPCUA_Server_WinCC xmlns:xsi="http://www.w3.org/2001/XMLSchema-instance" xmlns:ua="http:/

<SecuredApplication>
    <BaseAddresses>
    <ua:String>opc.tcp://[HostName]:4862</ua:String>
    </BaseAddresses>
    <SecurityProfileUris>
      <SecurityProfile>
        <ProfileUri>http://opcfoundation.org/UA/SecurityPolicy#None</ProfileUri>
        <Enabled>true</Enabled>
      </SecurityProfile>
      <SecurityProfile>
        <ProfileUri>http://opcfoundation.org/UA/SecurityPolicy#Basic128Rsa15</ProfileUri>
        <Enabled>true</Enabled>
      </SecurityProfile>
      <SecurityProfile>
        <ProfileUri>http://opcfoundation.org/UA/SecurityPolicy#Basic256</ProfileUri>
        <Enabled>true</Enabled>
      </SecurityProfile>
    </SecurityProfileUris>
</SecuredApplication>
```

图 5-118　Security Profile

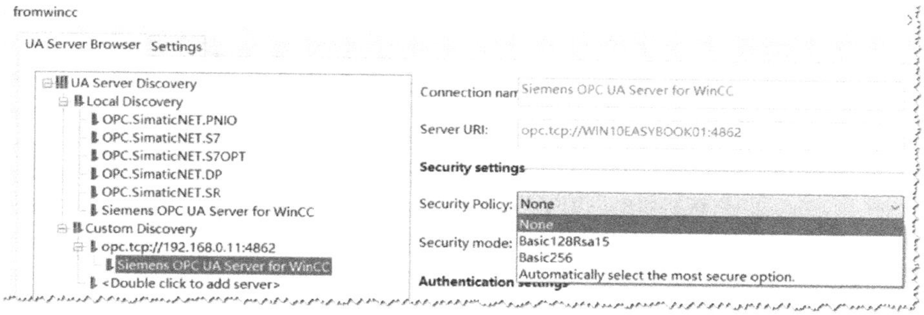

图 5-119　Security Policy

步骤 2：修改配置文件，禁用“None” SecurityProfile，删除“None” MessageSecurityModes，修改后如图 5-120 所示。

```
<SecuredApplication>
    <BaseAddresses>
    <ua:String>opc.tcp://[HostName]:4862</ua:String>
    </BaseAddresses>
    <SecurityProfileUris>
      <SecurityProfile>
        <ProfileUri>http://opcfoundation.org/UA/SecurityPolicy#None</ProfileUri>
        <Enabled>false</Enabled>
      </SecurityProfile>
      <SecurityProfile>
        <ProfileUri>http://opcfoundation.org/UA/SecurityPolicy#Basic128Rsa15</ProfileUri>
        <Enabled>true</Enabled>
      </SecurityProfile>
      <SecurityProfile>
        <ProfileUri>http://opcfoundation.org/UA/SecurityPolicy#Basic256</ProfileUri>
        <Enabled>true</Enabled>
      </SecurityProfile>
    </SecurityProfileUris>
</SecuredApplication>

<ServerConfiguration>
    <SecurityPolicies>
      <SecurityPolicy>
        <ProfileUri>http://opcfoundation.org/UA/SecurityPolicy#Basic128Rsa15</ProfileUri>
        <MessageSecurityModes>Sign</MessageSecurityModes>
      </SecurityPolicy>
      <SecurityPolicy>
        <ProfileUri>http://opcfoundation.org/UA/SecurityPolicy#Basic128Rsa15</ProfileUri>
        <MessageSecurityModes>SignAndEncrypt</MessageSecurityModes>
      </SecurityPolicy>
      <SecurityPolicy>
        <ProfileUri>http://opcfoundation.org/UA/SecurityPolicy#Basic256</ProfileUri>
        <MessageSecurityModes>Sign</MessageSecurityModes>
      </SecurityPolicy>
      <SecurityPolicy>
        <ProfileUri>http://opcfoundation.org/UA/SecurityPolicy#Basic256</ProfileUri>
        <MessageSecurityModes>SignAndEncrypt</MessageSecurityModes>
      </SecurityPolicy>
    </SecurityPolicies>
```

图 5-120　修改“OPCUAServerWinCC. xml”文件

修改后，在 OPC UA 客户端已经无法选择“None”安全策略，如图 5-121 所示。

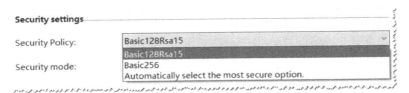

图 5-121　Security Policy 变化

由于服务器禁用了"None"安全策略,这就要求服务器和客户端之间需要通过证书建立安全连接。如果此时 OPC UA 客户端直接连接服务器是无法进行通信的,如图 5-122 所示。

图 5-122　连接失败

2. WinCC 作为 OPC UA 客户端的组态

(1) 打开 WinCC 变量管理器

在内部变量下创建变量组,并在新建的变量组下创建如图 5-123 所示的内部变量。

图 5-123　创建 WinCC 内部变量

(2) 激活 WinCC 项目

(3) 创建 OPC UA 连接

步骤 1:右键单击"变量管理",选择"添加新的驱动程序",然后选择"OPC UA WinCC Channel",从而为 WinCC 添加 OPC UA 驱动,如图 5-124 所示。

步骤 2:添加"OPC UA WinCC Channel"后,出现"OPC UA Connections",选择"新建连接",并为新建的连接命名,例如"fromwincc",如图 5-125所示。

步骤 3:右键单击新建的连接"fromwincc",选择"连接参数",设置 OPC UA 的连接参数,如图 5-126 所示。

步骤 4:在连接参数属性窗口中,双击"<Double click to add sever>"添加

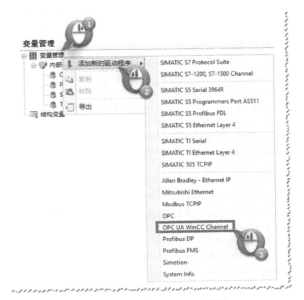

图 5-124　添加 OPC UA 驱动

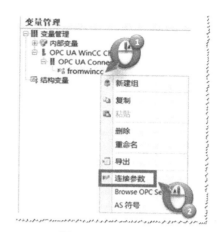

图 5-125　新建连接　　　　　　　　　　　　　图 5-126　连接参数

OPC UA Server，然后在弹出对话框中输入 "opc. tcp：//服务器 IP 地址 4862"（格式为：opc. tcp：//服务器 IP 地址或计算机名称：4862，其中 4862 为 OPC UA 使用的端口号，此端口号不得被防火墙拦截），如图 5-127 所示。

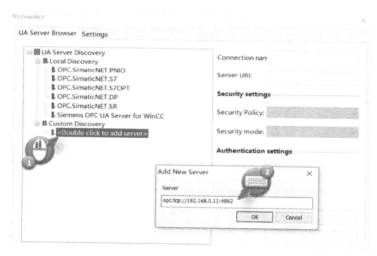

图 5-127　浏览或手动添加 UA Server

另外，图 5-127 中 UA Server Discovery 提供了可用 OPC UA 服务器的列表。

Local Discovery 列出了本地计算机中的所有 OPC UA Server，这些服务器已注册到 Local Discovery Server（LDS）。

Custom Discovery 可用于通过连接名称手动指定特定 OPC UA Server。这对于 OPC UA Server 位于远程计算机中的情况尤为必要。

如果 OPC UA Server 未注册到 Discovery Server，则采用以下格式输入所需 OPC UA Server 的 Discovery 地址：

<opc. tcp：//Discovery 服务器地址：端口号>。

步骤 5：选择新添加服务器下的 "Siemens OPC UA Server for WinCC"，设置 "Security Policy"（安全配置文件）和 "Security mode"（安全模式）以及 "Authentication settings"

（用户登录），如图 5-128 所示。

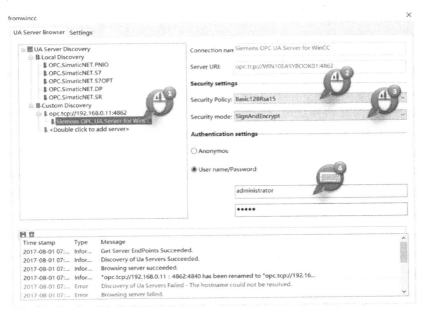

图 5-128 设置 OPC UA 参数

安全策略（图 5-128 中②）

选择 OPC UA 服务器提供的其中一个安全策略。

- 无
- Basic128Rsa15
- Basic256
- Basic256Sha256

安全模式（图 5-128 中③）

- 无：不安全通信。
- Sign：选择"签名"，安全通信，消息将使用 OPC UA 客户端证书关联的私钥进行签名。签名信息可以允许接收方检测信息是否被第三方所操纵。
- SignAndEncrypt：选择"签名并加密"，安全通信，则消息还会被服务器证书的公钥加密。加密消息可以阻止第三方读取客户机和服务器之间交换的信息内容。

用户登录（图 5-128 中④）

选择连接是否需要用户 ID 或是否允许匿名访问。

如果已设置用户标识，则在"User Name"和"Password"输入 WinCC OPC UA 客户端可以访问 OPC UA 服务器的用户名和密码。

本例可按如下设置。

"Security Policy"：Basic128Ras15

"Security mode"：SignAndEncrypt

"Authentication settings"：User name/Password

提示： 如果安全配置文件及消息的安全模式都选择为"None"，可以直接成功连接，但这是非安全通信，不建议使用。正常使用时应选择加密的通信。

3. OPC UA 的证书

此时激活 WinCC 项目，可以看到连接并没有建立（红色状态），如图 5-129 所示。这是

因为 OPC UA 的服务器和客户机之间还没有建立可信任的连接。建立信任连接还需要使用证书。创建连接时，OPC UA Server 将检查 OPC UA Client 的证书。只有 OPC UA Server 将 OPC UA Client 证书识别为可信时，此客户端才能连接至该服务器。如果服务器未将客户端证书识别为可信，则该连接会被拒绝并以红色标记。

对于 WinCC OPC UA，证书存储在 WinCC 安装路径的以下文件夹中。

图 5-129　连接失败（一）

WinCC OPC UA 服务器：<WinCC 安装路径> \ opc \ UAServer \ PKI \ CA。

WinCC OPC UA 客户端：<WinCC 安装路径> \ opc \ UAClient \ PKI。

被拒绝的证书存储在相应路径的"Rejected \ Certs"文件夹中。

如果要指定证书受信任，需要将该证书移至"Trusted \ Certs"文件夹中。

（1）WinCC 作为 OPC UA Client 时，对证书进行的操作

步骤 1：打开"<WinCC 安装路径> \ opc \ UAClient \ PKI \ Rejected \ Certs"文件夹，可以看到生成的拒绝证书。如图 5-130 所示。

图 5-130　拒绝证书（一）

步骤 2：将证书复制到"<WinCC 安装路径> \ opc \ UAClient \ PKI \ Trusted \ Certs"文件夹，如图 5-131 所示。

图 5-131　复制证书（一）

此时，连接仍然没有建立，如图 5-132 所示。

（2）对 WinCC OPC UA Server 的证书进行认证

因为 WinCC 同时还作为 OPC UA Server，这种情况还需要对 WinCC OPC UA Server 的证书进行认证。

步骤 1：找到"<WinCC 安装路径> \ opc \ UAServer \

图 5-132　连接失败（二）

PKI＼CA＼rejected＼certs"文件夹，看到生成的拒绝证书，如图 5-133 所示。

图 5-133　拒绝证书（二）

步骤 2：将证书复制到"<WinCC 安装路径>＼opc＼UAServer＼PKI＼CA＼certs"文件夹，如图 5-134 所示。

图 5-134　复制证书（二）

此时连接建立（绿色状态），如图 5-135 所示。接下来就可以浏览变量。

步骤 3：鼠标右键单击 OPC UA 连接，选择"Browse OPC Server"，浏览 OPC Server 的变量，如图 5-136 所示。

图 5-135　连接建立

图 5-136　浏览变量

此时会有"证书不可靠"的错误提示，如图 5-137 所示。这是因为 WinCC 作为 OPC UA 服务器，不仅需要在客户端连接时需要证书，而且在客户端浏览变量时也需要证书。

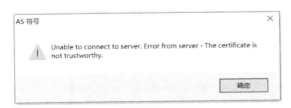

图 5-137　"证书不可靠"提示

步骤 4：找到浏览变量的拒绝证书。

拒绝证书位于 "＜WinCC 安装路径＞ \ opc \ UAServer \ PKI \ CA \ rejected \ certs" 文件夹下，如图 5-138 所示。

图 5-138　拒绝证书 （三）

步骤 5：将证书复制到 "＜WinCC 安装路径＞ \ opc \ UAServer \ PKI \ CA \ certs" 文件夹，如图 5-139 所示。

图 5-139　复制证书 （三）

此时，WinCC OPC UA 客户端可以正常浏览 OPC UA 服务器变量。

步骤 6：按图 5-140 所示选择变量组 "OPCUA" 下的内部变量。

图 5-140　浏览并选择变量

选中的变量将会出现在 OPC UA 连接下的变量列表中，如图 5-141 所示。

图 5-141　OPC UA 变量

步骤 7：在 WinCC 画面中，显示内部变量和 OPC UA 变量，运行结果如图 5-142 所示。

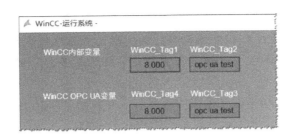

图 5-142　运行结果

提示：将 WinCC 项目移动、复制或复制到其它计算机后，需要重复证书复制过程。

5.6　WinCC 过程通信故障的诊断

下面将介绍 WinCC 通道连接及其变量的诊断。其故障诊断原则如下：

● 如果只是部分 WinCC 变量有故障，应检查变量的地址或者图形编辑器中使用的变量拼写是否正确。

● 如果 WinCC 连接下的所有变量都有故障，就表示通信连接本身发生故障。

连接诊断有下面几种诊断方法：

● "驱动程序连接状态"功能：显示所有组态连接的当前状态。

● WinCC "通道诊断"：提供 S7-300/400 连接状态的详细数据，例如错误代码。

● "系统诊断"：系统诊断指示 "S7-1200/1500" 控制器的故障和错误。

上述方法都必须在 WinCC 项目激活运行时使用。

5.6.1　驱动程序连接状态

通过 WinCC 项目管理器中"工具"菜单下的"驱动程序连接状态"打开"状态—逻辑连接"窗口，可以很方便地显示所有已经组态连接的当前状态，如图 5-143 和图 5-144 所示。

图 5-143　驱动程序连接状态

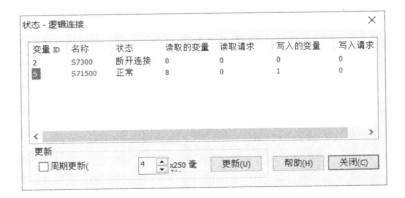

图 5-144　"状态—逻辑连接"窗口

图 5-144 中需要关注的是"读取请求"和"写入请求"。

如果请求数量一直增加，说明请求无法及时处理。这种情况基本上是由脚本堵塞引起的。例如，在 WinCC 周期为 1s 的脚本动作中为大量的外部变量赋值，而 PLC 在 1s 内无法处理这么多的写请求，这时"写入请求"数量就会越来越多，WinCC 中外部变量的刷新就会越来越慢。

当"写入请求"一直增加时，变量的读取会受到影响，此时 WinCC 读到的变量值是之前正常时读取到的数值。这时变量的质量代码不是 GOOD。

5.6.2　WinCC"通道诊断"

WinCC 项目激活运行后，使用 WinCC"Channel Diagnosis"（通道诊断）工具，可以检测通信是否成功建立，如图 5-145 所示（不同操作系统的路径会有所不同）。

对于不同的通信驱动，"Channel Diagnosis"的作用是有所区别的。

1. "SIMATIC S7 Protocol Suite"通道

绿色的"√"表示通信已经成功建立，如图 5-146 所示。

图 5-145　"通道诊断"路径

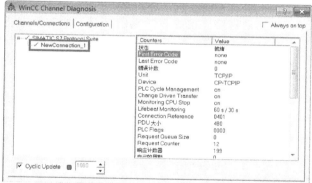

图 5-146　"通道诊断"——连接建立

红色的"×"表示通信已断开或故障，如图 5-147 所示。

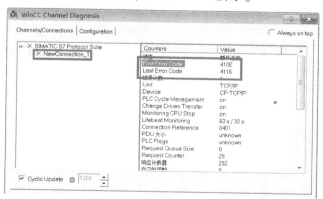

图 5-147　"通道诊断"——连接失败

当通信故障时，通过错误代码（First Error Code、Last Error Code）可以方便、快捷地找到故障原因。

WinCC 通信故障的错误代码的含义可以从 WinCC 安装路径下的 bin 文件夹下的“S7CHNCHS. chm”文件中获得，如图 5-148 所示。

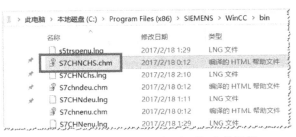

图 5-148　“S7CHNCHS. chm”文件路径

例如，当错误代码为 4116 时，打开“S7CHNCHS. chm”文件后，可以按图 5-149 中的步骤获取产生错误代码 4116 的原因，如图 5-150 所示。

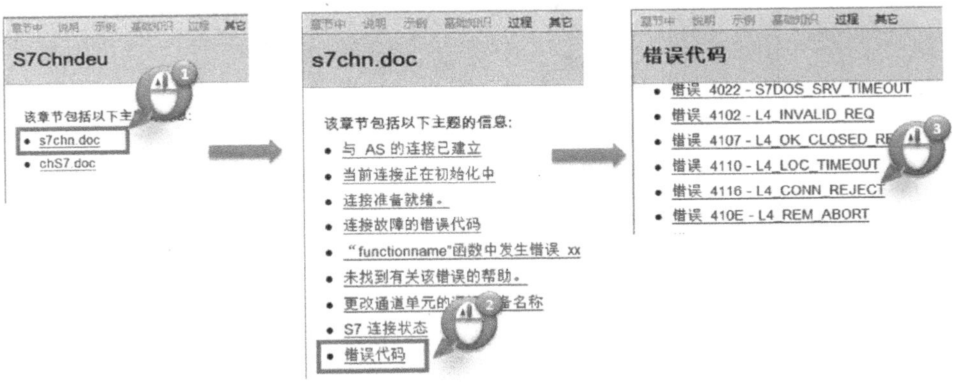

图 5-149　“S7CHNCHS. chm”文件内容

没有建立连接。 AS 拒绝建立连接。

- 未对机架/插槽进行正确组态。 对于外部 CP 模块，必须指明 CPU 模块的插槽。
- 超过 AS 中允许的最大连接数。

图 5-150　错误代码信息

对于 4116 的错误代码，除了要检查 WinCC 连接中的机架号和插槽号是否正确外，还需要检查 PLC 连接资源的分配情况，其中 WinCC 通信用到的是 OP 连接资源。

在博途 STEP7 中的“在线和诊断 > 通信”可以看到 OP 通信资源分配及占用情况，如图 5-151 所示。

如果分配的 OP 资源都被占用，而 WinCC 没有和 PLC 通信成功，这时就要增加 OP 通信连接数。在“CPU 属性>连接资源”下，增加 OP 通信连接数，如图 5-152 所示。

同样，在经典 STEP7 中的“硬件组态>CPU 属性>通信（Communication）”下，可以查看和修改 OP 通信连接数，如图 5-153 所示。

常见错误代码的解释如下：

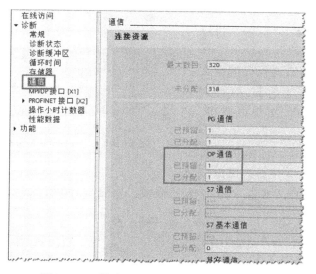

图 5-151　博途 STEP7 中查看通信资源分配

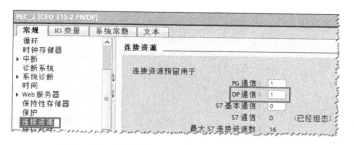

图 5-152　博途 STEP7 中修改通信资源分配

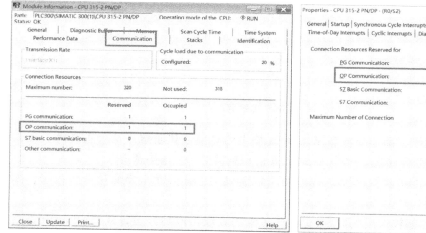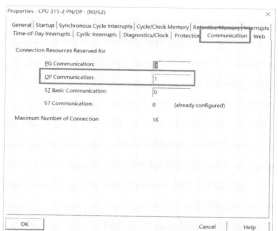

图 5-153　经典 STEP7 中的通信资源分配

4116：无法建立连接，自动化系统拒绝建立连接。可能的原因是机架/插槽未被正确组态。或者是超出在自动化系统上最大允许的连接数目。

　　4104：没有可用的驱动资源。可能的原因是没有安装兼容版本的 STEP 7 或 SIMATIC NET（WinCC 安装盘中附带的 SIMATIC NET 安装软件）。

　　D801：至少一个变量的地址无效。如果 WinCC 访问了 PLC 中不存在的地址，如超出 PLC 存储区域范围，或 PLC 中不存在的 DB 块地址，都可能导致该问题。对此可以考虑将相应通道系统参数窗口中的"通过 PLC"取消激活来尝试解决，但从根本上应考虑解决变量的非法地址问题。查找具有非法地址变量的方法如下：

　　● 一般情况下，诊断文件 SIMATIC_S7_Protocol_Suit_x.LOG 中会列出拥有非法地址的变量名称。

　　● 激活 WinCC 后，将鼠标放于变量管理器中相应的变量上，具有非法地址的变量会出现"寻址错误"的提示。

　　42C2：没有在注册表内定义逻辑设备名称。可能的原因是未安装通信驱动程序或者是在注册表中的条目被损坏或删除。此时需要在"设置 PG/PC 接口"程序中或者在通道单元"系统参数"下，检查逻辑设备名称的设置。

　　2. "SIMATIC S7-1200，S7-1500" 通道

　　在 "SIMATIC S7-1200，S7-1500" 的通道诊断中，会显示所连接 PLC 的性能以及当前占用情况，如图 5-154 所示。

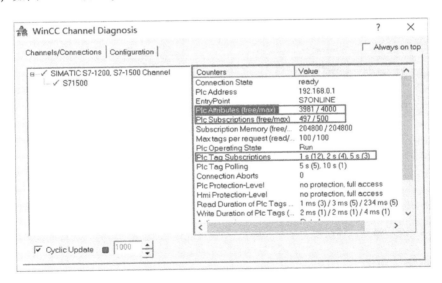

图 5-154　"SIMATIC S7-1200，S7-1500" 通道诊断

　　例如图 5-154 中：

　　"Plc Attributes（free/max）"：PLC 能接受最大订阅的变量数目（max）以及目前没被占用的数量（free）。在 "Attributes Max" 内的变量，采取订阅读取服务，即只有当变量变化时 PLC 才按照周期发送数据。关于 S7-1200/1500 的 "Plc Attributes" 数据，请参考条目 ID 98699910。

　　"Plc Subscriptions（free/max）"：PLC 最大能处理订阅周期的数量，以及目前没被占用的数量（free）。

"Plc Tag Subscriptions"：显示当前每个刷新周期包括的
变量个数。

5.6.3　WinCC 系统诊断

WinCC 系统诊断视图（WinCC SysDiagControl），如图
5-155所示。可以指示 "S7-1200/1500" 控制器的故障和错误。

使用系统诊断视图可以查看如下信息：

1. 诊断总览

显示所有可用的 S7-1200/S7-1500 控制器当前状态的信
息，如图 5-156 所示。

2. 详细视图

双击诊断概述视图中的设备，可以打开此设备的详细视
图，显示出了关于所选控制器的详细信息，如图 5-157 所示。

图 5-155　系统诊断视图控件

图 5-156　诊断概述视图

图 5-157　详细信息视图

3. 诊断缓冲区视图

在诊断总览视图中，单击工具栏上的 图标，进入诊断缓冲区视图，显示了控制
器诊断缓冲区中的信息，如图 5-158 所示。仅限在诊断总览中调用诊断缓冲区视图。
若要使用诊断视图显示诊断缓冲区，必须将控制器中的消息和文本列表条目加载到运
行系统中。

5.6.4　日志诊断

在 WinCC 安装目录下的 diagnose 文件夹下，存储了多种诊断日志文件，其中包括通信
诊断日志，如图 5-159 所示。

每种通信类型生成一个或多个日志文件，例如 "SIMATIC_S7_Protocol_Suit"-0.1.log"。
在日志文件中，可以查到通信状态及相应的时间，如图 5-160 所示。

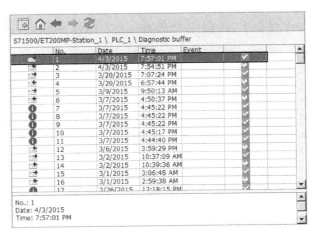

图 5-158　诊断缓冲区视图

本地磁盘 (C:) > Program Files (x86) > SIEMENS > WinCC > diagnose >

名称	修改日期
License_Info.log	2017/8/2 15:47
LicenseLog.xml	2017/8/2 15:47
LicenseLog.xsl	2017/8/1 20:45
Mitsubishi_Ethernet_01.LOG	2017/8/2 15:44
Modbus_TCP_Channel_01.LOG	2017/8/2 15:44
OPC_UA_WinCC_Channel_01.LOG	2017/8/2 14:43
PDLRT_GUI.log	2017/8/2 15:44
SIMATIC_S7_Protocol_Suite_01.LOG	2017/8/2 15:44
SIMATIC_S7-1200__S7-1500_Channel_01.LOG	2017/8/2 15:44
SimotionTA_01.LOG	2017/8/2 8:33
WINCC_D2D_CORE_GUI.log	2017/8/2 15:44
WINCC_GDI_PLUS_CORE_GUI.log	2017/8/2 13:25
WinCC_Op_01.log	2017/8/2 15:44
WinCC_SStart_01.log	2017/8/2 15:44
WinCC_Sys_01.log	2017/8/1 16:05

图 5-159　诊断日志文件

```
SIMATIC_S7_Protocol_Suite_01.LOG - 记事本                                    —    □    ×
文件(F)  编辑(E)  格式(O)  查看(V)  帮助(H)
2017-09-12 11:09:45,323 ERROR    Cannot connect to "S7300": Errorcode 0x0000 7000!
2017-09-12 11:09:45,323 INFO     S7 channel unit "TCP/IP" deactivated!
2017-09-12 11:09:46,089 INFO     S7 channel DLL terminated!
2017-09-12 15:35:18,455 INFO     Log starting ...
2017-09-12 15:35:18,464 INFO     | LogFileName  : C:\Program Files (x86)\siemens\wincc\Diagnose\SIMATIC_S'
2017-09-12 15:35:18,464 INFO     | LogFileCount : 3
2017-09-12 15:35:18,464 INFO     | LogFileSize  : 1400000
2017-09-12 15:35:18,464 INFO     | TraceFlags   : c4000000
2017-09-12 15:35:18,464 INFO     | Process-ID   : 00002518
2017-09-12 15:35:18,464 INFO     S7 channel DLL started!
2017-09-12 15:35:18,464 INFO     S7 channel with own cycle creation!
2017-09-12 15:35:19,288 INFO     S7DOS release: @(#)TIS-Block Library DLL Version R9.0.0.0-REL-BASIS
2017-09-12 15:35:19,288 INFO     S7DOS version: V9.0 / 0
2017-09-12 15:35:19,288 INFO     S7CHN version: V6.0 / Feb 18 2017 / 00:44:00
2017-09-12 15:35:19,288 INFO     S7 channel unit "TCP/IP" activated!
2017-09-12 15:35:19,388 ERROR    Cannot connect to "S7300": Errorcode 0x0000 7008!
2017-09-12 15:45:19,598 ERROR    Cannot connect to "S7300": Errorcode 0x0000 7000!
2017-09-12 15:45:19,599 INFO     S7 channel unit "TCP/IP" deactivated!
2017-09-12 15:45:20,076 INFO     S7 channel DLL terminated!
```

图 5-160　日志文件内容

5.6.5　变量状态诊断

在 WinCC 中，有两个质量指标用来评估变量质量，即变量状态和质量代码。

1. 变量状态

在运行系统中，可以监视各个 WinCC 变量的状态。变量状态包含已组态的测量范围超限信息以及 WinCC 和自动化设备之间的连接状态，见表 5-9。

表 5-9　变量状态

标记名称	数　值	描　述
	0×0000	无错
DM_VARSTATE_NOT_ESTABLISHED	0×0001	未建立伙伴的连接
DM_VARSTATE_HANDSHAKE_ERROR	0×0002	信号交换错误
DM_VARSTATE_HARDWARE_ERROR	0×0004	网络模板故障
DM_VARSTATE_MAX_LIMIT	0×0008	超过所组态的上限
DM_VARSTATE_MIN_LIMIT	0×0010	超过所组态的下限
DM_VARSTATE_MAX_RANGE	0×0020	超过格式处理上限
DM_VARSTATE_MIN_RANGE	0×0040	超出格式处理下限
DM_VARSTATE_CONVERSION_ERROR	0×0080	显示转换出错（与超过格式限制 xxx 有关）
DM_VARSTATE_STARTUP_VALUE	0×0100	变量初始化值
DM_VARSTATE_DEFAULT_VALUE	0×0200	变量的替换值
DM_VARSTATE_ADDRESS_ERROR	0×0400	通道寻址出错
DM_VARSTATE_INVALID_KEY	0×0800	没有找到变量/不可用
DM_VARSTATE_ACCESS_FAULT	0×1000	不允许访问变量
DM_VARSTATE_TIMEOUT	0×2000	超时/没有来自通道的回查消息
DM_VARSTATE_SERVERDOWN	0×4000	服务器不可用

通过监视变量状态可以监视对应的通信连接状态，有动态对话框和脚本两种方法。

（1）动态对话框

激活"变量状态评估"，并为不同状态分配相应的文本，如图 5-161 所示。

（2）脚本

根据使用的变量类型，使用函数"GetTagxxxState"（变量类型决定 xxx 内容，例如使用的"有符号 32 位"变量，则使用 GetTagSWordState 函数）获取变量的状态。脚本（全局 C 动作）如图 5-162 所示。

2. 变量的质量代码

质量代码代表了整个数值传送和各个变量数值处理的质量。

常见的质量代码如下：

- 0×4C：当前值为初始值。
- 0×48：当前值为替换值。
- 0×80：好-没有错误。

对于具有过程连接的图形对象中的变量值显示，质量代码可能会影响该显示。如果质量代码的值为 0x80（优）或 0x4C（初始值），变量值不会显示为灰色。所有其它值

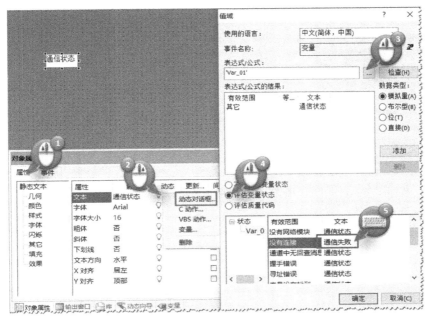

图 5-161　变量状态评估

```
#include "apdefap.h"
int gscAction(void)
{
    DWORD dwState = 0;
    GetTagSWordState("Var_01",&dwState);//"Var_01"为有符号32位变量。
    if (dwState == 0)
    {
        SetTagBit("Connection_Error",FALSE);//连接正常
    }
    else
    {
        SetTagBit("Connection_Error",TRUE);//连接错误
    }
    return 0;
}
```

图 5-162　脚本

都会显示为灰色。此外，对于以下对象将显示一个黄色警告三角标志：

- 输入/输出域段。
- 棒图、3D 棒图。
- 复选框、单选框。
- 组显示、状态显示。
- 滚动条对象。

可以在"变量管理"中，查看变量的质量代码，如图 5-163 所示。

图 5-163 监视变量质量代码

第6章 SIMATIC WinCC 图形系统

本章将介绍 WinCC 图形系统，还将详细介绍 WinCC 图形系统中一些实用的组态实现过程。图形系统是 SCADA 系统中的重要组成部分，要实现人机界面（HMI）的交互功能，主要依赖于图形系统。因此，一个完善的 SCADA 系统应该具备画面简洁、明了，结构简单、清晰，易于操作。WinCC 图形系统包括图形组态系统及图形运行系统两大部分。

将会介绍的图形画面组态实例如下：

- 运行系统画面标题。
- 使用中央调色板颜色。
- 通过第三方控件达到监控系统所需辅助功能（例如对 PDF 设备手册的查阅、视频监视画面的嵌入）。
- 使用动画周期触发器。
- 使用面板（Faceplate）。
- 使用画面窗口。
- 显示/隐藏画面对象。

6.1 图形组态系统

WinCC 图形组态系统用于组态编辑图形画面以实现画面监控功能。有效合理地利用图形组态系统将能大大提高组态编辑图形画面的效率，为构建一个良好的图形运行系统奠定基础。

6.1.1 项目管理器中是图形编辑器

WinCC 图形编辑器用于组态编辑 WinCC 运行画面的应用程序，可以在 WinCC 项目管理器中启动图形编辑器。在 WinCC 项目管理器中也可通过快捷菜单对图形编辑器或图形进行操作。项目管理器中图形编辑器的快捷菜单如图 6-1 所示。

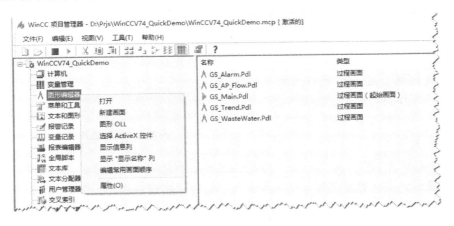

图 6-1 WinCC 项目管理器中的图形编辑器

在快捷菜单中，单击"打开"即可打开图形编辑器，图形编辑器打开后将会自动加载一个新画面可直接进行编辑。也可在快捷菜单中按照设计思路多次单击"新建画面"添加项目中所需数量的画面，之后可再次通过快捷菜单逐一对新增画面按照规划的命名规则重新命名。快捷菜单中的"显示'显示名称'列"可增加数据窗口中的显示名称列。

在项目管理器项目树中，选择"图形编辑器"后，右侧的数据窗口中将会列出项目中的所有画面。所有画面都会有图形标识其类型及相关特性，例如 ⋏ 标识了该画面为普通过程画面，▶ 标识了该画面为运行时的起始过程画面，更多标识的说明可参考 WinCC 在线帮助系统。

在画面编辑器的数据窗口中有多种方式显示所有画面，常用方式有两种：①详细资料的显示方式；②平铺的显示方式。通过这两种显示方式能够便于组态工程师更好地获取相关信息。

1. 详细资料的显示方式

当选择该方式显示时，在数据窗口中将会显示出所有画面的名称、类型、上一次修改时间及显示名称，如图 6-2 所示。

图 6-2　详细资料显示模式

通过这种显示模式，可以清晰地掌握所有画面的基本信息，尤其显示名称便于开发人员能够快速识别相应的画面。通常建议画面名称使用英文字符加数字的命名方式，显示名称则可使用中文。显示名称定义是在画面编辑器中打开画面，在画面属性窗口中的"其它"项中进行编辑，如图 6-3 所示。

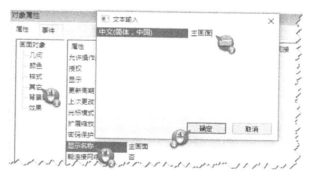

图 6-3　编辑显示名称

2. 平铺的显示方式

当选择该显示方式时，在数据窗口中将会显示出所有画面的预览，此时画面名称及显示名称会同时显示，并且通过预览开发人员也可以快速识别相应画面，如图 6-4 所示。

在右侧数据窗口中，选择某一画面后右键单击会弹出快捷菜单，如图 6-4 所示。菜单项的具体说明如下：

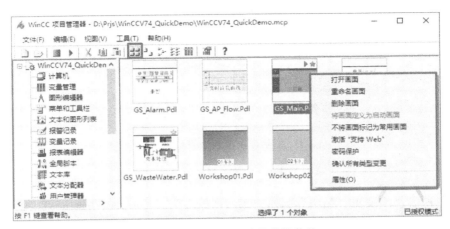

图 6-4　平铺显示模式及快捷菜单

1）打开画面：选择该命令则会将所选画面在画面编辑器中打开。

2）重命名画面：可以在不打开画面编辑器的情况下，更改所选画面的画面名称。

3）将画面定义为启动画面：在每个项目中，只能定义一个启动画面，选择完成后会增加标识 ▶ 。

4）将画面标记为常用画面/不将画面标记为常用画面：选择是否将画面设置为常用画面。如果选择设置为常用画面，则在 WinCC 激活后，调出运行系统对话框的收藏夹中即可浏览到该画面并进行快速切换。

5）禁用/激活"支持 Web"：选择"激活"则会启用该画面的 WebUX 发布功能。此功能也可在画面编辑器中打开画面后，在属性中进行激活。但在项目管理器的数据窗口中，可以通过选中多个画面，同时对多个画面启用 WebUX 发布功能。

6）密码保护：可为需要进行技术保护的画面设置密码。当密码设置成功后，每次打开该画面都需要输入正确密码才可在画面编辑器中查看及编辑。密码设置也可以在画面编辑器打开画面后，在画面属性窗口中的"其它"项中进行设置。但是在项目管理器的数据窗口中，可以同时为多个画面设置相同的密码进行画面保护，操作方法如图 6-5 所示。统一设置完成后的效果如图 6-6 所示，所选的 4 个画面均被设置了相同的保护密码。

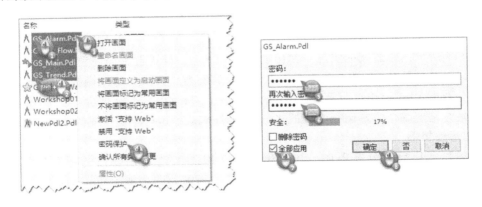

图 6-5　设置密码保护

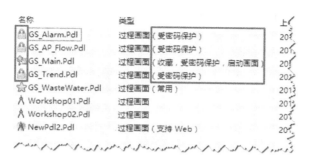

图 6-6　密码保护效果

- 确认所有类型变更：当所选画面中包含面板实例（Faceplate Instance）所关联的面板类型（Faceplate Type）发生变更后，通过该命令可将该画面中的实例更新。
- 属性：提供画面的预览及最重要的属性和设置的总览，如图 6-7 所示。

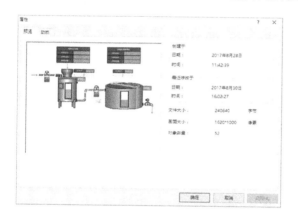

图 6-7　画面属性窗口

在图 6-7 中，左侧为所选画面的预览，右侧则为该画面中的动态信息统计。例如该画面中组态了多少变量连接，组态了多少直接连接等。在实际应用当中，有许多开发人员为了实现某些功能，时常会在画面中组态编写一些脚本循环动作。当循环周期组态不合理时，常常会引起 WinCC 画面响应变慢，甚至影响整个 WinCC 系统的正常运行。此时，即可通过画面属性中的动态信息统计快速获取画面中所组态的循环动作的个数及循环周期，从而可以进行合理的组态以避免由此导致的性能下降。

如图 6-8 所示，通过鼠标双击"鼠标动作（VBS）"，即可看到循环动作（VBS）的具体触发类型以及触发周期/变量。可看到其中有一个周期为"1 秒"的周期执行 VBS 动作，此时应该充分考虑 VBS 动作执行所需的时长应该小于"1 秒"。否则即会导致脚本队列的累积，直至最终堵塞整个脚本运行系统的执行，导致 WinCC 运行系统性能的下降。

6.1.2　图形编辑器

图形编辑器是画面组态程序，其提供了用于组态工艺过程画面的各种工具及控件。图形编辑器基于 Windows 标准，具有创建和编辑过程画面的功能，Windows 标准风格的程序界面可以让用户快速掌握并用其开发复杂的运行画面。图形编辑器的布局构成如图 6-9 所示。

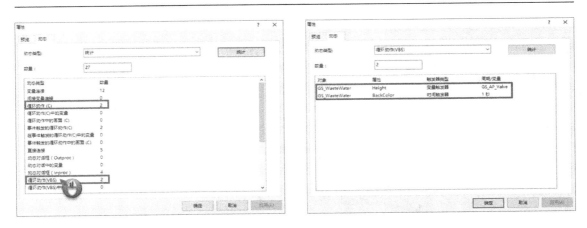

图 6-8　循环动作统计信息

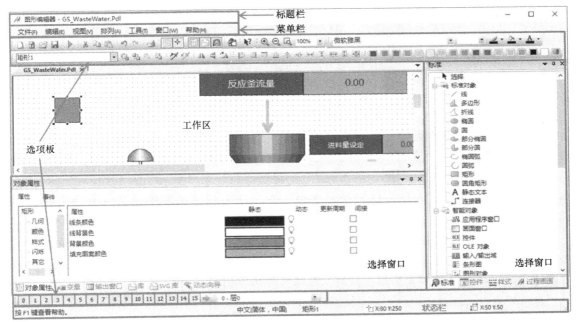

图 6-9　图形编辑器布局

图形编辑器由多个组件组成,以下进行详细介绍。

1. 工作区

工作区位于图形编辑器的中央,画面的图形绘制组态工作完全在该区域中进行。在图形编辑器中,设置位置和指定大小的基础是二维坐标系统。坐标系统的两个坐标轴,X 坐标轴和 Y 坐标轴互相垂直,在坐标原点处相交。坐标原点在画面的左上角,其坐标为（X = 0/Y = 0）。坐标以像素为单位显示。对象的原点位于环绕对象的矩形左上角。

2. 标题栏

双击标题栏可切换画面编辑器最大化或向下还原。

3. 菜单栏

菜单栏的操作方式与 Windows 操作相同。下面将对一些重要菜单命令进行介绍。

1）"编辑>链接>变量连接"。

通过该命令可以实现两个功能：①使用的位置；②查找替换。

① 使用的位置。可以通过该功能查看到一个画面当中使用到的所有变量以及这些变量的使用位置及动态类型。具体操作步骤如图 6-10 所示。

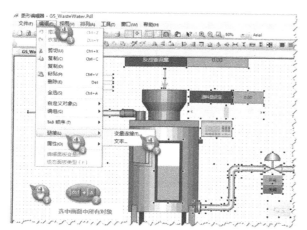

图 6-10　使用的位置

从图 6-10 中可看到画面中所使用到的所有变量已被列出在右图对话框的左侧窗口中。并且在图 6-10 中，选中变量"GS_AR_Level"后，即可看到该变量在画面中已被使用两次，关联该变量的分别是"输入/输出域 2"的输出值和"条形图 1"的"过程驱动器连接"属性。通过该功能开发人员可以轻松地掌握每个画面中使用变量的情况以及使用变量的位置。

② 查找替换。在画面当中很多对象都会关联变量，往往在项目组态过程中，有些已被关联到画面中的变量的名称需要被重新调整。在这种情况下，可以使用查找替换功能统一将画面中关联的旧变量名替换为新变量名，具体操作步骤如图 6-11 所示。

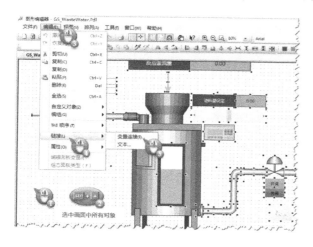

图 6-11　查找替换

从图 6-11 中可看到，当变量"a"被重新命名为"ab"后，通过该功能则可以一次性将一个画面中所有关联到变量"a"的属性连接替换为"ab"。

2）"视图>工具栏>重置"。通过该命令会将图形编辑器的布局恢复到初始状态。由于 WinCC 图形编辑器布局可以灵活调整以适应不同开发人员的习惯，因此有时需要恢复到初始状态。

3）"工具>设置"。通过该命令可以打开画面编辑器的设置窗口。在设置窗口中包含 5 个选项卡，分别为"网格"、"选项"、"可见层"、"缺省对象设置"及"显示/隐藏层"。

① 网格。在该选项页中，可以设置画面是否显示网格以及放置对象时是否启用网格对齐。还可以设置网格的宽度及高度，设置的数值均以像素为单位。

② 选项。可以改变和保存不同的程序设置。其中"显示性能警告"建议勾选，如果该复选框已选中，则当保存画面时如果出现系统超载，将会在输出窗口中输出警告。例如在某些对象的属性中，进行了周期循环触发的动态化脚本等容易导致超载的组态，则会在输出窗口中指示出包含了可能引起超载的对象和属性名称，在输出窗口中双击该对象名称，则会自动跳转到该对象的属性窗口。

③ 可见层。可以为各个图层设置名称（每个画面具有各自独立的图层名称），如图 6-12 所示，设置了主要的 4 个图层名称。图层的合理使用将大大有助于画面的编辑组态以及运行时的显示效果。当绘制一个大型且工艺复杂的画面时，画面上必然会存在许多表示生产过程的对象，例如主设备对象，辅助设备对象，管道等多种对象，并且对象之间还会有交叠。这时，可以按照类别分别将不同的对象设置到不同的图层中。在编辑组态的过程中，当对象之间相互影响时，可选择隐藏某些图层以便组态当前活动图层中的对象。在运行时可以对画面进行缩放，根据画面缩放的比例还可以控制画面对象的显示与隐藏。例如在正常 100% 比例时，显示工艺过程的主要对象，隐藏一些非关键数据输入/输出域。当将画面放大至 150% 比例时，非关键数据输入/输出域自动显示到画面当中。

④ 缺省（默认）对象设置。在图形编辑器中，不同对象类型均有其默认属性。当将对象从选择窗口中插入到画面中，对象将采用这些默认设置。例如向

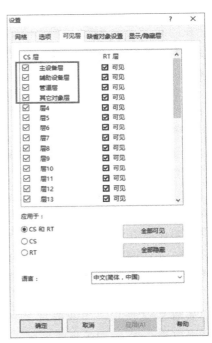

图 6-12　可见层

画面中插入"圆"对象时，该对象的默认属性将被带入画面中，例如背景色。当大量插入该类对象到画面中后，则需要逐一更改其默认属性以适应实际需求。在这种情况下，可以更改选择窗口中对象的默认属性。更改完成后默认设置将保存在"默认对象设置"选项页中指定的 PDD 文件中，该文件也可用于其它项目。以对象"圆"的缺省（默认）属性为例，操作方法如图 6-13 所示。

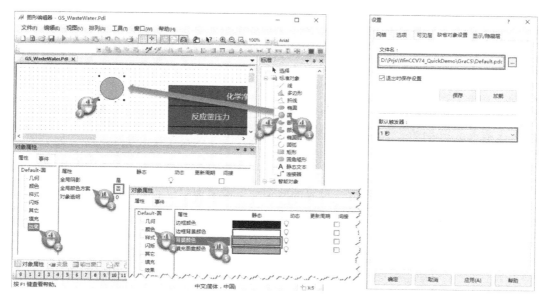

图 6-13　默认对象设置

在图 6-13 中，对象 "圆" 的默认属性设置完成后，再次添加 "圆" 对象时将不会再使用全局颜色方案，且背景颜色为绿色。但是有一些属性的默认值是无法更改的，例如 "圆" 的半径等属性。

图 6-13 右图中设置了默认触发器为 "1 秒"，则每次在画面中添加动态时的更新周期则为 "1 秒"，而 WinCC 默认设置为 "2 秒"。例如，再次在画面中添加输入/输出域时，该域的更新周期则为 "1 秒"。

⑤ 显示/隐藏层。是否显示或隐藏图层和对象，可使其随当前缩放因子而决定。

4) "工具>中央调色板"。通过该命令可以打开中央调色板设置对话框。在 WinCC 中提供了中央调色板，在中央调色板中可以添加 10 个颜色区域，每个颜色区域可以包含 20 种颜色，每一个颜色对应一个索引号，因此索引号范围为 0~199。如何为索引号分配颜色的操作如图 6-14 所示。

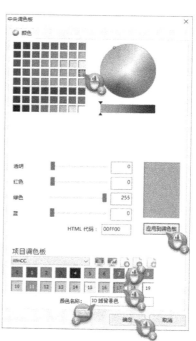

如图 6-14 所示，为索引号 17 分配了 "绿色"，并将该索引号命名为 "IO 域背景色"。在中央调色板设置窗口中，可以通过按钮 添加颜色范围，通过按钮 删除颜色范围，通过按钮 重命名颜色范围。组态完成后，还可以通过按钮 导出调色板，导出的调色板可以通过按钮 重新导入或在其它项目中导入。

中央调色板组态完成后，即可在图形编辑器中为对象设置颜色时使用中央调色板中的颜色。

图 6-14　中央调色板设置颜色

4. 选项板

选项板包括对齐选项板、图层选项板和对象选项板等。是否显示相应选项板可以通过菜单栏的"视图>工具栏"进行设置。下面将对一些重要的选项板进行介绍。

1）图层选项板。如何设置对象所属图层及如何切换图层显示隐藏如图 6-15 所示。

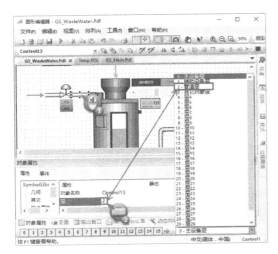
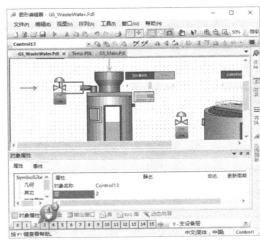

图 6-15　图层设置及图形选项板

如图 6-15 所示，将管道对象的图层设置为管道层数值 2，通过鼠标单击即可切换图层的显示和隐藏，如图 6-15 右图所示，当图层 2 按钮未被激活时，所有管道层 2 的对象将会被隐藏。当前活动层为 0- 主设备层，当前活动层不可隐藏。

2）对象选项板。对象选项板如图 6-16 所示。

如图 6-16 所示，对象选项板中将会列出当前画面中的所有对象，通过鼠标在列表单击选择后，在画面中会自动定位该对象并选中。还可看到在对象选项板中有些对象为加粗字体，表明这些对象关联了变量存在动态化。对象名称为斜体字的表明该对象有其它对象对其设置了动态化。

3）对齐选项板。对齐选项板的功能可用于同时处理多个对象，如设置对齐方式及调整宽度和高度等，其使用方法与其它 Windows 应用程序相类似，如 Office。

5. 状态栏

状态栏包含的信息：当前设置的语言、活动对象的名称、激活的对象在画面中的位置和键盘设置，如图 6 -17 所示。

图 6-17 中，当前画面的编辑语言为"中文"，当前所选对象为"输入/输出域

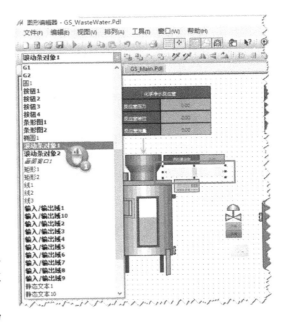

图 6-16　对象选项板

图 6-17　状态栏

8"，在状态栏中即可直接获取到该对象的坐标及大小。

6. 选择窗口

WinCC 图形编辑器中包含多个选择窗口，各个选择窗口具有不同功能，选择窗口默认布局如图 6-18 所示。

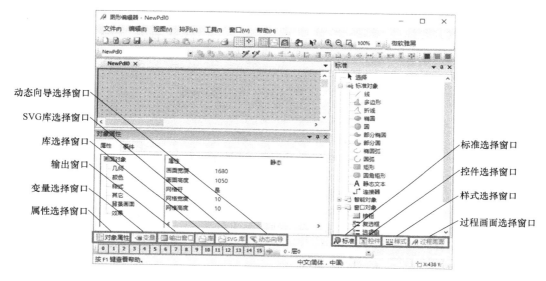

图 6-18　选择窗口布局

下面将对一些选择窗口进行介绍。

1）变量选择窗口。借助变量选择窗口可以快速地将过程变量连接对象，或创建对象并自动连接对象。通过变量选择窗口创建输入/输出域并将变量自动连接该对象，操作方法如图 6-19 左图所示，可以通过"Shift"键加鼠标左键选中多个变量，然后按住鼠标左键将变量拖拽至画面后松开鼠标左键，此时将会自动创建多个输入/输出域并自动关联所选变量。

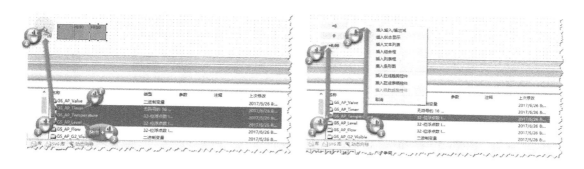

图 6-19　变量选择窗口使用变量

　　通过该方式创建的输入/输出域都将以默认属性添加到画面中，如果默认属性无法满足要求，则后期还需更改每个输入/输出域属性。因此，也可以如图 6-19 右图所示，预先按需组态好输入/输出域，然后通过变量选择窗口将需要关联的变量通过鼠标左键拖拽至输入/输出域上也可完成变量的自动关联。还可以在变量选择窗口中选中多个变量后，按住鼠标右键将变量拖拽至画面后松开鼠标右键，此时会弹出菜单如图 6-19 右图所示，此时即可通过鼠标选择相应的操作，例如"插入在线趋势控件"，选择完成后将会在画面中自动添加在线趋势控件，并将自动添加多条曲线关联所选变量，这种操作方式的效率远远高于常规的在线趋势控件组态方式。

　　2）输出窗口。输出窗口在保存画面时，显示与组态有关的信息、错误和警告。例如，当启用了画面的"能连接网络"功能进行了 WebUX 的发布，此时如果画面中包含 WebUX 不支持的 C 脚本时，在输出窗口中即会列出该使用了 C 脚本的对象，当鼠标双击该信息后即会自动跳转到该对象。当保存画面时，输出窗口中还会列出可能导致系统超载的组态事项。

　　3）库选择窗口。图形编辑器的符号库是用于对创建过程画面所使用的图形对象进行保存和管理的工具。该库分为全局库及项目库。在全局库中，提供了多种预定义的图形对象，这些对象可直接插入画面中，并根据需要进行组态。如果希望修改这些库对象的静态颜色或希望在运行系统中控制这些库对象的动态颜色，需要将这些对象属性中的"符号外观"更改为"阴影 -1"后方可进行调整。在项目库中，可创建自己的文件夹，然后可将画面中自行组态的常用对象通过鼠标拖拽的方式存入项目库中。也可以在全局库中，创建自己的文件夹用于存放自行组态的对象。两者的区别在于项目库文件存储于项目文件夹下，而全局库存储于 WinCC 安装文件夹下，项目库中的对象只在本项目中可见，而全局库中的对象在同一台计算机中的所有项目中都可见。

　　4）SVG 库选择窗口。SVG 库是一种用于对创建过程画面所使用的 SVG 对象进行保存和管理的工具。与符号库类似的 SVG 库也分为全局库和项目库。全局 SVG 库中包含带有预制 SVG 图形的只读 SVG 库。库中的 SVG 对象可通过拖拽方式添加到组态画面当中。

　　5）标准选择窗口、控件选择窗口。通过这两个窗口可向画面中添加各种图形对象以及控件等。

　　6）过程画面选择窗口。该窗口可以显示项目"GraCS"文件夹下的所有画面和面板。在该窗口中，直接双击所选画面即可打开该画面进行编辑，通过这种操作方式避免了在 WinCC 项目管理器中查找画面的不便。而且还可以在该窗口的过滤输入框中输入关键字符，对画面进行过滤，以便快速找到期望的画面。在该窗口中，还可以通过鼠标左键或右键将画面拖拽至当前编辑画面中，拖拽可以自动创建通过直接连接组态的画面切换按钮或画面窗口，操作方法如图 6-20 所示。

6.1.3　使用对象和控件

　　在图形编辑器中，画面是一张绘图纸形式的文件。通过添加并编辑组态画面中的对象来完成最终的运行画面。所有画面文件都以"Pdl"扩展名保存在项目文件夹的"GraCS"下。如果保存过程画面，系统将在"GraCS"文件夹中创建"*.sav"文件扩展名的备份，当画面文件"*.Pdl"扩展名文件丢失或出现损坏时，可将备份文件从"*.sav"文件扩展名更改为"*.Pdl"即可恢复画面文件。画面的大小可以设置，在项目规划时应考虑好画面大

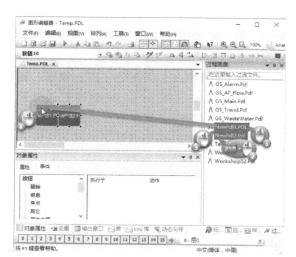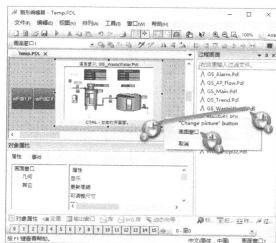

图 6-20　过程画面选择窗口操作

小的设置，应将每个主画面都组态为目标计算机上显示分辨率的大小，或者至少是相同比例分辨率的大小（当前主流的分辨率多为 16∶9 或 16∶10）。画面创建完成并设置好大小后，即可开始通过添加各种对象来完成画面的组态。本节将对一些常用对象进行说明。

标准选择窗口中包含以下几类对象。

- 标准对象。
- 智能对象。
- 窗口对象。
- 管对象。

控件选择窗口中包含以下几类对象。

- ActiveX 控件。
- .NET 控件。
- WPF 控件。

所有对象插入到画面当中后都具有各自的属性，例如形状、外观、可见性和过程连接等，这些属性都可以在编辑状态下设置静态值或设置运行时动态化。

1. 标准对象

● 静态文本。该对象通常用于画面中的文字说明，既可以预置静态文本也可以设置运行时根据变量或各种条件的动态化文本。通过鼠标在标准对象选择窗口中选择"静态文本"后，将鼠标移至画面中，鼠标指针将变成一个带有对象符号的十字准线，单击画面后拖动矩形到所需大小，释放鼠标左键后静态文本对象将被插入。对象成功插入后即可通过属性选择窗口进行静态或动态的属性设置，如图 6-21 所示。

如图 6-21 左图所示，对于某些对象的名称，合理分配尤为重要。因为当通过脚本或直接连接动态设置对象属性时需要引用对象名称，所以建议分配便于识别的英文字符和数字作为对象名称。对于静态文本，有些文本域需要多行文本显示，如图 6-21 右图所示，可在属性选择窗口中双击"文本"属性，在弹出的文本输入窗口中进行输入，可通过组合键 <Shift +Enter> 或 <Ctrl+M> 进行回车换行。如果组态的项目为多语言项目时，则可在弹出的文本

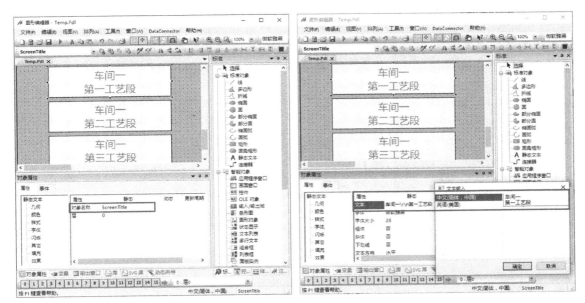

图 6-21　静态文本属性设置

输入窗口中为多种语言输入相应文本。

　　通常在画面中会使用许多相同文本内容的静态文本，例如用于描述设备状态的文本"启动"等。但有些项目在最终用户使用时可能会希望使用"运行"来表示设备的状态，那么此时就需要大量的修改画面中的静态文本。在 WinCC 图形编辑器中提供了查找并替换文本的功能，具体操作方法如图 6-22 所示，操作完成后，原有 3 个静态文本的文本将全部从"启动"变为"运行"。

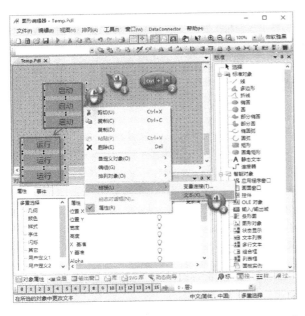
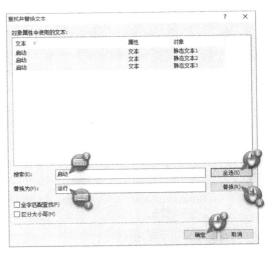

图 6-22　文本查找并替换

2. 智能对象

1）输入/输出域。该对象通常用于画面中显示过程变量值或为过程变量输入设定值。在画面中添加输入/输出域后会立即弹出组态对话框，在对话框中即可选择希望连接的变量以及设置该输入/输出域的更新周期、域类型等，如图 6-23 左图所示。

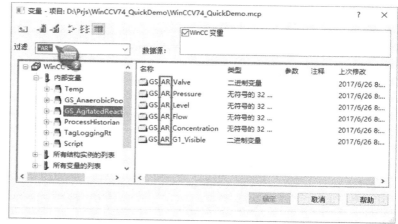

图 6-23　输入/输出域组态

如图 6-23 左图所示，单击 … 按钮即可在变量选择框中选择变量。如果变量创建时遵循了良好的命名规则，可在过滤条件中输入过滤条件以便于快速找到期望的变量，如图 6-23 右图所示，输入过滤条件 "＊AR＊" 后，只有变量名中包含 "AR" 字符的变量会被显示出来供选择。

输入/输出域具有许多的属性可供设置，以方便用户的操作。例如，可为输入/输出域设置提示文本。尤其是输入域，设置了提示文本后，在运行系统中将鼠标悬停于已设置了提示文本的输入/输出域上时，提示文本将会自动浮现。设置及运行效果如图 6-24 左图所示。

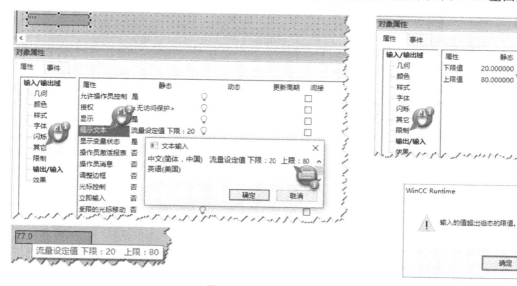

图 6-24　输入/输出域属性设置

有些重要参数的设置，为了避免用户错误的将值设置为允许范围以外的值，可为输入/输出域设置上/下限值，如图 6-24 右图所示。当在运行系统中设置的值超出范围时，将会弹出警告文本，并且所设置的错误值不会被写入到变量中。

2）添加智能对象或窗口对象的快捷方式。有些对象需要对应多个或一个多行文本，例如：静态文本、组合框、列表框、多行文本、复选框及选项组。按照之前介绍静态文本和输入/输出域的方法在画面中添加亦可。但是这些对象的特点都是包括多个或多行文本，在画面中逐一组态效率相对较低。WinCC 提供了更为便捷的方式。可以通过 Excel 将多个文本进行输入，然后通过鼠标右键拖拽的方式即可快速地在 WinCC 画面当中添加以上对象，大大提高了组态效率，具体操作方法如图 6-25 所示。

3）ActiveX 控件。ActiveX 控件中包括 WinCC 自带的控件，这些控件均以 WinCC 开头。例如：WinCC 报警控件、WinCC 在线表格控件、WinCC 在线趋势

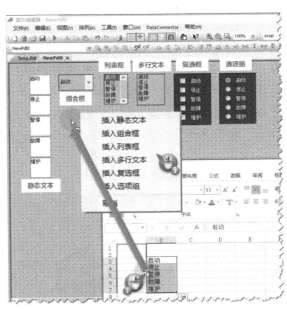

图 6-25　对象快捷添加

控件等，有些控件是当 WinCC 的某些选件安装后才可使用，例如 WinCC PerformanceView 控件等。还可以添加第三方的控件用于 WinCC 画面。第三方控件添加方式如图 6-26 所示。

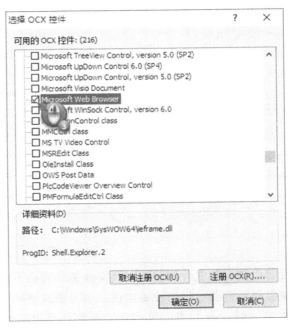

图 6-26　添加第三方控件

提示：使用来自第三方供应商的 ActiveX 控件可能会导致错误、降低性能或阻塞系统。本软件的用户负责自行解决因采用外部 ActiveX 控件所引起的问题。建议在执行前进行安全操作测试。

- WinCC Media 控件。该控件可以集成到 WinCC 画面当中用于播放多媒体文件，例如设备的操作视频。该控件仅能播放媒体播放器所播放的格式，格式包括 ASF、WMV、AVI、MPG、MPEG、MP4、QT、MOV。除了视频文件，该控件也可用于显示图形文件，格式包括 GIF、BMP、JPG、JPEG、PNG。添加及组态如图 6-27 所示。

提示：要在 Windows Server 2008 R2 SP1 和 2012 R2 中回放视频文件，需要安装 Microsoft "桌面体验"（Desktop Experience）功能。

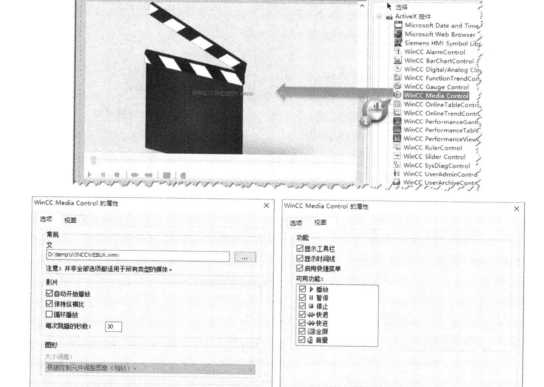

图 6-27　MediaPlay 控件组态

该控件可设置视频文件的关联，当文件关联后会被复制到项目文件夹的 GraCS 文件夹中。可以设置启用播放器控件的控制按钮，也可通过脚本来控制视频的播放及停止等。

- WebBrowser 控件。WebBrowser 控件可用于访问网页或 PDF 文档等信息，例如连接视频监控系统或设备 PDF 手册等。访问 PDF 文档的前提是安装了 WinCC 的计算机上必须已经安装 PDF 文档阅读器，例如 Acrobat Reader 。

提示：嵌入到 **WinCC** 画面中的 **WebBrowser** 控件不支持带脚本功能的页面。

6.1.4　过程画面动态化

在 WinCC 画面当中，存在两种类型的动态化。

1）属性动态化。对象根据过程值改变或某种逻辑条件的改变，其属性随之发生动态改变。例如，输入/输出域的背景颜色可根据所关联过程值发生动态变化。矩形对象根据过程值改变其大小或位置等。

2）事件动态化。可操作的对象对诸如鼠标单击一类的事件作出响应，或对对象自身某些属性的改变作出响应。例如，按钮的单击控制变量的动态变化。滚动条输入某些过程参数。

这两种动态化的组态可通过"对象属性"选择窗口中的两个选项卡，"属性"和"事件"进行。"对象属性"窗口中"属性"选项卡可组态的动态化方式如图 6-28 左图所示。

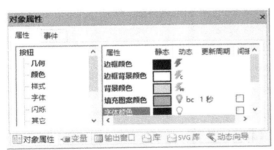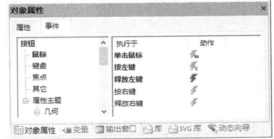

图 6-28　"对象属性"窗口

如图 6-28 左图所示，对象属性包含静态及动态部分，静态值即为对象属性的初始值，如未组态动态化，则在动态列的图标为 ⚪ 白色灯泡，在运行系统中会始终保持不变。可为对象属性组态动态化的方式有 4 种：动态对话框、C 动作、VBS 动作及变量。对应已组态的不同方式会有不同图标加以标识，如图 6-28 左图所示。

在"对象属性"窗口中，"事件"选项卡可组态的动态化方式如图 6-28 右图所示。可组态动态化的方式有 3 种：C 动作、VBS 动作和直接连接。如未组态动态化，则在动作列的图标为 ⚡ 灰色闪电，在运行系统中对应事件发生时不会产生任何动态。

所有可用的动态化组态方式见表 6-1。

表 6-1　可组态动态化方式及图标

类型 组态方式	属性	图标	事件	图标
通过变量连接动态化	√	💡		
通过直接连接动态化			√	⚡

（续）

类型 组态方式	属性	图标	事件	图标
通过动态对话框动态化	√	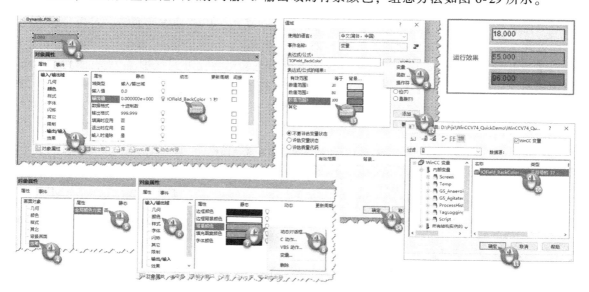		
通过 VBS 动作动态化	√		√	
通过 C 动作动态化	√		√	
通过动态向导动态化	√		√	

3）通过变量连接的属性动态化。通过这种组态方式，则是直接将变量值以数值形式赋值给属性。例如，将输入/输出域的输出值组态为变量连接的动态化，则所关联的变量值将以指定的更新周期赋值给输入/输出域对象的输出值属性。

4）通过动态对话框的属性动态化。动态对话框可以使用变量、函数以及算术操作符构成表达式实现属性的动态化。还可以通过表达式内所使用的变量的质量代码或变量状态实现属性的动态化。动态对话框可用于实现下列目的。

- 将变量的数值范围映射到颜色。
- 监视单个变量位，并将位值映射到颜色或文本。
- 监视布尔型变量，并将位值映射到颜色或文本。
- 监视变量状态。
- 监视变量的质量代码。

例如，根据变量值范围映射到输入/输出域的背景颜色，组态方法如图 6-29 所示。

图 6-29　动态对话框组态

通过以上组态即可实现当过程值范围为 0~20 时，输入/输出域背景色颜色为 "黄色"，范围为 21~80 时，背景颜色为 "绿色"，范围为 81~100 时，背景颜色为 "红色"，运行效果如图 6-33 右上图所示。该组态仅连接了一个过程变量。在很多情况下所需映射的属性会是多个变量的计算结果或逻辑运算结果，因此也可以选择 "函数" 或 "操作符" 进行多个变量值的处理。例如，在动态对话框中怎样按逻辑连接两个变量到一个结果的方法可参考条目 ID 19338191。

5）通过 VBS 动作的属性动态化。VBS 动作可用于对象属性的动态化。如果想要在一个动作中处理多个输入参数，或要执行条件指令（if … then …），则可使用 VBS 动作。例如，当设备处于运行状态，设备的某个过程值处于报警范围时，可通过 VBS 动作控制报警灯的显示/隐藏以及报警灯的颜色。组态过程如图 6-30 所示。

图 6-30　VBS 的属性动态化

如图 6-30 右下图所示的运行效果，报警指示灯 "圆" 的 "可见" 属性及 "背景色" 属性都通过 VBS 实现了动态化。从 VBS 动作脚本中可见，当变量 "Device_Run" 为 "真" 时，"可见" 属性为真，"背景色" 属性根据变量 "IOField_BackColor" 值范围为 0~20 时，报警灯背景色为 "黄色"，值范围为 21~79 时，报警灯背景色为 "绿色"，值范围为 80 以上时，报警灯背景色为 "红色"。

6）通过 C 动作的属性动态化。C 动作与 VBS 动作类似。熟悉 C 语言的读者也可通过 C 动作实现与 VBS 类似的属性动态化。例如上一个 VBS 动作实现的动态化属性通过 C 动作实现的组态过程基本与 VBS 类似，只需要将代码更改为 C 脚本即可，如图 6-31 所示。最终动态化运行效果与 VBS 动态化属性相同。

7）通过动态向导的属性动态化。可以通过动态向导使对象属性动态化，当动态向导执行完成后，实际会自动在需要动态化的属性中创建 C 动作。例如，可以根据过程变量值使得对象的位置（X，Y 坐标值）随之发生线性变化。组态过程如图 6-32 所示。

图 6-31　C 的属性动态化

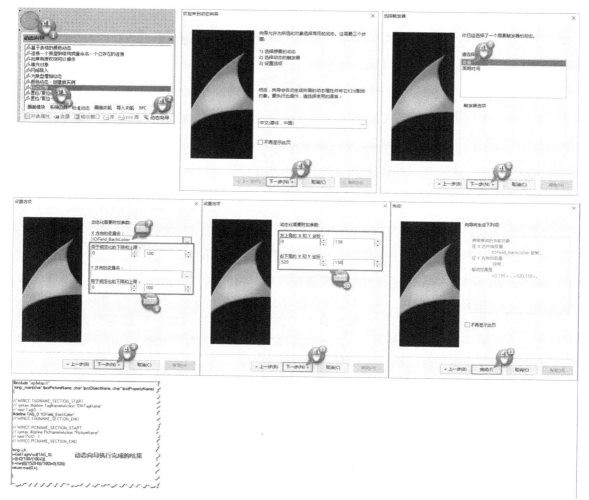

图 6-32　通过动态向导的属性动态化

8）由事件触发的通过直接连接组态的动态化。直接连接可用作对事件作出反应。直接连接即可将源（常数、变量或画面中对象的属性均可作为源）的"数值"赋予目标（变量或对象可动态化的属性以及窗口或变量均可作为目标）。直接连接的优点是组态简单，运行系统中的响应时间快。直接连接具有所有动态化类型中的最佳性能。例如，组态多点触控双手操作时可使用直接连接来使能操作按钮。组态过程如图 6-33 所示。

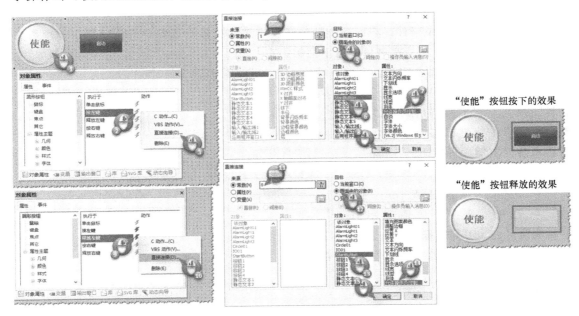

图 6-33　事件触发的通过直接连接组态的动态化

运行效果：在运行系统中，只有按下"使能"按钮时，"启动"按钮才会变为可操作状态，一旦释放"使能"按钮后，"启动"按钮即为不可操作状态，这种方式可用于多点触控的触摸显示器，可有效地防止对设备的误操作。

9）触发器类型。在以上介绍的属性动态化的各种组态方式中都需要触发器才能够在运行系统中执行动作。触发器类型有变量触发器、周期性触发器、动画触发器及事件驱动的触发器。只有设置了合理的触发器才能有效、合理地进行动态化。值得注意的是，周期性触发器对项目的性能会产生较大的影响。画面的所有动作都必须在其周期时间内完成，否则将会导致 WinCC 运行系统性能的逐渐下降。

10）动画周期触发器。从 WinCC V7.0 起，动画周期触发器类型可用于通过 VBS 动态化对象。动画周期允许在运行系统中开启和关闭动作，以及更改执行触发器的时间。

6.1.5　面板及画面窗口

在实际项目组态过程当中，往往有许多同类设备需要放置在画面当中。如果通过常规的组态方式进行组态，则需要大量的重复性工作，并且容易出现错误。在这种情况下，可以通过使用面板或画面窗口加载模板画面的方式组态，可以大量节省组态时间并降低错误率。

1. 面板（FacePlate）

面板是用户在项目中作为类型而集中创建的标准化画面对象。WinCC 将面板类型保存为 fpt 文件。然后，对于同一类设备用户可将面板类型作为面板实例插入过程画面中。当需要更改时，仅需针对面板类型进行更改，通过更新即可让所有实例接受新的改变。可以在图形编辑器中编辑面板实例，其操作与编辑对象选项板中的单个对象相似。面板类型中的单个对象具有两种属性和事件。

1）类型特定属性及事件。这些属性及事件只能在面板类型中更改，一旦更改，所有面板实例在更新后均会随之更改。类型特定的属性和事件是针对单个对象的属性和事件，其不能在面板实例中进行组态。

2）实例特定属性及事件。在面板类型中开放出来的属性及事件，可在面板实例中组态这些属性和事件，各个面板实例可以有不同的组态。

图 6-34 显示了类型特定属性和实例特定属性在面板实例中的使用。

面板类型中不可以使用以下对象：并且面板类型仅支持 VB 脚本以及连接至面板变量的属性动态化。该功能将在后面章节以实例进行说明。

- 自定义对象。
- 标准对象：连接器。
- 智能对象：①应用程序窗口；②画面窗口；③OLE 对象；④面板实例。
- WinCC 控件以及 "控件"（Controls）选择窗口中的其它对象。
- Siemens HMI 符号库中的符号。

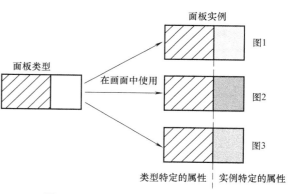

图 6-34　面板类型及面板实例的属性

2. 画面窗口

画面窗口可用于在一个画面中加载另一个画面，实现画面嵌套的功能；也可以通过独立的画面窗口实现多显示器的 WinCC 画面分屏显示。例如，在主工艺画面中，可通过画面窗口加载某些工艺设备的工艺参数子画面。

画面窗口是智能对象，必须在画面中添加。在画面中添加的画面窗口有两种使用方法：固定加载画面及动态加载画面。

1）固定加载画面。其中一种使用场景与使用面板（FacePlate）类似，多用于在一个主工艺画面中有多个同类设备的情况下，通过组态一个工艺设备的模板画面，然后再通过画面窗口进行多次固定加载以在主工艺画面中同时显示多个同类设备。还有一种场景，在一个主工艺画面中有多个区域，则可以通过多个画面窗口固定加载多个区域的子画面加以实现。

在第一种场景下，与面板相比而言优势在于模板画面中可以支持所有的对象以及对象属性动态化方式。劣势在于模板画面仅具有类型特定的静态属性而不具备实例特定的静态属性。

2）动态加载画面。其使用场景多见于在主工艺画面中分别显示多个同类设备的子画面。在主工艺画面中分别显示多个同类设备子画面的效果，如图 6-35 所示。

在主工艺画面中，通过一个画面窗口可以动态地加载同类设备的子画面，通过 "子画面" 按钮为画面窗口赋予不同的变量前缀，即可实现同一个模板画面在画面窗口中分别显示不同设备的工艺参数。

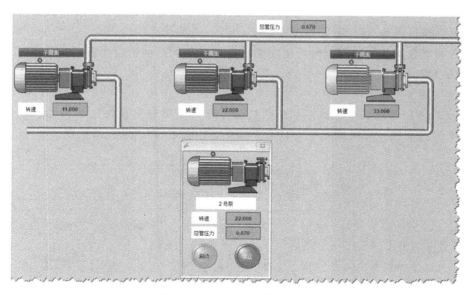

图 6-35　动态加载画面窗口

6.2　图形运行系统

　　WinCC 图形运行系统用于运行加载已组态的图形画面以实现画面监控功能。可在 WinCC 项目管理器工具栏上，单击 ▶ 图标，激活 WinCC 运行系统，此时 WinCC 图形运行系统将加载预定义的起始画面。也可以在图形编辑器工具栏上，单击 ▶ 图标，激活 WinCC 运行系统，此时 WinCC 图形运行系统将加载正在画面编辑器中打开的当前画面。可以在 WinCC 项目管理器工具栏中，单击 ■ 图标，停止 WinCC 运行系统，或者通过组态停止运行系统按钮来停止。

　　提示：在图形运行系统中，如果希望获取当前运行画面和图形对象的名称，可以按住 "Shift+Ctrl+Alt" 并将鼠标指针移至画面中的图形对象上，将会出现浮动的工具提示，显示出画面名称和图形对象名称。但是无法获取 ActiveX 控件的名称。

6.2.1　触控操作

　　在以往 WinCC 的应用当中，WinCC 图形运行系统显示在普通显示器上，通过鼠标和键盘完成对画面和画面中图形对象的操作。但随着计算机硬件的发展，目前多点触控的显示器在很多地方替代了传统显示器加鼠标键盘的操作模式。配合多点触控显示器，WinCC 图形运行系统支持常规的触控操作，例如：

- 通过滑动操作切换画面。
- 通过指尖拖拽实现画面缩放。
- 长按对象实现右键单击功能。

　　关于触控操作可参考条目 ID V1299。

6.2.2　菜单和工具栏

　　在 WinCC 图形运行系统中，支持使用类似于 Windows 风格的自定义菜单和工具栏。通过自定义菜单和工具栏，可以在 WinCC 图形运行系统中进行主画面或者画面窗口中的画面切换，也可以执行通过 VBS 定义的过程动作。

自定义菜单和工具栏既可以分配给主画面也可以分配给某个画面窗口，最多可以同时加载 20 个菜单和工具栏。

1. 创建菜单

在 WinCC 项目管理器中，鼠标双击或右键打开"菜单和工具栏"编辑器，在编辑器中选择"菜单"选项栏，即可编辑组态自定义菜单，组态过程如图 6-36 所示。

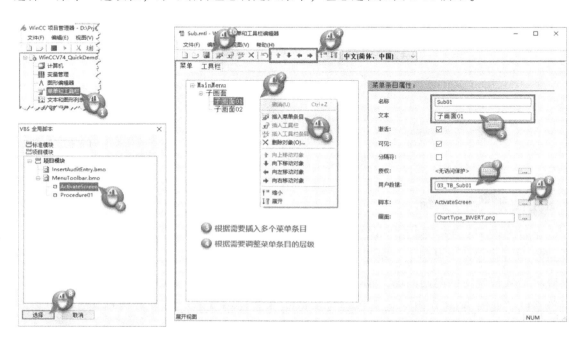

图 6-36　创建菜单

按照图 6-36 所示的组态，该菜单将用于主画面中的画面窗口进行子画面切换。组态了两个子画面切换的菜单命令"子画面 01"和"子画面 02"，菜单命令调用脚本"Activate-Screen"，并通过"用户数据"将要切换的画面名称传递给脚本。图中所示的脚本"Activate-teScreen"需要在自行定义的 VBS 模块编写，这个模块可以专门用于存放菜单和工具栏需要调用的过程，如图 6-37 所示。

如图 6-37 所示，该模块中编写了 3 个过程，分别用于操作变量、切换画面以及退出 WinCC 运行系统。

2. 创建工具栏

在"菜单和工具栏"编辑器中，选择"工具栏"选项栏即可编辑组态自定义工具栏。组态过程如图 6-38 所示。

按照图 6-38 所示的组态，该工具栏将用于控制变量"NewTag"的取反切换和退出 WinCC 运行系统，两个工具栏项分别调用脚本过程"Procedure01"和"ExitWinC-CRT"。

菜单和工具栏组态完成后，在 WinCC 图形编辑器中组态画面窗口加载菜单和工具栏，

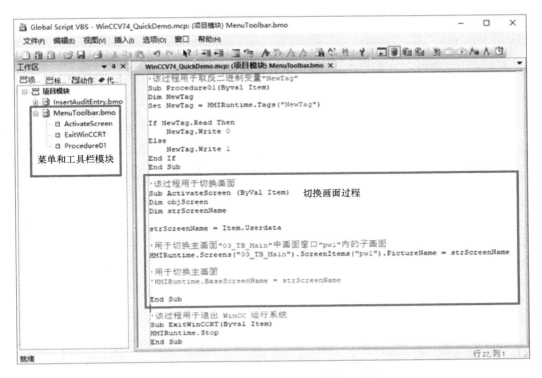

图 6-37　菜单和工具栏 VBS 模块及过程

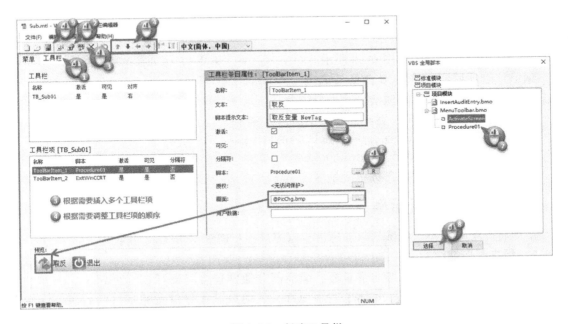

图 6-38　创建工具栏

然后激活 WinCC 运行系统即可在画面窗口中使用菜单和工具栏。组态和运行结果如图 6-39所示。

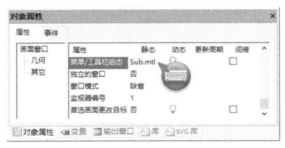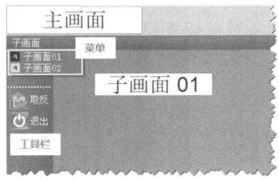

图 6-39　加载菜单工具栏和运行结果

关于菜单工具栏的详细组态步骤可参考条目 ID V0574 。

6.2.3　虚拟键盘

在一些场合下，用户不希望通过常规键盘进行画面的操作和输入，以及当下较为流行的多点触控显示器的使用，则可以通过监视器虚拟键盘完成画面的操作和输入。有两种方式可以激活显示虚拟键盘，即单击输入域时自动显示和通过脚本激活显示。

1）单击输入域时自动显示。在 WinCC 计算机属性中进行设置，如图 6-40 所示。

图 6-40　启用监视器键盘

激活该选项后，在 WinCC 激活后的画面上，单击输入域时会自动激活显示虚拟键盘。

2）通过脚本激活显示。在画面按钮中添加 C 脚本。

```
ProgramExecute("C:\\Program Files (x86)\\Common
Files\\Siemens\\Bin\\CCOnScreenKeyboard.exe");
```

单击该按钮后，虚拟键盘将激活显示。

6.3　图形系统应用示例

下面将介绍一些应用示例的组态过程，以便进一步理解 WinCC 图形系统。

6.3.1　组态画面系统标题

图形运行系统的整体框架非常重要，画面部分通常包含画面标题（公司 Logo、当前画面名称、日期时间等）部分，主体工艺画面部分，切换画面导航按钮部分等。组态方式多种多样，本例将抛砖引玉，介绍如何组态公共的画面系统标题。这种组态方式相对简单，可以减少组态工作量，并且后期修改较为简单。

步骤 1：创建用于获取画面显示名称的内部变量，如图 6-41 所示。

创建数据类型为"文本变量 16 位字符集"的内部变量"ScreenName"。

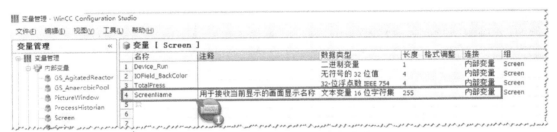

图 6-41　创建画面名称的内部变量

步骤 2：创建系统标题画面"Title. PDL"，如图 6-42 所示。

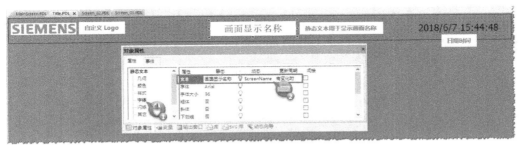

图 6-42　创建系统标题画面

如图 6-42 所示，创建画面后，可根据需要设置画面的高度和宽度，添加所需的 Logo 图标，添加日期、时间显示。在画面中部添加静态文本，并将静态文本的"文本"属性直接关联变量"ScreenName"，更新周期设置为"有变化时"。

步骤 3：创建工艺画面"Screen_01. PDL"、"Screen_02. PDL"，如图 6-43 所示。

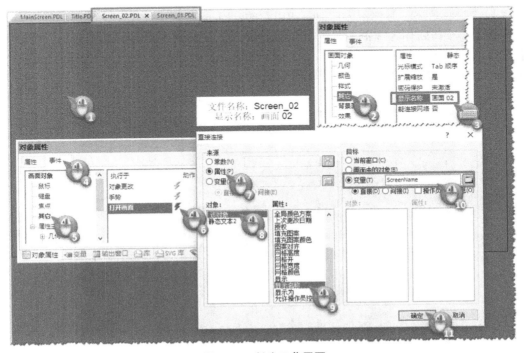

图 6-43　创建工艺画面

如图 6-43 所示，为 2 个画面分别定义"显示名称"静态属性值为"画面 01"和"画面 02"。在画面"打开画面"事件中，通过"直接连接"将画面的"显示名称"属性值作为源赋给目标变量"ScreenName"。

步骤 4：创建主画面"MainScreen. PDL"，如图 6-44 所示。

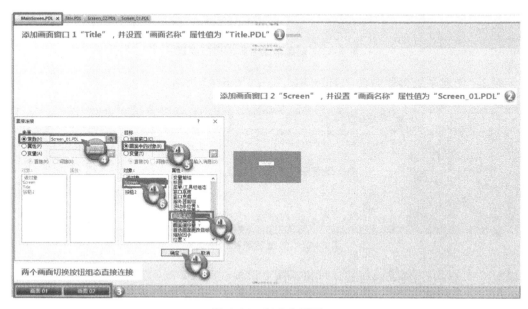

图 6-44　创建主画面

如图 6-44 所示，为主画面添加 2 个画面窗口，分别命名为"Title"和"Screen"，并分别设置其"画面名称"属性值为"Title. PDL"和"Screen. PDL"。

再添加 2 个按钮作为 2 个工艺画面切换的按钮。在按钮的鼠标"单击鼠标"事件中添加直接连接分别将常数"Screen_01. PDL"和"Screen_02. PDL"作为源赋给目标画面窗口"Screen"的"画面名称"属性。

激活主画面"MainScreen. PDL"后运行效果如图 6-45 所示。

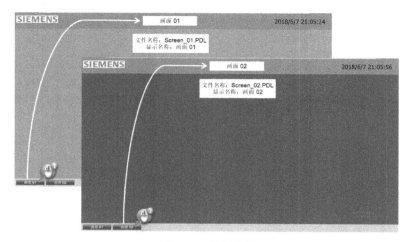

图 6-45　运行效果

如图 6-45 所示，当单击"画面 01"按钮后，"Screen"画面窗口将会加载"Screen_01. PDL"画面。当"Screen_01. PDL"加载后会将其显示名称"画面 01"赋予变量"ScreenName"，而当变量"ScreenName"发生变化时，该变量值将会显示在画面标题上。

6.3.2　使用中央调色板颜色

在画面中插入了多个输入/输出域，在为输入/输出域分配背景色时即可使用中央调色板颜色，操作方法如图 6-46 所示。

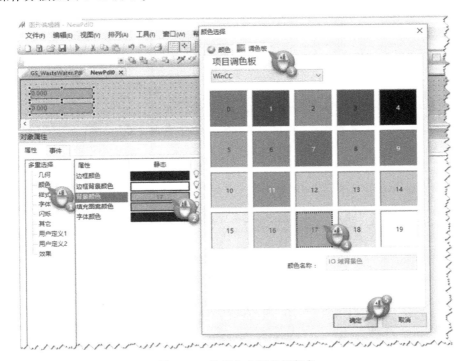

图 6-46　使用中央调色板颜色

如图 6-46 所示，画面中的输入/输出域使用了中央调色板中索引号为 17，颜色名称为"IO 域背景颜色"的颜色。这样相对于直接为对象分配为绿色的优势在于后期如果希望统一更改同类对象的颜色时，无需针对每一个对象进行更改，而只需要打开中央调色板将索引号 17 的颜色更改为期望的新颜色，即可一次性将所有使用了索引号 17 颜色的对象进行更改。

6.3.3　通过第三方控件实现监控系统所需辅助功能

在许多监控系统中，用户希望能够在画面中查看设备或者操作的相关说明文档。也有需要将视频监控系统的视频画面显示在 WinCC 画面当中。针对这些需求，在 WinCC 中可通过 WebBrowser 控件实现。

WinCC WebBrowser 控件的属性设置如图 6-47 所示。

属性"MyPage"可输入静态地址，也可通过关联变量或脚本控制在运行系统中进行动态赋值。并且可设置是否显示导航栏等属性。

Microsoft WebBrowser 使用方法与 WinCC WebBrowser 不同，其需要在运行期间通过脚本赋予访问地址，赋值脚本如图 6-48 所示。

两种控件赋予相同地址，加载 PDF 文档效果如图 6-49 所示。

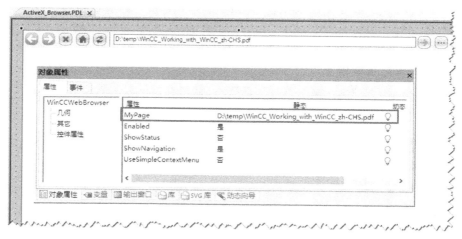

图 6-47　WinCC WebBrowser 控件的设置

图 6-48　Microsoft WebBrowser 浏览地址赋值

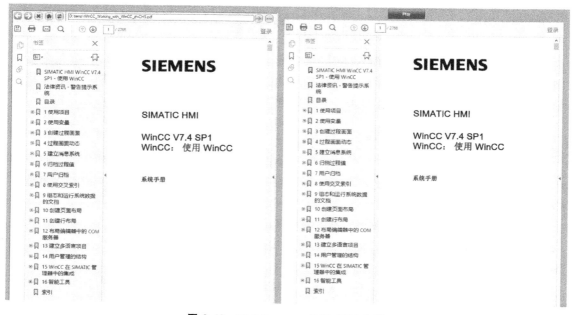

图 6-49　WebBrowser 加载 PDF 文档

通过 WebBrowser 实现与视频监控系统的连接，从而可以在 WinCC 画面中监视网络摄像头的视频信息。具体组态方法可参考条目 ID 58074046。

6.3.4　使用动画周期触发器

使用方法如图 6-50 所示。

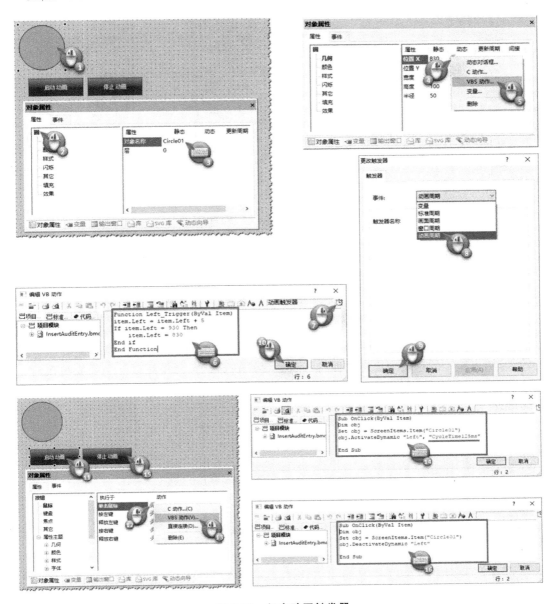

图 6-50　组态动画触发器

组态完成后，在运行系统中，单击"启动 动画"按钮后，绿色圆形对象将以每 125ms 的周期向右移动 5 个像素。单击"停止 动画"按钮后，绿色圆形对象将停止移动。这种动画周期的优势在于可以按需求激活或停止动态，最短触发周期可以达到 125ms，且触发器时间可按需求动态更改。

6.3.5　使用面板

为了说明类型特定属性和实例特定属性，以及面板变量、事件和动态化，可通过以下组态过程学习。具体操作如图 6-51 所示。

步骤 1：创建面板类型，并定义面板类型特定属性，如图 6-51 所示。

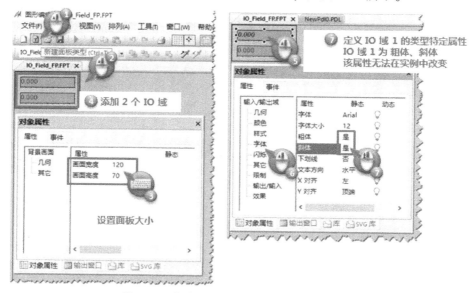

图 6-51　创建面板类型及定义类型特定属性

在该面板类型中，添加了 2 个输入/输出域，为输入/输出域 1 直接定义属性 "粗体"及 "斜体" 为 "是"，这两个属性即为面板类型特定属性。在所有使用该类型的面板实例中，输入/输出域 1 的这两个属性均保持一致且无法在面板实例中更改。当需要更改时，必须打开该面板类型重新定义属性。一旦修改完成，则所有面板实例将统一更改完成。

步骤 2：定义面板实例特定属性。具体操作如图 6-52 所示。

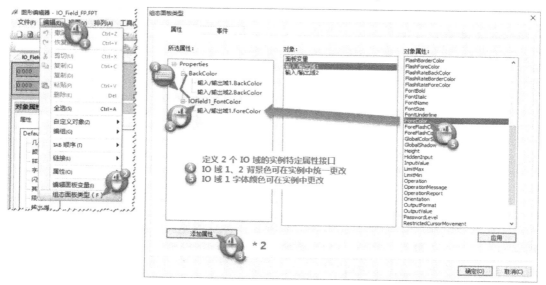

图 6-52　定义面板实例特定属性

打开组态面板类型对话框后，添加 2 个属性接口"BackColor"及"IOField1_FontColor"，然后分别将输入/输出域 1 和 2 的"BackColor"属性拖拽至"BackColor"属性接口下，这意味着 2 个输入/输出域拥有了共同的面板实例特定的属性接口。再将输入/输出域 1 的"FontColor"属性拖拽至"IOField1_FontColor"属性接口下，这意味着输入/输出域拥有了字体颜色的面板实例特定的属性接口。

步骤 3：在画面中添加面板实例，并定义面板实例特定属性。具体操作如图 6-53 所示。

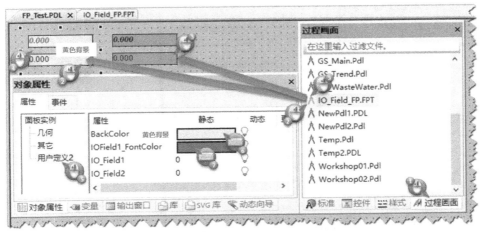

图 6-53 添加面板实例及定义面板实例特定属性

从"过程画面"中，通过鼠标拖拽 2 次面板类型"IO_Field_FP"到画面中，即生成 2 个面板实例。打开面板实例 1 属性窗口，选中"用户定义 2"即可设置"Backcolor"及"IOField1_FontColor"2 个面板实例特定的属性为"黄色"及"红色"。此时即可看到面板实例 1 及面板实例 2 的面板实例特定属性是不同的，而类型特性属性（输入/输出域的粗体和斜体）则相同且无法在实例中修改。

6.3.6 使用画面窗口

1. 固定加载画面

在主工艺画面中，同时显示多个同类设备子画面的组态过程，如图 6-54 所示。

通过这种组态方式只需要在主工艺画面中组态管道，通过画面窗口即可加载固定的子画面模板。当前版本的 WinCC 中的画面窗口具有预览子画面的功能，如图 6-54 所示，并且可以通过按住"Ctrl"键后，鼠标左键双击画面窗口，即可直接打开画面窗口中所加载的子画面进行编辑。子画面可以做成标准化模板，尤其适用于具有大量同类设备的画面。

2. 动态加载画面

其使用场景多见于在主工艺画面中分别显示多个同类设备的子画面。在主工艺画面中分别显示多个同类设备子画面的效果如图 6-55 所示。

在主工艺画面中，通过一个画面窗口可以动态的加载同类设备的子画面，通过"子画面"按钮为画面窗口赋予不同的变量前缀，即可实现同一个模板画面在画面窗口中分别显示不同设备的工艺参数。添加画面窗口组态过程如图 6-56 所示。

如图 6-56 所示，从智能对象中，选择"画面窗口"添加到画面中，并且组态其相关属性，例如"显示"设置为否，"可移动"、"标题"等设置为是，"画面名称"设置为泵的子画面 PumpWParametersSubScreen. PDL。

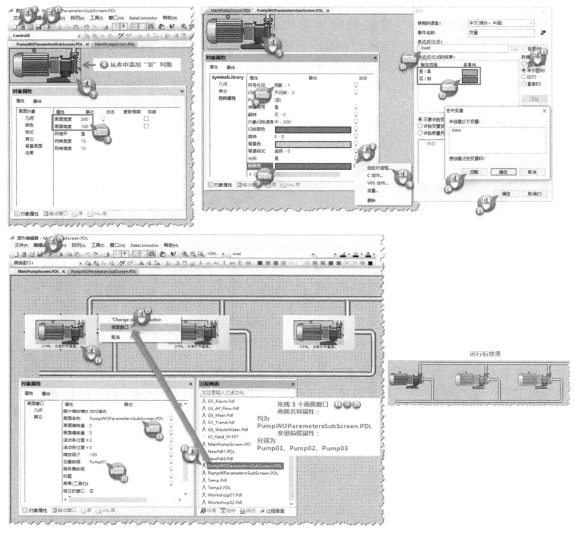

图 6-54　子画面及画面窗口加载子画面组态

添加组态，打开画面窗口的按钮过程如图 6-57 所示。

如图 6-57 所示，在画面中添加多个按钮，分别在按钮中编写打开画面窗口脚本，分别对应不同的变量前缀。运行效果如图 6-55 所示，单击不同泵的"子画面"按钮，可分别加载不同泵的状态信息以及参数数据。

1）画面窗口的重要属性：显示（Visible）、调整大小、画面名称（ScreenName）、变量前缀（TagPrefix）、独立窗口和监视器编号。

以上所涉及的属性都可以设置静态值用于固定加载，也可以在 WinCC 运行系统中，通过各种动态方式进行动态设置。例如前面所介绍的动态加载画面中，即通过 VB 脚本动态地设置了画面窗口的属性值，以达到动态加载画面的效果。

在脚本中，首先设置了画面窗口"PumpWin"，显示（Visible）为"False"，然后为画

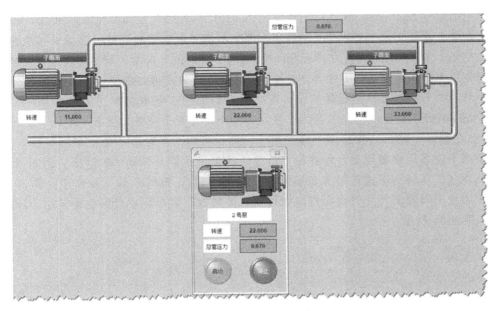

图 6-55　动态加载画面窗口

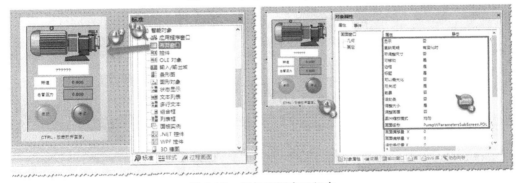

图 6-56　添加画面窗口组态

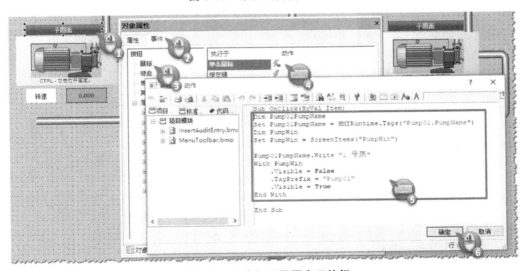

图 6-57　组态打开画面窗口按钮

面窗口变量前缀（TagPrefix）属性赋予新值"Pump01"，最后设置画面窗口显示（Visible）为"True"。在模板画面中，组态的动态属性连接都是不带变量前缀的变量（多为结构变量），例如泵状态变量"Pump01. State"在模板画面中应关联". State"即可，脚本中赋予变量前缀后，则在画面窗口中加载的模板画面即会自动加上变量前缀形成完整的变量。如果不希望模板画面中的变量自动加上动态赋予的变量前缀，则在模板画面中关联变量时应为"@ NOTP::Total-Press"，如图6-55中显示的"总管压力"变量即为不添加变量前缀的组态方式。

　　2）独立窗口：WinCC 支持多个画面窗口，并且可以在多台显示器上进行显示。这一功能满足了当下许多用户使用 1 台计算机主机连接多个显示器分屏显示的需求。例如当 1 台计算机主机通过扩展桌面形式连接 4 台显示器时，则可以在 WinCC 的主画面中，添加 4 个画面窗口并加载不同画面，并对画面窗口设置相应的属性，即可实现分屏画面显示。画面组态和设置如图 6-58 所示。

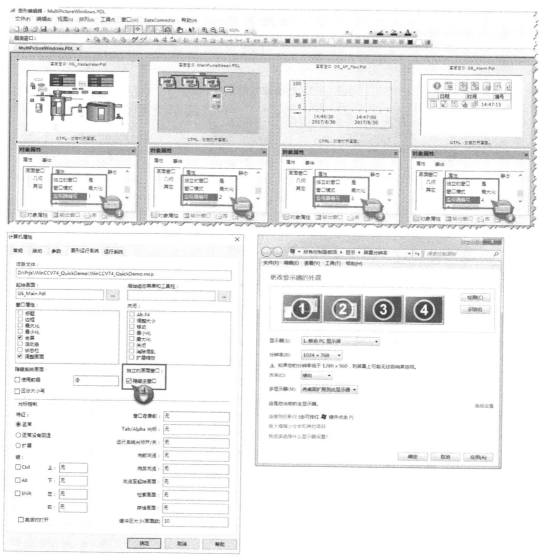

图 6-58　独立画面窗口多屏显示组态

　　分别为 4 个画面窗口设置加载不同的画面，并将"独立窗口"属性设置为"是"，"窗口模式"设置为"最大化"，显示器编号分别对应图中计算机显示器编号进行分配。然后，在 WinCC 项目管理器中的计算机属性"图形运行系统"中，使能"隐藏主窗口"。系统激活运行后，WinCC 将会自动在 4 个扩展桌面上分别显示 4 个画面窗口所加载的画面。

6.3.7　显示/隐藏画面对象

　　1. 通过缩放控制层对象的显示/隐藏

　　步骤 1：创建用于获取画面缩放比例的内部变量，如图 6-59 所示。

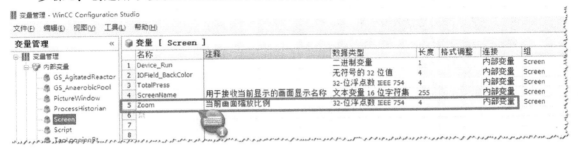

图 6-59　添加变量

　　创建数据类型为"32-位浮点数"的内部变量"Zoom"。

　　步骤 2：设置可见层名称和显示/隐藏层的"最小缩放"，单击图形编辑器菜单"工具>设置"打开设置对话框，如图 6-60 所示。

　　如图 6-60 所示，为前 4 层分配了层名称，并设置了"最小缩放"分别为 2、130、160

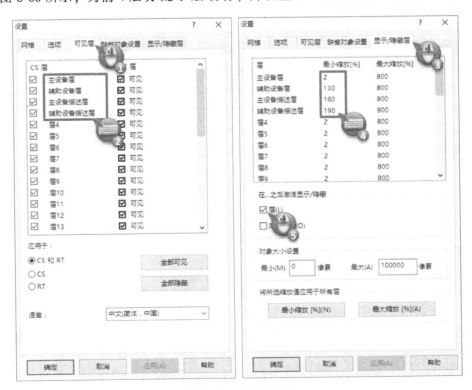

图 6-60　设置层属性

和 190，并选择"在…之后激活显示/隐藏"选择为"层"。

步骤 3：添加画面对象并分配隶属层，如图 6-61 所示。

图 6-61　添加对象并分配隶属层

如图 6-61 所示，分别添加 4 个"静态文本"，并分配为层 0 ~ 3。

步骤 4：添加可控制画面缩放的按钮，如图 6-62 所示。

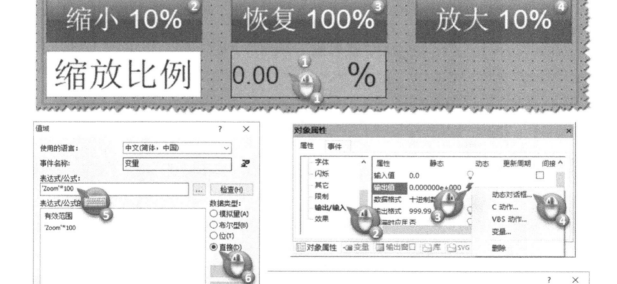

图 6-62　添加缩放按钮

如图 6-62 所示，添加 1 个"输入/输出域"关联变量"Zoom"用于显示当前画面显示比例。添加 3 个按钮用于控制画面显示比例的缩放，例如"缩小 10%"按钮，并为按钮编写 VB 脚本。

"放大 10%"按钮代码为：

```
HMIRuntime.ActiveScreen.Zoom = HMIRuntime.ActiveScreen.Zoom + 0.1
HMIRuntime.Tags("Zoom").Write HMIRuntime.ActiveScreen.Zoom
```

"恢复 100%"按钮代码为：

```
HMIRuntime.ActiveScreen.Zoom = 1
HMIRuntime.Tags("Zoom").Write HMIRuntime.ActiveScreen.Zoom
```

步骤 5：设置计算机属性和画面属性，如图 6-63 所示。

图 6-63　设置计算机属性和画面属性

如图 6-63 所示，在项目管理器中，打开计算机属性设置窗口，取消"消除混乱"和"扩展缩放"两个选项的选择（默认情况下这两个选项为选中状态）。并且在允许进行画面显示比例缩放的画面属性中，将"扩展缩放"属性值设置为"是"。

1）消除混乱。开启或关闭通过缩放画面显示比例过程时，显示/隐藏各层以及其中存储的对象。如果勾选该选项，则意味着步骤 2 中的设置无效。

2）扩展缩放。是否开启通过键盘加鼠标的组合操作进行画面显示比例的缩放。如果勾选该选项，则意味着通过键盘加鼠标的操作无法进行画面的缩放，但可以通过脚本进行画面的缩放。

组态完成后，激活画面运行效果如图 6-64 所示。

如图 6-64 所示，当通过"放大 10%"按钮的单击，不断放大画面显示比例后，已组态的静态文本域将会按照步骤 2 中所设置的最小缩放比例进行显示。

除了通过单击已组态的按钮进行缩放之外，还可以通过键盘加鼠标的组合操作完成，操作方式如图 6-65 所示。

如果使用的为支持多点触控的显示器和系统，则在画面上通过触摸手势也可进行画面显示比例的缩放。已组态的静态文本域同样会按照步骤 2 中所设置的最小缩放比例进行显示。缩放手势如图 6-66 所示。

2. 通过脚本控制层对象的显示/隐藏

除了通过缩放控制层对象的显示/隐藏之外，在画面不进行缩放的情况下，也可以通过脚本控制层的显示/隐藏。组态过程如图 6-67 所示。

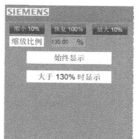

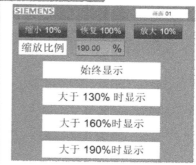

图 6-64　按钮缩放控制显示/隐藏运行效果

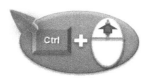

图 6-65　键盘加鼠标操作

图 6-66　缩放手势

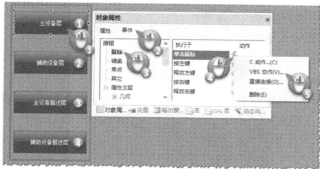

图 6-67　控制显示/隐藏的按钮组态

　　如图 6-67 所示，添加 4 个按钮分别用于控制 "主设备层"（层 0）、"辅助设备层"（层 1）、主设备描述层（层 2）和辅助设备描述层（层 3）的显示和隐藏。在 "主设备层" 按钮的 "单击鼠标" 事件中，添加以下 VB 脚本。其中 Layers（1）代表 "主设备层"（层 0），其它按钮更改脚本中的数字即可。

```
If  HMIRuntime.ActiveScreen.Layers(1).Visible Then
```

```
HMIRuntime.ActiveScreen.Layers(1).Visible = False
Else
HMIRuntime.ActiveScreen.Layers(1).Visible = True
End If
```

组态完成后，激活画面运行效果如图 6-68 所示。

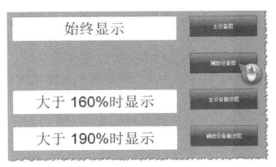

图 6-68　按钮控制显示/隐藏效果

　　单击相应按钮，即可切换相应层和隶属于该层的对象显示及隐藏。例如单击"辅助设备层"按钮后，"大于 130%时显示"静态文本被隐藏。

第7章 消息系统

WinCC消息系统用于处理并显示在生产过程中发生的报警和事件，能够快速定位生产设备（参数）的故障以及控制器（PLC）本身的错误，从而能够快速地排除故障。另外，对于重要的报警消息可以进行归档，方便以后查询。

生产过程中会产生很多的报警消息，因此需要更好地管理辨识这些报警消息。WinCC消息系统能够很方便地对消息进行分类，不同类型的消息可以具有不同的确认机制、显示颜色等属性，并根据要求对显示在画面上的报警消息进行过滤。

WinCC还具有声音报警的功能，当有报警发生时，可以通过声音的形式提醒操作人员注意。

本章学习完成之后，除了能够理解WinCC消息系统处理消息的过程及原理外，还能够掌握如下组态操作。

- 组态离散量报警。
- 组态模拟量报警。
- 组态报警归档组态。
- 组态报警显示及过滤。
- 组态声音报警。

7.1 WinCC消息的生命周期

WinCC消息系统负责消息整个生命周期的管理。

7.1.1 消息系统介绍

当生产过程出现异常时（如电机故障、液位高过限制值），WinCC消息系统可以将这些异常信息以不同的颜色和方式（闪烁）显示在WinCC画面中，并触发报警声响，以提醒相关操作人员。操作人员根据报警信息和不同的声音可以快速定位到报警源，以尽快解决故障。也可以查询出相关报警消息记录，用来分析故障原因。

WinCC主动监视生产过程中的数据（二进制变量及模拟量变量）并与设定的触发条件相比较，满足设定条件则触发报警消息。PLC也可以将监视到的报警消息传送到WinCC消息系统。这些报警消息可以显示在WinCC消息视图中，也可以通过报表打印报警消息。同时一些重要的消息可以存储在WinCC后台数据库中，以方便后续查询。

7.1.2 消息的生命周期

WinCC消息的整个生命周期包括以下几个阶段。

1. 消息的触发

WinCC项目启动后，消息系统中使用到的变量（消息变量）就会被注册到WinCC数据管理器中。变量管理器通过相应的通信驱动程序，从过程控制器（PLC）中读取这些变量的值，如图7-1所示。

WinCC报警运行系统会监视对应变量的变化，并比较新值和旧值，当满足组态的报警

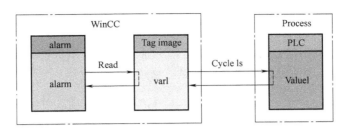

图 7-1 消息变量的读取

条件（离散量的上升沿或下降沿，模拟量的上下限值）时触发报警消息。

2. 消息的输出

触发的报警消息会在画面的消息视图（WinCC 消息视图）中显示出来，如图 7-2 所示，以提醒操作人员注意。

	日期	时间	编号	状态	消息文本	类别	类型	泵转速	当前用户名
1	25/05/18	11:13:00 下午	104		液位低低报警，限制值液位报警	超限故障			operater1
2	25/05/18	11:24:40 下午	1		泵漏夜报警	开关量报警	泵	0	operater1
3	25/05/18	11:27:40 下午	101		液位高高报警，限制值液位报警	超限故障			
4	25/05/18	11:28:54 下午	2		泵振动大报警	开关量报警	泵	410	operater1
5	25/05/18	11:28:54 下午	3		泵卡死报警	开关量报警	泵	410	operater1
6									

图 7-2 消息视图

同时，报警消息可以触发声音输出设备，进行声音报警。

3. 消息的确认

操作人员可以通过报警控件或变量确认消息。消息被确认后相应的闪烁提示和报警声音将会停止。

4. 消息的归档

如果消息使能了"被归档"属性，那么这条消息将被存储到后台数据库中，方便以后查询。

7.1.3 实时消息和归档消息

当前被激活的消息称为实时消息。实时消息可以在 WinCC 消息视图中的消息列表中显示，也可以触发声音报警。

如图 7-3 所示，当选择单个消息的"被归档"属性后，这条消息将被保存在 WinCC 后台数据库中，成为归档消息。归档消息显示在 WinCC 消息视图中的归档消息列表中。

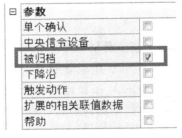

图 7-3 单个消息归档

7.2 WinCC 消息的触发

WinCC 中的消息包括离散量消息、模拟量消息、系统消息、AS 消息和操作员消息 5 种类型。每种类型的消息的触发方式都不同。

7.2.1　离散量消息

在 WinCC 中，由二进制变量或者无符号整型变量（无符号 8 位、无符号 16 位、无符号 32 位）中的某一位触发的消息称为离散量消息。如图 7-4 所示。可以为离散量消息指定是在信号的上升沿还是下降沿触发的离散量消息，如图 7-5 所示。

图 7-4　离散量消息的变量选择　　　　　　图 7-5　下降沿触发离散量消息

> **提示**：消息系统的消息变量、确认变量和过程值变量的默认更新时间是 1s，这个更新时间可以在注册表中修改。关于如何更改 WinCC 消息记录的采集周期的详细组态步骤，请参考条目 ID 22269712。需要注意的是，加快更新频率会导致系统负担增加。

需要注意：S7 PLC 中字中的字节高低顺序是交换的。如图 7-6 所示，消息变量 "alarm_tag" 的地址为 MW0，消息位为 8，则这条消息在 M0.0 为 1 时被触发。因为 MW0 的第 8 位为 M0.0，如图 7-6 所示。

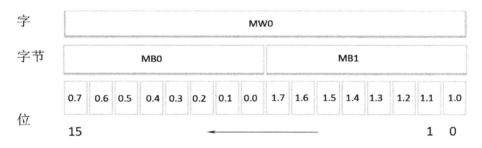

图 7-6　字节顺序

7.2.2　模拟量消息

由 WinCC 模拟量触发的超过限制值、值相同以及值不同的消息称为模拟量消息。

在 WinCC 报警记录编辑器中的 "限值监视" 下，选择需要监视的模拟量变量，然后在监视的变量下选择消息触发方式，如图 7-7 所示。

WinCC 模拟量报警支持 4 种比较方法：上限、下限、值相同和值不同。比较值支持常数和变量。模拟量消息号（消息编号）需手动输入，并且消息号需要唯一，如图 7-7 中的 "消息号" 列。

如图 7-8 所示，模拟量消息可以设定延迟触发时间、触发滞后量以及变量状态不正常时是否触发消息。其中，滞后分为绝对滞后和相对滞后。绝对滞后是取消 "滞后百分比"，在 "滞后" 条目下设置滞后量，绝对滞后的用法见表 7-1。相对滞后是选择 "滞后百分比"，在

“滞后”条目下设置滞后量，相对滞后的用法见表 7-2。

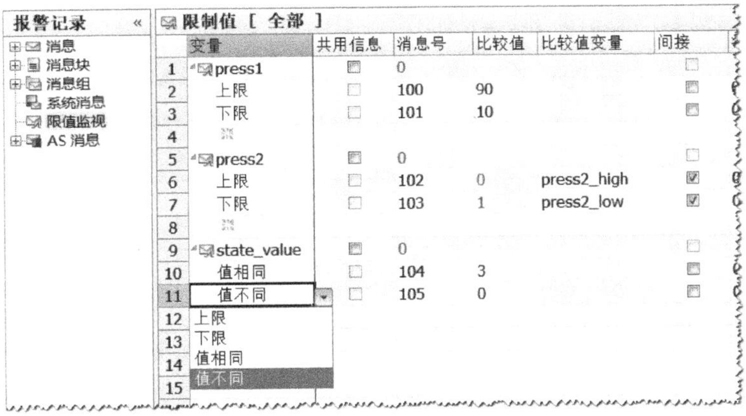
报警记录
消息
消息块
消息组
系统消息
限值监视
AS 消息
限制值 [全部]
变量
共用信息
消息号
比较值
比较值变量
间接
press1
上限
下限
press2
press2_high
press2_low
state_value
值相同
值不同

图 7-7　模拟量消息

> **提示：**消息编号中不得包含字母、空格和特殊字符。
>
> 离散量消息和模拟量消息的消息编号可使用以下范围内的数字：
>
> 1～999999、1020000～1899999、3000000～3999999、5000000～12508140 以及 12508142～536870911。
>
> 其它范围的数字是为 WinCC 系统消息、其它组件和 WinCC 选项预留的。

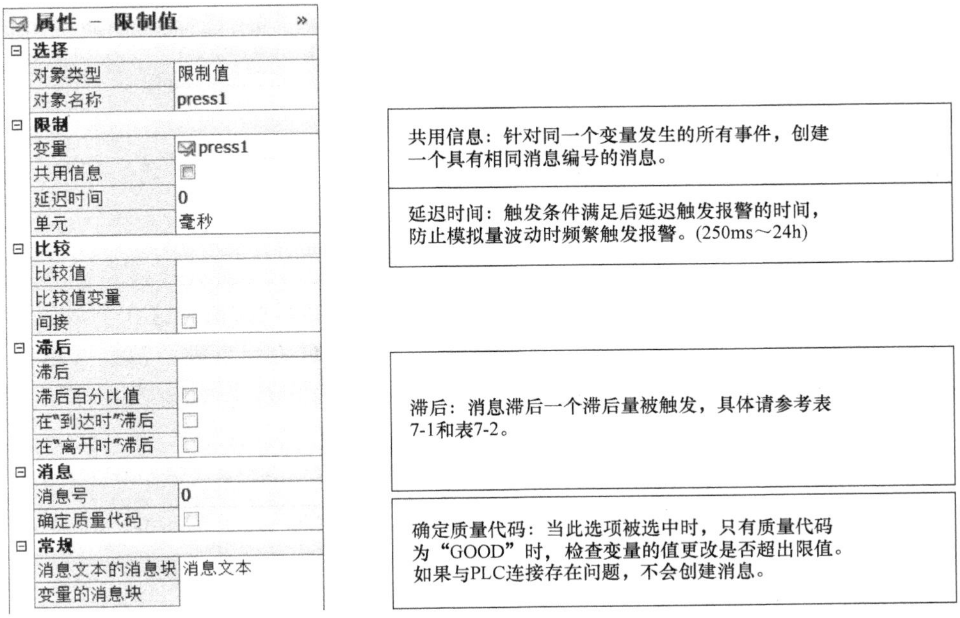
属性 － 限制值
选择
对象类型　限制值
对象名称　press1
限制
变量　press1
共用信息
延迟时间　0
单元　毫秒
比较
比较值
比较值变量
间接
滞后
滞后
滞后百分比值
在"到达时"滞后
在"离开时"滞后
消息
消息号　0
确定质量代码
常规
消息文本的消息块　消息文本
变量的消息块
共用信息：针对同一个变量发生的所有事件，创建一个具有相同消息编号的消息。
延迟时间：触发条件满足后延迟触发报警的时间，防止模拟量波动时频繁触发报警。(250ms～24h)
滞后：消息滞后一个滞后量被触发，具体请参考表7-1和表7-2。
确定质量代码：当此选项被选中时，只有质量代码为“GOOD”时，检查变量的值更改是否超出限值。如果与PLC连接存在问题，不会创建消息。

图 7-8　模拟量限制值属性

如图 7-9 所示，组态限制值后，切换到“消息”选项卡，组态其它信息。

表 7-1　绝对滞后的用法举例

编号	带有"已到达"的滞后	带有"已离开"的滞后	结果
	变量:Tag,上限:100,绝对滞后:10		
1	√	×	Tag>(100+10)触发消息,Tag<100 消息离开
2	√	√	Tag>(100+10)触发消息,Tag<(100-10)消息离开
3	×	√	Tag>100 触发消息,Tag<(100-10)消息离开

表 7-2　相对滞后的用法举例

编号	带有"已到达"的滞后	带有"已离开"的滞后	结果
	变量:Tag,上限:100,相对滞后:10%		
1	√	×	Tag>(100+100*10%)触发消息,Tag<100 消息离开
2	√	√	Tag>(100+100*10%)触发消息,Tag<(100-100*10%)消息离开
3	×	√	Tag>100 触发消息,Tag<(100-100*10%)消息离开

图 7-9　模拟量消息

模拟量消息的组态信息中包含消息的限制值、滞后值和触发数值,这 3 个数值可以在消息的消息文本中调用。例如,当 WinCC 模拟报警的触发变量为浮点数,消息文本设置如图 7-10 所示（@1@ :限制值,@2@:滞后值,@3@:触发数值）。消息文本显示如图 7-11 所示。

图 7-10　模拟量消息文本

	日期	时间	编号	消息文本
1	05/03/18	09:37:10 上	100	限制值 80.000000 超出上限: 98.000000
2				

图 7-11　消息文本显示

可以按图 7-12 所示调整过程值小数点的个数，在消息文本中加入"3.1"（表示显示 2 位整数，1 位小数）。消息显示结果如图 7-13 所示。

图 7-12 调整格式

图 7-13 调整格式后的消息

7.2.3 系统消息

WinCC 运行系统本身生成的消息，用来监视 WinCC 各个组件的运行情况。例如，WinCC 通信连接的断开和建立分别对应编号为 1000204 和 1000205 的系统消息。系统消息由运行系统中不同的 WinCC 组件触发，例如 WinCC 通信状态、服务器和客户机连接状态等。

如图 7-14 所示，系统消息显示在独立的文件夹"系统消息"文件夹下，需要手动选择要使用的系统消息。切换到"消息"选项卡，可以看到已经选择的系统消息，如图 7-15 所示。

图 7-14 系统消息

提示：可以在"已使用"列标题上右键单击，选择"全选"，选择所有的系统消息。

7.2.4 AS 消息

AS 消息是指直接从 PLC（控制器）上传到 WinCC 的报警消息，这些报警消息带的是 PLC 的时间戳。

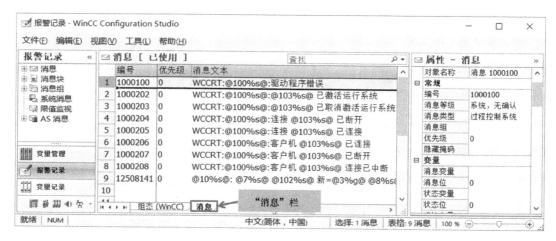

图 7-15　WinCC 中的系统消息

AS 消息的优点有以下两点：

- PLC 基于事件主动上发消息，总线通信负载占用少。
- 消息使用 PLC 时间戳或自定义时间戳，具有更准确和更高的时间精度。

PLC 可以将本身的故障信息（AS 系统消息）上传到 WinCC（例如，远程子站掉站、IO 模块故障），也可以将程序中一些关键的变量的报警信息（AS 编程报警）上传到 WinCC。

下面分别介绍两种用法的组态。

1. WinCC 读取 AS 系统消息

当 WinCC 和 S7-1500 建立通信后，在 WinCC 报警记录中，通过"从 AS 加载"读取 S7-1500 系统报警，如图 7-16 所示。

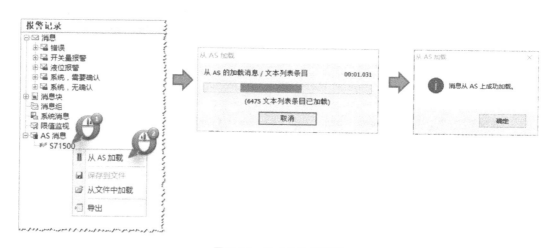

图 7-16　从 AS 加载消息

如图 7-17 所示，在列表中选择需要的 AS 消息或者在"已使用"列标题上右键，然后在弹出菜单上选择"全选"，选中所有消息。

图 7-17 所示表格：

	已使用	AS 中的编号消息块		消息文本 (CHS)
1	☐	1	Info Report AP	简称: @6W%t#260K@ 订货号: @6W%t#265K@
2	☐	2	Info Report AP	简称: @6W%t#260K@ 订货号: @6W%t#265K@
3	☐	3	Info Report AP	简称: @6W%t#260K@ 订货号: @6W%t#265K@
4	☐	4	Info Report AP	简称: @6W%t#260K@ 订货号: @6W%t#265K@
5	☐	5	Info Report AP	简称: @6W%t#260K@ 订货号: @6W%t#265K@
6	☐	6	Info Report AP	简称: @6W%t#260K@ 订货号: @6W%t#265K@
7	☐	7	Info Report AP	简称: @6W%t#260K@ 订货号: @6W%t#265K@
8	☐	8	Info Report AP	简称: @6W%t#260K@ 订货号: @6W%t#265K@
9	☐	9	Info Report AP	简称: @6W%t#260K@ 订货号: @6W%t#265K@
10	☐	10	Info Report AP	简称: @6W%t#260K@ 订货号: @6W%t#265K@
11	☐	11	Info Report AP	简称: @6W%t#260K@ 订货号: @6W%t#265K@
12	☐	12	Info Report AP	简称: @6W%t#260K@ 订货号: @6W%t#265K@
13	☐	13	Info Report AP	简称: @6W%t#260K@ 订货号: @6W%t#265K@
14	☐	14	Info Report AP	简称: @6W%t#260K@ 订货号: @6W%t#265K@
15	☐	15	Info Report AP	简称: @6W%t#260K@ 订货号: @6W%t#265K@
16	☐	16	Info Report AP	简称: @6W%t#260K@ 订货号: @6W%t#265K@
17	☐	17	Info Report AP	简称: @6W%t#260K@ 订货号: @6W%t#265K@
18	☐	18	Info Report AP	简称: @6W%t#260K@ 订货号: @6W%t#265K@
19	☐	19	Info Report AP	简称: @6W%t#260K@ 订货号: @6W%t#265K@
20	☐	20	Info Report AP	简称: @6W%t#260K@ 订货号: @6W%t#265K@
21	☐	21	Info Report AP	简称: @6W%t#260K@ 订货号: @6W%t#265K@

AS 消息 / AS 文本列表 / 消息 / 文本列表

图 7-17 选择 "AS 消息"

2. AS 编程报警

S7-1500 使用 Program_Alarm 块上传单个消息到 WinCC。调用结果如图 7-18 所示。

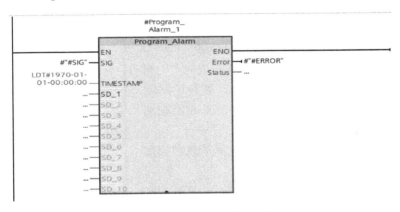

图 7-18 Program_Alarm 块

在 S7-1500 中, 消息的属性可以在 "PLC 监控和报警" 中进行设置, 如图 7-19 所示。

图 7-19 PLC 监控和报警

在 S7-1500 中, 使用 Program_Alarm 上传消息的详细步骤, 请参考本章的应用示例。

> **提示：**
> S7-1200 不支持 Program_Alarm 块。
> 关于 S7-300/400 编程上传消息的详细组态步骤请参考条目 ID 23730649。

7.2.5　操作员消息

生产过程中有一些重要的设备和数据，在操作这些对象时，需要操作人员在操作过程输入操作消息，并且这些操作和输入消息将会被 WinCC 消息系统记录下来。

关于操作员消息的详细介绍请参考第 15 章审计追踪。

7.3　WinCC 消息的状态

WinCC 报警消息有 4 种状态，分别为空闲、到达、确认和离开。

- "空闲"状态：该状态是消息的源状态，表明当前该消息没有被触发。
- "到达"状态：该状态表明消息被触发，但还没有被确认（对于需要确认的消息）。
- "离开"状态：该状态仅存在于需要确认的消息，当前该消息的触发条件已经不存在，并且消息还没有被确认。
- "确认"状态：该状态仅存在于需要确认的消息，该消息已经被触发并且已经被确认的状态。

下面以不同的确认机制为例进行说明消息所经过的状态。

> **提示：** 消息的确认机制是在消息类型属性中设定的。请参考后面消息类型的信息。

7.3.1　"确认到达" 和"确认离开" 的消息

如果同时选择了消息中的 "确认'已进入'"和"确认'已离开'"选项，如图 7-20 所示。这种情况下消息的到达和离开状态都需要确认之后，消息才能在消息列表中消除。

消息经过的状态如图 7-21 所示，对应的消息归档如图 7-22 所示。

也可以同时确认"到达"和"离开"，此时消息经过的状态如图 7-23 所示。

□	**确认理论**	
	确认"已进入"	☑
	确认"已离开"	☑
	闪烁开	□
	只为初始值	□
	无"已离开"状态	□
	唯一用户	□
	注释	□

图 7-20　"确认到达" 和"确认离开"

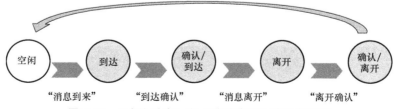

图 7-21　"确认到达" 和"确认离开"的消息状态

8	17/05/18	04:21:10 下午	2	已到达
9	17/05/18	04:21:36 下午	2	已确认
10	17/05/18	04:21:44 下午	2	已离开
11	17/05/18	04:21:56 下午	2	已确认

图 7-22　消息归档

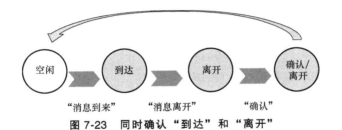

图 7-23　同时确认"到达"和"离开"

7.3.2　"确认到达"的消息

如果只选择了消息中的"确认'已进入'"选项，如图 7-24 所示。这种情况下消息到达后需要确认，之后消息才能在消息列表中消除。消息经过的状态如图 7-25 所示，对应的消息归档记录如图 7-26 所示。

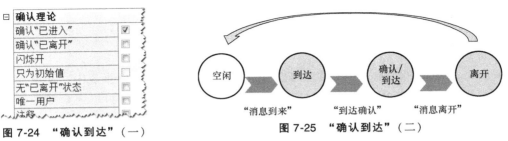

图 7-24　"确认到达"（一）　　　　　　图 7-25　"确认到达"（二）

还有一种情况是消息到达后，在被确认前触发条件就消除了（离开），这时消息的状态是"已到达/已离开"。这种情况下，消息变成离开状态后，同样也需要对到达状态进行确认，之后消息才能从消息列表中消失，如图 7-27 所示。

图 7-26　消息归档　　　　　　　　　　图 7-27　到达确认

7.3.3　不带"确认到达"的消息

对于既没有选择"确认'已进入'"，也没有选择"确认'已离开'"的消息，当触发条件消除了之后，消息就直接从消息列表中消失，如图 7-28 所示。

7.3.4　"不带离开"的消息

如果消息不带离开状态，那么消息的"离开"事件不会被记录下来，如图 7-29 所示。

消息归档中不记录"离开"事件，如图 7-30 所示。

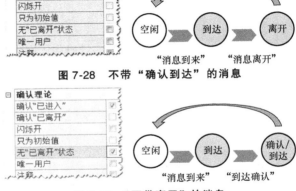

图 7-28　不带"确认到达"的消息

图 7-29　"不带离开"的消息

7.3.5 无"确认到达"并且"不带离开"的消息

如果只选择了消息中的"无'已离开'状态"选项，如图 7-31 所示。这种情况下，消息不会显示在消息列表中，只能在消息归档中查看。

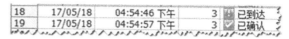

图 7-30　消息归档

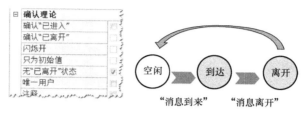

图 7-31　取消"确认到达"+"不带离开"

7.4　WinCC 消息的显示及输出

WinCC 的消息可以显示在画面中的消息视图中，也可以输出到报表中。其中，模拟量消息还可以显示在对应模拟量的实时曲线上。同时，WinCC 消息还可以声音报警的方式提醒操作人员注意。

> **提示**：本书中提到的"消息视图""报警视图""报警控件"以及"WinCC 消息视图"是指同一个对象。

7.4.1 消息视图

使用消息视图（WinCC 消息视图）可以在 WinCC 运行系统中显示报警消息，如图 7-32 所示。

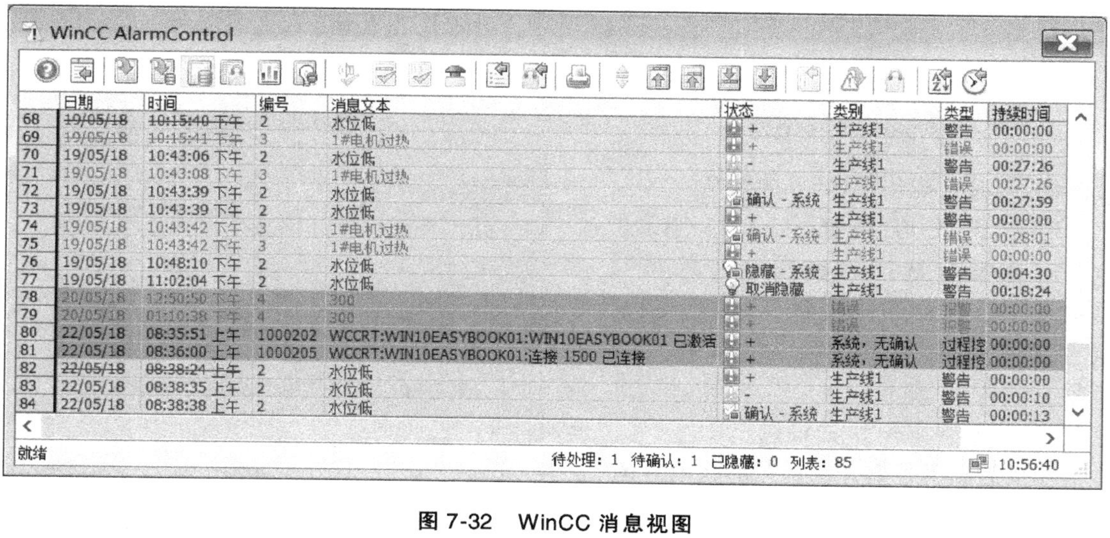

图 7-32　WinCC 消息视图

WinCC 消息视图具有以下作用。

- 显示消息列表（实时报警消息）。

- 显示短期/长期消息归档。
- 导出消息到文件。
- 确认报警消息。
- 过滤报警消息。
- 统计报警消息。

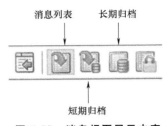

图 7-33 消息视图显示内容

1. 消息显示

WinCC 消息视图包括消息列表、短期归档列表和长期归档列表。可以使用工具栏按钮切换，如图 7-33 所示。

- 消息列表。显示实时消息，即当前存在的消息。
- 短期归档列表。显示归档消息而且是自动更新的，即系统会立即更新新进入的消息。
- 长期归档列表。显示归档的消息但不会自动更新，需要手动更新新进入的消息。

2. 每页显示的消息条数

在 WinCC 消息视图的属性窗口"常规"选型卡下，可以设置每页显示的消息数目（每页最多 1000 条），以及是否启用翻页功能，如图 7-34 所示。

图 7-34 消息视图的"常规"

> **提示**：每个 WinCC 服务器或者单机最多可以组态 15 万条报警消息。

在默认情况下，翻页工具不显示在工具栏中，而需要手动选择，如图 7-35 所示。

3. 显示内容

（1）单个消息的结构

WinCC 消息视图是表格的形式分行显示消息。表格中的每一行为一条消息，每一列代表一个消息块。每一条消息都是由多个消息块组成的。消息块包括系统块、过程值块和用户文本块，如图 7-36 所示。

图 7-35　翻页工具

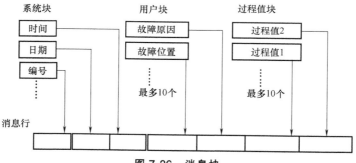

图 7-36　消息块

● 系统块：提供系统信息，如当前时间、消息状态和信息文本等。

● 用户文本块：提供常规信息和便于识别的文本，例如出错位置和消息源（最多10 个）。

● 过程值块：显示消息关联变量的数值，每条消息最多关联 10 个过程变量。

在报警记录编辑器中，可以选择需要的消息块，如图 7-37 所示，没有选择的消息块不会被记录下来。

（2）消息视图选择显示内容

使能"应用项目设置"选项后，WinCC

图 7-37　选择消息块

消息视图使用"报警记录"中的组态数据且无法修改，如图 7-38 中的①。然后在"消息列表"中，选择需要显示的内容，如图 7-38 中的②，最后结果如③。

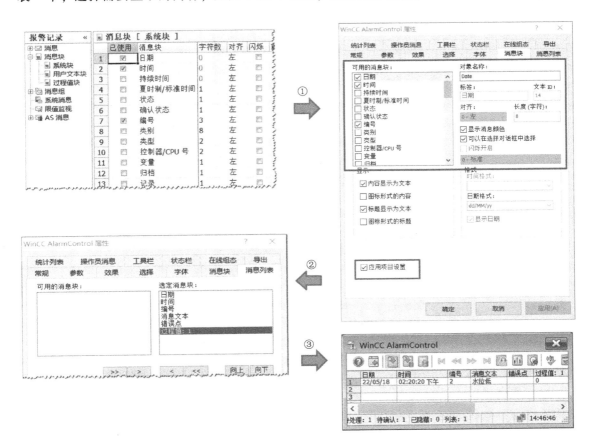

图 7-38 "应用项目设置"

如果需要自定义 WinCC 报警视图的消息块，则可以取消"应用项目设置"选项。例如，取消"应用项目设置"后，可以自定义消息块长度，如图 7-39 所示，将"状态"的长度从 1 改为 8。WinCC 报警视图中相应列的宽度也会相应地调整，如图 7-40 所示。

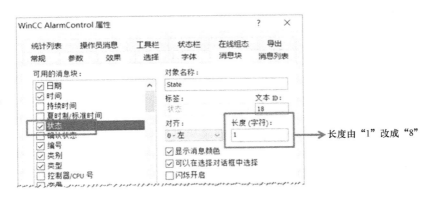

图 7-39 修改块长度

图 7-40 列宽调整

（3）在消息文本中显示消息过程值

在消息属性中，可以为消息关联过程变量，如图 7-41 所示。

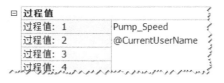

图 7-41 消息关联过程变量

过程值块可以在消息文本中引用，格式指令的结构始终为"@ x%（Width. Precision）y@"。其中：

• "x"是 1 到 10 之间的数字，代表过程值 1 到过程值 10。

• "Width. Precision"为可选项，代表"数值显示位数．小数位数"。

• "y"代表格式。d：有符号十进制；u：无符号十进制；x：十六进制；f：有符号浮点数；s：字符串。

例如，消息的过程值 1 关联了"泵的转速"变量，引用过程值块 1 的消息文本可以写为"泵振动过大，当前泵的转速为@ 1%d@"，实际报警文本如图 7-42 所示。

| 29/05/18 | 01:45:34 下午 | 2 | | 泵振动过大，当前泵的转速为410 |

图 7-42 消息文本中引用过程值

4. 消息排序

在 WinCC 报警控件中，可以根据选择的消息块对显示的消息进行排序。

在消息视图属性窗口"消息列表"选项卡下，单击图 7-43"排序"中的"编辑"按钮，可以按照消息列表中的字段对消息进行排序。

5. 消息过滤

在图 7-43 中，"选择"和"固定选择"按钮，可以对消息视图的显示消息进行过滤。

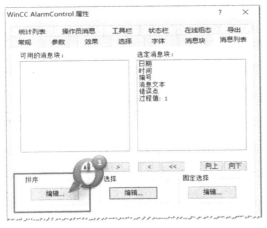

图 7-43 消息排序

"选择"和"固定选择"的区别如下:
- "选择"和"固定选择"都可以设定过滤条件。
- "选择"设定的过滤条件,可以在运行系统中选择/取消。
- "固定选择"设定的过滤条件,无法在运行系统中取消。

(1) 编辑过滤条件

可以根据已经选择的消息块进行过滤,如图 7-44 所示,是使用"日期/时间"进行过滤的。也可以使用不同的消息块创建多个过滤条件,如图 7-45 所示。

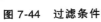

图 7-44 过滤条件

图 7-45 多个过滤条件

创建的过滤条件列表,如图 7-46 所示。

图 7-46 过滤条件列表

　　在 WinCC 运行系统中，可以在消息视图中使用"选择对话框"选择过滤条件，可以选择一个或多个过滤条件，如图 7-47 所示。

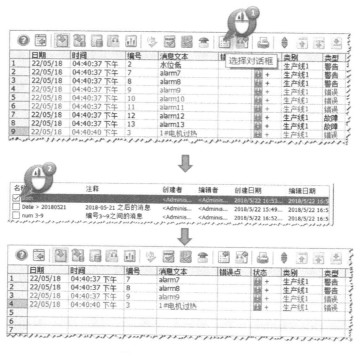

图 7-47　选择过滤条件

（2）"MsgFilterSQL"属性

　　WinCC 消息视图的"MsgFilterSQL"属性保存的是消息过滤条件，比如选择上面的"Both"过滤条件后，"MsgFilterSQL"属性如图 7-48 所示。表 7-3 中列出了"MsgFilterSQL"可用的过滤关键字。

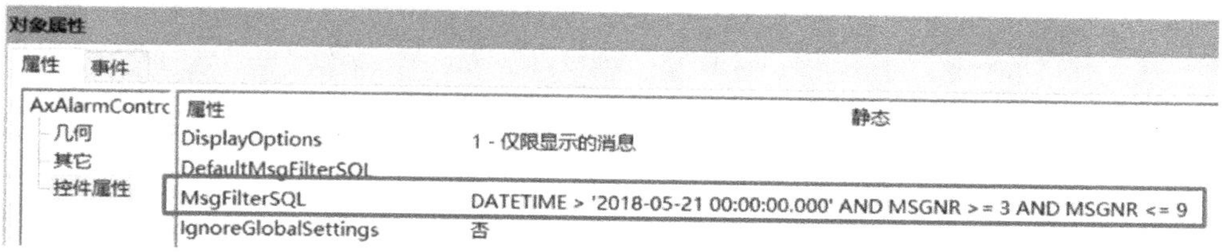

图 7-48　"MsgFilterSQL"属性

表 7-3　可用的过滤关键字

名称	SQL 名称	类型	数据	实例：
日期/时间	DATETIME	日期	' YYYY-MM-DD hh:mm:ss. msmsms '	DATETIME>=' 2007-05-03 16:00:00.000' 输出自 2007/05/03 16:00 后的消息
编号	MSGNR	整型	报警编号	MSGNR >= 10 AND MSGNR <= 12 输出消息号为 10-12 的消息
类别/类型	CLASS IN AND TYPE IN	整型	一消息类别 ID 1-16 和系统消息 类别 17+18	CLASS IN（1）AND TYPE IN（2）

（续）

名称	SQL 名称	类型	数据	实例:
类别/类型	CLASS IN AND TYPE IN	整型	—消息类型 ID 1-256 和系统消息类型 257、258、273、274	输出消息类别 1、消息类型 2 的消息
状态	STATE	整型	值"ALARM_STATE_xx" 仅允许操作符"＝"和"IN (…)"	STATE IN(1,2,3) 输出所有已进入、离开和确认的消息
			ALARM_STATE_1	1＝进入的消息
			ALARM_STATE_2	2＝离开的消息
			ALARM_STATE_3	3＝确认的消息
			ALARM_STATE_4	4＝锁定的消息
			ALARM_STATE_10	10＝隐藏的消息
			ALARM_STATE_11	11＝显示的消息
			ALARM_STATE_16	16＝由系统确认的消息
			ALARM_STATE_17	17＝紧急确认的消息
优先级	PRIORITY	整型	消息优先级 0 - 16	PRIORITY >= 1 AND PRIORITY =< 5 输出优先级介于 1 和 5 之间的消息
AS 编号	AGNR	整型	AS 编号	AGNR >= 2 AND AGNR <= 2 输出 AS 编号为 2 的消息
CPU 编号	AGSUBNR	整型	AG 子编号	AGSUBNR >= 5 AND AGSUBNR <= 5 输出 AG 子编号为 5 的消息
实例	实例	文本	实例	—
块:1 ... 块:10	TEXTxx	文本	Text1- Text10 的搜索文本	TEXT2＝"Error" 输出其 Text2 对应文本"Error"的消息
				TEXT2 IN ('Error','Fault') 输出其 Text2 对应文本"Error"或"Fault"的消息
				TEXT2 LIKE 'Error' 输出其 Text2 包含文本"Error"的消息
过程值:1 ... 过程值:10	PVALUExx	双精度型	PVALUE1-PVALUE10 的搜索值	PVALUE1 >= 0 AND PVALUE1 <= 50 输出具有起始值 0 和终止值 50 的过程值 1

这样就可以在脚本中设置消息视图的"MsgFilterSQL"属性，从而过滤显示的消息。例如，根据消息类别过滤消息的 C 脚本，如图 7-49 所示。

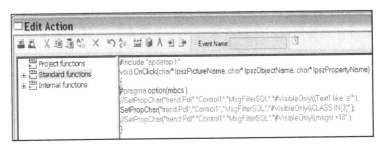

图 7-49　过滤消息的 C 脚本

关于如何使用 WinCC 消息视图的 "MsgFilterSQL" 属性，执行过滤显示消息的详细信息，请参考条目 ID 5668269。

6. 确认消息

消息视图工具栏中的 "单个确认" 和 "组确认" 都是用来确认消息的，如图 7-50 所示。

图 7-50　确认按钮

"单个确认" 可以确认选中的单个消息。

"组确认" 可以确认消息窗口中所有需要确认的可见消息，除非这些消息需要单独确认。

如果消息使能了 "单个确认" 选项，如图 7-51 所示，则必须使用 "单个确认" 按钮单独确认该消息。无法使用 "组确认" 按钮进行确认。

7. 导出消息

可以通过消息视图上的 "导出" 工具将 WinCC 消息视图中显示的消息导出到文件，导出支持 csv 文件格式，如图 7-52 所示。

图 7-51　单个确认消息

图 7-52　消息导出

7.4.2　在趋势视图中显示模拟量消息

在 WinCC V7.4 SP1 中，可以在趋势视图（WinCC Online TrendControl）中的在线曲线上显示对应的模拟量消息。趋势视图的数据源选择 "在线变量" 并使能 "显示报警"，设定如图 7-53 所示。

这样就可以在曲线上显示 "在线变量" 的模拟量报警消息，如图 7-54 所示。

图 7-53　在线趋势显示报警消息的组态

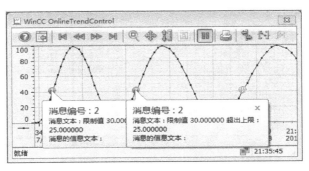

图 7-54 在线趋势显示报警消息

7.4.3 消息类别和消息类型

如果要对 WinCC 消息进行分类，例如以不同颜色显示不同类型的消息或只显示一种类型的消息时，就需要设置消息的"消息类别"和"消息类型"，如图 7-55 所示。

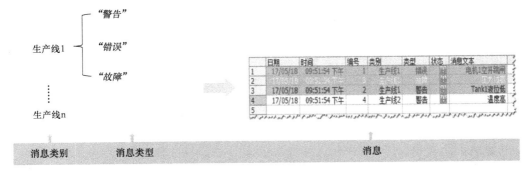

图 7-55 消息类别和消息类型

"消息类别"和"消息类型"用于对 WinCC 中的消息进行分类。读者可以根据实际需要对消息进行分类，例如，图 7-56 是按设备和消息的严重级别（报警、警告和故障）分类，图 7-57 是按消息的严重级别和消息类型（电气和机械）分类。

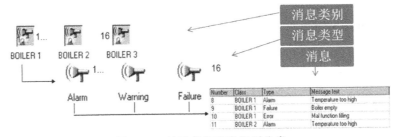

图 7-56 按设备和消息级别分类

1. 消息类别

在 WinCC 中，可定义多达 18 个消息类别，包括 16 个自定义的消息类别和 2 个预设的系统消息类别（"系统，需要确认"及"系统，无确认"）。

消息类别有对应的"状态变量"、"锁定变量"和"确认变量"，如图 7-58 所示。关于这些变量的作用请参考下面消息类型中的介绍。

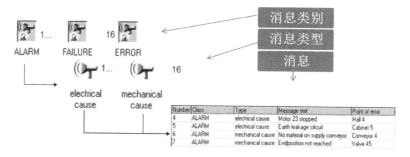

图 7-57　按消息级别和消息类型分类

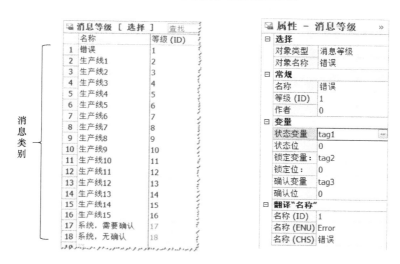

图 7-58　消息类别

> **提示**："等级（ID）"不是优先级的意思，只是消息类型（消息等级）的编号。

2. 消息类型

消息类型是消息类别的子组，在 WinCC 中可针对每个消息类别创建多达 16 个消息类型。在消息类型属性中可以定义报警的颜色、状态文本、确认状态等内容。消息类型属性如图 7-59 所示。

（1）确认理论

同一消息类型的所有消息都使用相同的确认原则。

- 确认离开和离开无状态不能同时激活。
- 激活确认离开，确认到达必须激活。

（2）变量

1）状态变量。每条单个消息在状态变量中占用 2 位，低位表示"到达/离开"，高位表示确认状态。

低位由状态位指定，高位 = 低位 + 状态变量位数/2。例如，图 7-60 中使用的状态变量"alarmstate"为无符号 16 位整数，状态位为 4。那么状态变量"alarmstate"的第 4 位代表消息"到达/离开"状态，第 12 位表示消息确认状态。如图 7-61 所示。

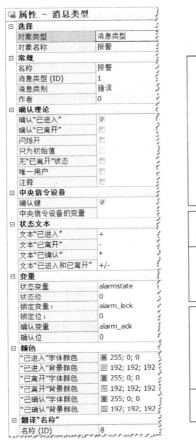

图 7-59　消息类型的属性

"确认理论"指定：

✓　消息"到达"是否需要确认？

✓　是否带"离开"状态？

　　如果是，消息"到达"是否需要确认？

✓　消息显示时是否闪烁？

"中央信令设备"：当消息产生时控制外部声音设备发声，确认后声音停止。

"状态文本"定义消息各个状态时的文本。

"状态变量"：当前消息类型是否有新消息以及消息是否被确认。

"锁定变量"：

"确认变量"：确认消息类型下的所有消息。

定义报警各个状态时的显示颜色。

2）确认变量

● 确认变量用于确认该消息类型下的所有单个消息。

● 消息离开后不会自动复位确认变量，需要手动复位。

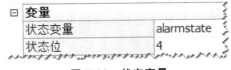

图 7-60　状态变量

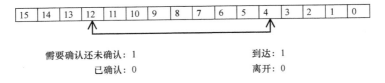

需要确认还未确认：1　　　　　　　　　　　　到达：1

已确认：0　　　　　　　　　　　　离开：0

图 7-61　状态变量的使用

3）锁定变量　。当不关心一部分消息的状态时，可以锁定它们。被锁定的消息将不会出现在消息列表、短期归档以及长期归档列表中，而只显示在单独的"锁定消息列表"中。可以使用图 7-62 中的"锁定消息列表"按钮打开锁定消息列表。

锁定消息有两种方式：

● 报警视图工具栏中的"手动锁定消息"按钮可以手动锁定在消息列表中选中的报警，如图 7-62 所示。

图 7-62　锁定消息按钮

● 使用"锁定消息对话框"按钮按消息类别、消息类型或消息组锁定/解锁消息，如图 7-63 所示。

被锁定的消息不进行消息判断。因此，解锁后消息的日期时间有中划线显示，如图 7-64 所示。代表日期时间和当前消息的状态不是对应的。

如果使用"锁定消息对话框"锁定了消息类型，则消息变量的指定位会被置位。

图 7-63　锁定消息对话框

	日期	时间	编号	消息文本	类别	类型
1	~~19/05/18~~	~~10:15:40~~ 下午	2	水位低	生产线1	警告
2	~~19/05/18~~	~~10:15:41~~ 下午	3	1#电机过热	生产线1	错误

图 7-64　解锁后的消息

使用锁定变量只可以反馈消息类型（或消息组）的锁定状态，而不能控制消息的锁定。

（3）报警颜色

报警消息的显示颜色是在消息所属的消息类型中定义的。如图 7-65 所示是两个属于不同消息类型的消息显示不同颜色的组态。

在 WinCC 报警视图中，可以设定哪些消息块使用消息颜色。例如，取消"日期"的"显示消息颜色"选择后，日期将以黑色显示，而不是设定的消息颜色，如图 7-66 所示。

（4）消息的闪烁

对于一些重要的报警消息，当消息到达时可以闪烁的方式提醒操作人员注意。消息闪烁的条件如下：

● 消息所属的消息类型使能"闪烁开"。

● WinCC 消息视图中需要闪烁的消息块使能"闪烁开启"，并选择闪烁方式。如图 7-67 所示。

（5）状态文本

消息的状态文本是在消息所属的消息类型中定义的。

WinCC 消息视图中可以选择显示消息状态的方式，以图标还是文本显示，也可以设定图标和文本同时显示，如图 7-68 所示。

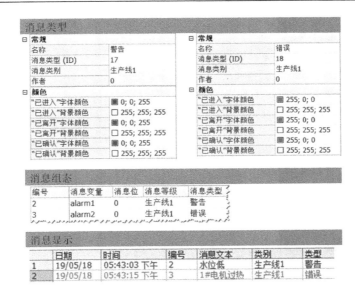

图 7-65 消息类型的颜色

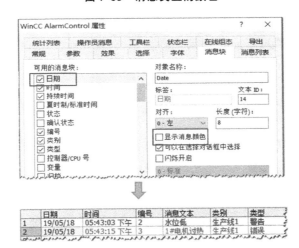

图 7-66 使用消息类型颜色

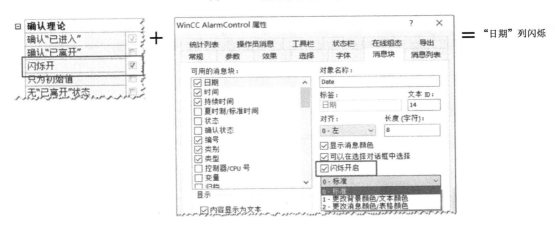

图 7-67 消息的闪烁

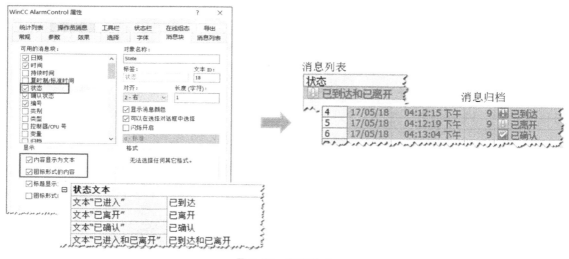

图 7-68 状态文本

7.4.4 消息组

单条消息除了属于消息类别和消息类型外，还可以属于某个消息组。使用消息组可以更方便地管理消息。消息组可以定义状态变量、确认变量、锁定变量和隐藏变量，如图 7-69 所示。其中状态变量、确认变量和锁定变量的使用方法与消息类别/类型相同，而隐藏变量仅存在于用户自定义的消息组中。

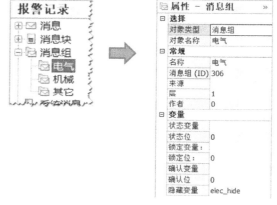

图 7-69 消息组

1. 消息的隐藏

两种隐藏消息的方法如下：

● 自动隐藏：通过设置隐藏掩码隐藏消息，可在隐藏列中使用手动取消隐藏。隐藏变量等于设定的掩码值时隐藏。

● 手动隐藏：通过控件上的"手动隐藏消息"按钮隐藏选中的消息。如果有组态隐藏变量可置位/复位隐藏变量隐藏/取消隐藏消息。

隐藏的消息可以在隐藏消息列表中查看，可以使用图 7-70 中的按钮调出隐藏消息列表。

图 7-70 隐藏消息

2. 隐藏变量

使用用户自定义消息组的隐藏变量可以为消息组的单个消息定义隐藏条件，即消息应何时在消息列表、短期归档列表和长期归档列表中自动隐藏。

例如，图 7-71 中定义编号为 2 的消息的隐藏掩码为"1；2"，并隶属于"电气"消息组。"电气"消息组的隐藏变量为"elec_hide"。

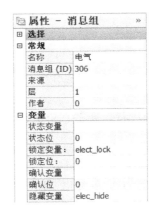

图 7-71 隐藏掩码

当"elec_hide"的值为 1 或 2 时,消息 2 将会被隐藏,如图 7-72 所示。当"elec_hide"的值不为 1 或 2 时,消息 2 又会被取消隐藏。

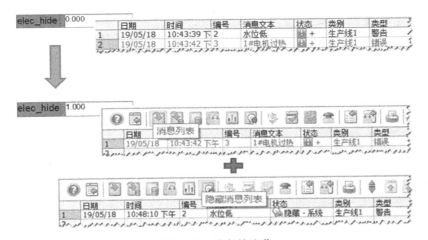

图 7-72 消息的隐藏

从图 7-72 可以看出,隐藏的消息不会显示在消息视图的消息列表、短期归档列表和长期归档列表中,只能在"隐藏消息列表"查看。并且这些消息的状态为"隐藏"。

7.4.5 声音报警

WinCC 提供了多种方法触发声音报警。

1. 报警器(Horn)

WinCC 报警器(Horn)组件可以监视指定的消息类别是否存在未确认的消息。如果有,则播放声音文件进行声音报警。报警器编辑界面包括两个部分。

● 消息分配:指定消息类别及其对应的二进制变量。当消息类别中存在未确认的消息时,对应的二进制变量将被置位,如图 7-73 所示。

● 信号分配:指定二进制变量及其对应的 .wav 格式的声音文件,如图 7-74 所示。当变量为 1 时,将会播放声音文件。

消息分配			
	消息类别	优先级	消息文本	变量
1	生产线1			signal10
2	生产线2			signal11
3				

图 7-73　消息分配

信号分配		
	变量	信号模块	声音
1	signal10	...	D:\wav\alarm1.wav
2	signal11		D:\wav\alarm2.wav

图 7-74　信号分配

提示：声音报警器在每次激活报警系统后 30s 启动，在此期间产生的报警不能激活声音报警。

2. 编程播放声音文件

在 WinCC 中，声音报警的另一种方法是使用 Windows API 函数 PlaySoundA 播放声音文件（ * . wav 文件）。关于 PlaySoundA 函数的详细信息请参考条目 ID 748844。

3. 中央信令设备

中央信令设备是连接 PLC 的声响设备，WinCC 可以通过 1 个二进制变量控制这个设备。

在消息类型属性中，激活"确认键"选项并设置中央信令设备的变量（二进制变量）。在单个消息属性中，选择是否使用中央信令设备，如图 7-75 所示。

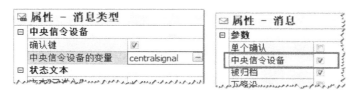

图 7-75　中央信令设备设置

- 置位中央信令设备。如果消息选择使用中央信令设备，则此消息到达后，中央信令设备变量被置 1（centralsignal = 1），声响设备将进行声音报警。

- 复位中央信令设备。如果在消息类型中没有选择"确认键"，则报警消息被确认或按下"确认中央信令设备"按钮，如图 7-76 所示，都可以复位中央信令设备（centralsignal = 0）。

如果消息类型中选择了"确认键"，则必须使用"确认中央信令设备"按钮才能复位中央信令设备。

图 7-76　确认中央信令设备

7.4.6　消息触发特定操作

当消息被触发时，可以进行一些特定的操作，例如，在 WinCC 消息视图中，直接打开消息对应的画面，也可以自动去触发 WinCC 标准函数 GMsgFunction。

1. 报警回路

消息的"报警回路"属性可以在输出消息时启动一个 WinCC 函数。

如果消息启用了"报警回路"功能，在消息被触发时通过消息视图上的"报警回路"

按钮，可以触发一个 WinCC 函数。这个函数及函数的参数分别在消息"函数名称"和"函数参数"属性中设定。如图 7-77 所示，这条消息被触发时，使用报警回路按钮即可打开"Alarm. pdl"画面。

"报警回路"按钮

图 7-77　报警回路

2. 消息触发动作

在 WinCC 项目中，使能了"触发动作"功能的消息被触发时（也就是消息状态改变，例如到达 、离开、被确认……），将会触发 WinCC 标准 C 函数 GMsgFunction，如图 7-78 所示。

GMsgFunction 函数的传入参数提供了一系列消息数据，包括消息状态、消息号及时间戳等，如图 7-79 所示。

GMsgFunction 函数可以在全局 C 脚本编辑器中的"Standard functions>Alarm>GMsgFunction"中找到。

可以修改 GMsgFunction 函数内容以实现自定义的功能。

关于 GMsgFunction 函数的详细信息请参考条目 ID 15350783。

图 7-78　"触发动作"属性

图 7-79　GMsgFunction 函数

7.4.7　消息报表

WinCC 消息视图对应一个默认的报表，可以将消息视图中的内容输出到报表中。另外，WinCC 消息系统还提供了将每条消息都自动输出到行式打印机的功能。

1. 默认消息报表

WinCC 消息视图设置好每列长度后，通过打印按钮可以打印当前报警消息，如图 7-80 所示。报表打印结果如图 7-81 所示。

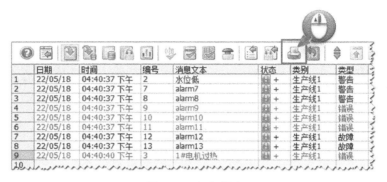

图 7-80　打印报表

	日期	时间	编号	消息文本	状态	类别	类型
1	22/05/18	04:40:37 下午	2	水位低	+	生产线1	警告
2	22/05/18	04:40:37 下午	7	alarm7	+	生产线1	警告
3	22/05/18	04:40:37 下午	8	alarm8	+	生产线1	警告
4	22/05/18	04:40:37 下午	9	alarm9	+	生产线1	错误
5	22/05/18	04:40:37 下午	10	alarm10	+	生产线1	错误
6	22/05/18	04:40:37 下午	11	alarm11	+	生产线1	错误
7	22/05/18	04:40:37 下午	12	alarm12	+	生产线1	故障
8	22/05/18	04:40:37 下午	13	alarm13	+	生产线1	故障
9	22/05/18	04:40:40 下午	3	1#电机过热	+	生产线1	错误

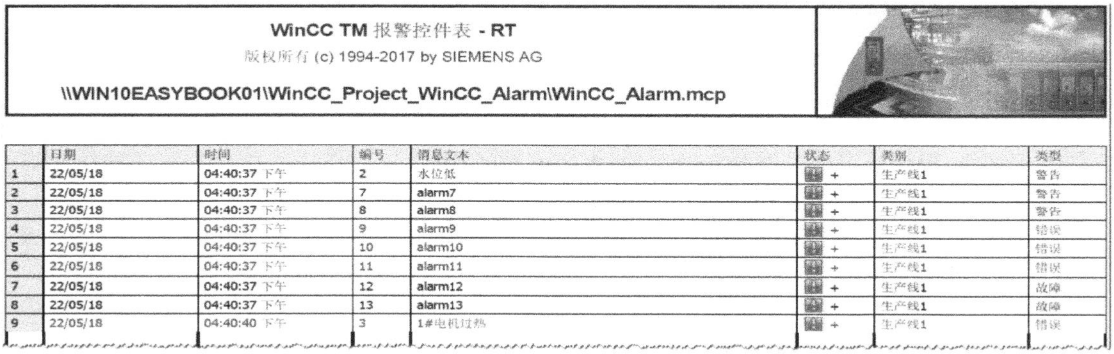

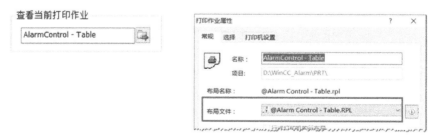

图 7-81　报表打印结果

提示：打印报表中每列的宽度是和控件属性中“消息块”长度对应的。

WinCC 消息视图对应的报表打印作业默认为“@ AlarmControl-Table”，对应的报表布局为“@ AlarmControl-Table. RPL”，如图 7-82 所示。

图 7-82　默认打印作业及布局

在报表布局中，使用“WinCC 控制运行系统打印提供程序. 表格”来连接当前的消息视图，如图 7-83 所示。

2. 消息顺序报表

有些场合下，每产生一条消息都需要输出到打印机。在 WinCC 中，"顺序报表"功能可以实现这个功能。前提条件是使用行式打印机（通常是 LPT 接口），并在 WinCC 启动列表中选择"消息顺序报表/SEQPROT"，如图 7-84 所示。

消息顺序报表对应的报表打印作业为"@ Report Alarm Logging RT Message sequence"，对应的报表布局为"@ CCAlgRtSequence. RP1"（. RP1 代表是行式打印布局），如图 7-85 所示。

图 7-83　默认布局

图 7-84　消息顺序报表

图 7-85　行式打印作业

7.5　WinCC 消息归档

所有选择"被归档"的单个消息都会被存储到消息归档中，如图 7-86 所示。消息归档的目的是将一段时间内的重要的报警消息存储起来，方便需要时查看。

7.5.1　消息归档原则

为了将消息进行归档，WinCC 使用了大小可组态的周期性循环归档，如图 7-87 所示。

- 每个分段都是一个归档文件，总的分段数是在归档组态时进行设置的。
- 当总的分段数达到设定数值后，再创建新的分段时会删除最旧的分段。

WinCC 归档文件总是存储在本地计算机上的 WinCC 项目文件夹中，如图 7-88 所示。

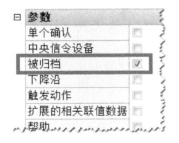

图 7-86 消息归档

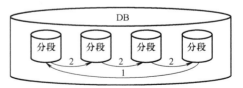

图 7-87 周期性循环的归档

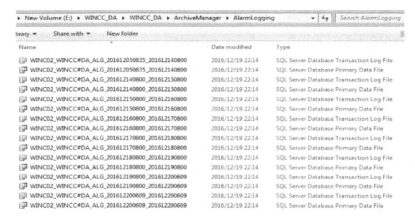

图 7-88 消息归档文件

提示：归档中存储的时间为 UTC 时间（世界标准时间）。

7.5.2 归档组态

WinCC 消息归档包含多个片段。在 WinCC 中，可以对消息归档的大小/时间以及单个片段的大小/时间进行组态，如图 7-89 所示。

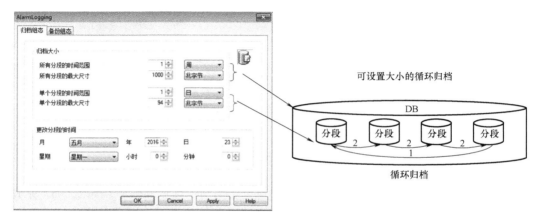

图 7-89 归档组态

如果超出"所有分段的时间范围"或"所有分段的最大尺寸"中的任意一个标准，则启动新的分段并删除最旧的分段。

如果超出"单个分段的时间范围"或"单个分段的最大尺寸"中的任意一个标准，则将启动一个新的单个分段。

"更改分段的时间"定义产生新分段的时间。以图 7-89 中的组态为例，单个分段时间范围为 1 日，更改分段时间是"小时 0 分钟 0"，即在每天的第 0 分钟 0 秒时创建新的分段。

提示：归档（报警归档、快速归档、慢速归档）不能多于 200 个分段！详细信息请参考条目 ID 34473263。

7.5.3 备份组态

在做项目时，早期的历史报警没必要连接到 WinCC 运行数据库里，可以放到备份文件夹下。这是基于以下两点考虑。

● 当 WinCC 运行系统加载的归档数据过多时，会影响 WinCC 的运行速度。

● 早期的历史报警用到的几率比较少，使用时再去链接备份归档。

1. "备份到两个路径"

WinCC 的归档可以备份到两个文件夹下（激活"备份到两个路径"），这两个文件夹同时保存 WinCC 归档数据，以提高可靠性，如图 7-90 所示。

归档分段文件完成 15min 后或达到分段最大尺寸，归档文件将被复制到备份文件夹。

图 7-90　归档备份组态

2. "签署激活"

选中"签署激活"复选框。WinCC 与备份归档重新连接时，通过签名可以判断是否修改了归档备份文件。

提示：如果使用"签署激活"，单个归档分段最大不能超过 200MB。

7.5.4 链接、断开备份归档

在 WinCC 运行系统中，可以使用以下方法链接（断开）备份归档。

1. 在报警记录中链接归档

WinCC 项目激活时，在"报警记录"编辑器中，可以使用"链接归档"或"断开与归档的连接"菜单命令链接或断开备份出去的归档文件，如图 7-91 所示。

2. 使用 WinCC 报警视图工具栏上的"链接归档"或"断开链接"工具

可以使用 WinCC 报警视图工具栏上的按钮来"链接归档"或"断开链接"，如图 7-92 所示。

图 7-91　链接/断开备份归档

链接归档

断开链接

图 7-92　消息视图工具栏

3. 通过 VBS 编程链接归档

在 WinCC 的 VB 脚本中，使用 HMIRuntime. Logging. Restore 或 HMIRuntime. Logging. Remove 方法可以链接或断开备份归档。

使用方法如下：

```
HMIRuntime. Logging. Restore[SourcePath][TimeFrom][TimeTo][TimeOut][ServerPrefix]
HMIRuntime. Logging. Remove [TimeFrom][TimeTo][TimeOut][ServerPrefix]
```

其中的参数含义如下：

SourcePath：备份归档文件路径。

TimeFrom 和 TimeTo：UTC 时间范围。

TimeOut：超时时间，单位 ms。

　　　　　当设为 "-1" 时，会一直等待；为 "0" 时，没有等待时间。

ServerPrefix：服务器前缀。

例如：

```
HMIRuntime. Logging. Restore ( " D: \ Backup"," 2018-05-14"," ", -1 )
```

可以将 "D：\ Backup" 下的 2018-05-14 以后的归档文件重新链接到 WinCC。

```
HMIRuntime. Logging. Remove ( " 2018-05-22"," 2018-05-23", -1 )
```

可以将从 2018-05-22 到 2018-05-23 所占用的归档文件从 WinCC 断开连接。

7.5.5　ADO/OLE DB 访问消息归档数据

连通性软件包（Connectivity Pack）包含 WinCC OLE DB 接口，使用 WinCC OLE DB 接口可以直接访问 WinCC 消息归档数据。详细信息请参考本书第 16 章数据开放性。

7.6　WinCC 消息应用示例

本例演示了离散量消息、模拟量消息、AS 消息以及消息归档的组态。

7.6.1　功能需求

图 7-93 是一个液位控制系统，在此系统中实现如下的消息报警功能。

- 液位>90 及液位<10 时报警。报警底色为灰色，字体颜色为红色，需要确认到达。
- 液位>80 及<20 时报警。报警底色为灰色，字体颜色为黄色，不需要确认。
- 泵的三种故障（漏液、振动大、卡住），报警底色为白色，字体颜色为红色，需要确认到达和离开，并闪烁，要求报警信息记录泵的转速和当前用户名。
- 阀故障时，报警底色为白色，字体颜色为蓝色，要求报警时间为 S7-1500 的时间戳。
- 需要显示 WinCC 系统报警和 S7-1500 系统报警。
- 按时间或对象来过滤消息显示（使用脚本和组态两种方式）。

7.6.2　仿真程序

1. PLC 仿真程序

本例的液位是由 S7-1500 仿真程序控制的，程序如图 7-94 所示。程序中 M1.0 为 1 时代表泵漏液，M1.1 为 1 时代表泵的振动过大，M1.2 为 1 时代表泵卡死。

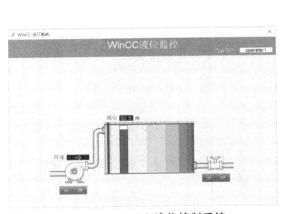

图 7-93　WinCC 液位控制系统

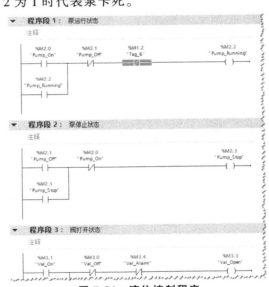

图 7-94　液位控制程序

提示：本例中 S7-1500 的程序是使用 STEP7 V14 SP1 组态的。

2. WinCC 项目

基本的 WinCC 项目也已经组态，但缺少报警消息的组态。

WinCC 对应的变量如图 7-95 所示。

7.6.3　组态步骤

1. 打开"报警记录编辑器"

在 WinCC Explorer 中，右键选中"报警记录 > 打开"，如图 7-96 所示。

图 7-95　WinCC 变量

图 7-96　报警记录编辑器

2. 组态消息块

在过程值块中，选择"过程值 9"和"过程值 10"并修改名称为"泵转速"和"当前用户名"，分别用来关联泵的转速和当前用户名，如图 7-97 所示。

3. 创建消息类别

右键选中"消息>新消息等级"，分别创建"开关量报警"及"液位报警"两个消息类别，如图 7-98 所示。

图 7-97　过程值块

图 7-98　创建消息类别

4. 创建消息类型

在消息类型中，定义泵报警、液位报警的颜色和确认机制。

步骤 1：在"开关量报警"下，创建"阀"和"泵"消息类型，过程如图 7-99 所示。在"液位报警"下，创建"超限警告"和"超限警告"消息类型。

步骤 2：在"阀"消息类型属性下，使能"确认'已进入'"，并按图 7-100 配置颜色。

步骤 3：在"泵"消息类型属性下，使能

图 7-99　创建消息类型

"确认'已进入'""确认'已离开'"和"闪烁开"，并按图 7-101 配置颜色。

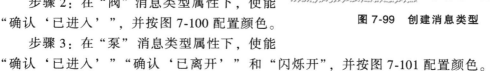

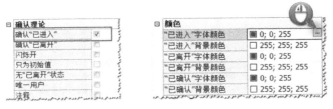

图 7-100 "阀" 消息类型属性

图 7-101 "泵" 消息类型属性

步骤 4：按图 7-102 配置 "越限警告" 消息类型的属性。

图 7-102 "越限警告" 属性

步骤 5：按图 7-103 配置 "越限故障" 消息类型的属性。

图 7-103 "越限故障" 属性

5. 组态离散量消息

在 S7-1500 程序中，M1.0 = 1 时代表泵漏液报警，M1.1 = 1 时代表泵振动大，M1.2 = 1 时代表泵卡死。由于在 S7 PLC 中，字中的高低字节的顺序是颠倒的，WinCC 变量 "Pump_Alarm"（地址：MW0）的第 0 位是 M1.0，第 1 位是 M1.1，第 2 位是 M1.2，如图 7-104 所示。

步骤 1：在报警记录编辑器中，单击 "消息"，在右侧表格区域中，单击消息变量列下的变量选择按钮，选择消息触发变量，如图 7-105 所示。

步骤 2：第一个离散量消息是泵漏夜报警，"Pump_ Alarm" 的第 0 位，消息类型选择 "开关量报警"，消息类型选择 "泵"，如图 7-106 所示。

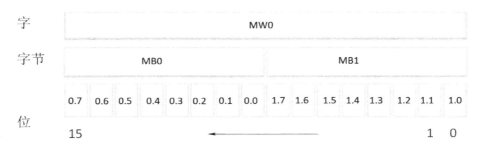

图 7-104 MW0 的字节顺序

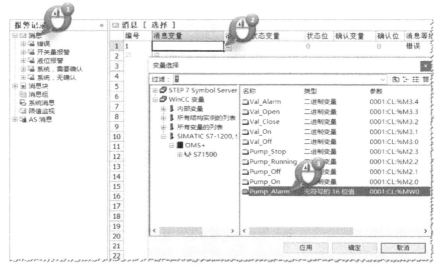

图 7-105 选择消息变量

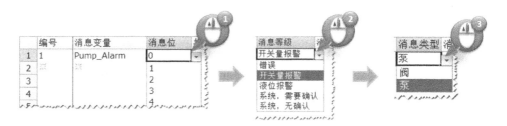

图 7-106 泵漏夜报警

步骤 3：设置消息文本为"泵漏夜报警"。为过程值"泵转速"分配变量"Pump_ Speed"，同样为过程值"当前用户名"分配系统变量"@ CurrentUserName"，如图 7-107 所示。

步骤 4：相同的步骤组态"泵振动"和"泵卡死"报警，最后结果如图 7-108 所示。

6. 模拟量消息

本例中，液位的报警分为两个级别，10~20（液位低），80~90（液位高）之间的液位报警不需要确认，0~10（液位低低），90~100（液位高高）的液位报警需要确认。

步骤 1：单击"限值监视"，在右侧表格区域中"变量"列下，选择"Tank_ Level"变

图 7-107 消息组态

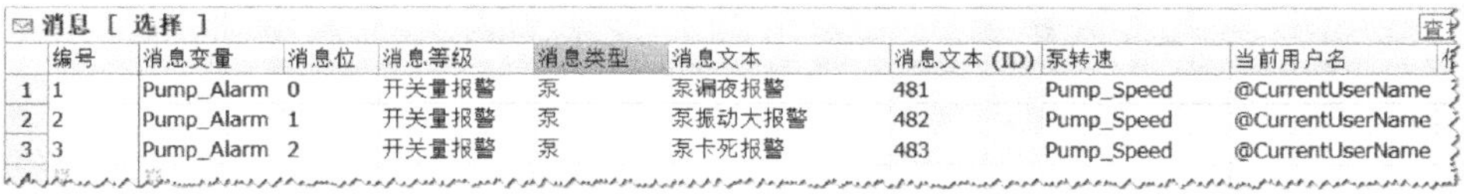

图 7-108 泵的消息列表

量作为监视变量，如图 7-109 所示。

图 7-109 选择监视变量

步骤 2：展开变量"Tank_ Level"，选择"上限"，为消息号输入 101，"比较值"输入 90（高高限），如图 7-110 所示。

图 7-110 上限报警

步骤 3：设置结果如图 7-111 所示。

限制值 [全部]

	变量	共用信息	消息号	比较值	滞后	滞后百分比值	在"到达时"滞后	在"离开时"滞后	确定质量代码
1	Tank_Level	☐	0			☐	☐	☐	☐
2	上限	☐	101	90	0	☐	☑	☑	☑
3	上限	☐	102	80	0	☐	☑	☑	☑
4	下限	☐	103	20	0	☐	☑	☑	☑
5	下限	☐	104	10	0	☐	☑	☑	☑
6									

图 7-111　设置结果

步骤 4：单击“消息”切换到“消息”视图，如图 7-112 所示。

限制值 [全部]　　查找

	变量	共用信息	消息号	比较值	滞后	滞后百分比值	在"到达时"滞后
1	Tank_Level	☐	0			☐	☐
2	上限	☐	101	90	0	☐	☑
3	上限	☐	102	80	0	☐	☑
4	下限	☐	103	20	0	☐	☑
5	下限	☐	104	10	0	☐	☑
6							
7							
8							
9							
10							

限制值　消息

消息 [限值监视]

	编号	消息变量	消息位	消息等级	消息类型	消息文本
1	101		0	错误	报警	限制值 @1%f@ 超出上限：@3%f@
2	102		0	错误	报警	限制值 @1%f@ 超出上限：@3%f@
3	103		0	错误	报警	限制值 @1%f@ 超出下限：@3%f@
4	104		0	错误	报警	限制值 @1%f@ 超出下限：@3%f@
5						

图 7-112　消息视图

步骤 5：修改模拟量报警消息的消息类别、消息类型以及消息文本，如图 7-113 所示。

消息 [限值监视]

	编号	消息变量	消息位	消息等级	消息类型	消息文本
1	101		0	液位报警	超限故障	液位高高报警：限制值 @1%3.1f@ 当前值：@3%3.1f@
2	102		0	液位报警	超限警告	液位高报警：限制值 @1%3.1f@ 当前值：@3%3.1f@
3	103		0	液位报警	超限警告	液位低报警：限制值 @1%3.1f@ 当前值：@3%3.1f@
4	104		0	液位报警	超限故障	液位低低报警：限制值 @1%3.1f@ 当前值：@3%3.1f@
5						

图 7-113　修改后的模拟量消息

7. 加载系统消息

在 WinCC 项目中，加载系统报警消息。

步骤 1：单击“系统消息”。

步骤 2：在右侧表格区域中“已使用”列标题上，右键单击。

步骤 3：在弹出菜单中，选择“全选”，如图 7-114 所示。

8. 加载 AS 消息

可以在 WinCC 消息系统中，加载 S7-1500 的系统报警以及编程报警。S7-1500 的系统报警可以直接在 WinCC 中加载。对于编程报警，需要在 PLC 中使用 Program_Alarm 指令，将

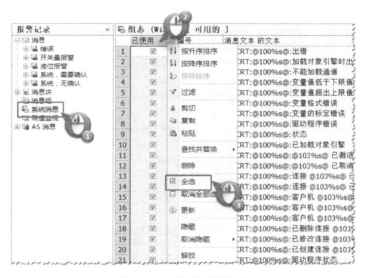

图 7-114 选择系统消息

需要的报警消息上传到 WinCC。

（1）S7-1500 编程

步骤 1：在 S7-1500 中插入功能块（FB），本例插入 FB1。

步骤 2：在 FB1 中，加入 Program_Alarm 指令。Program_A-larm 指令位于"扩展指令>报警目录"下，如图 7-115 所示。

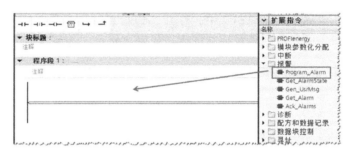

图 7-115 Program_Alarm 指令

步骤 3：在弹出对话框中，设置 Program_Alarm 指令的多重背景接口参数的名称，本例使用默认名称，如图 7-116 所示。

步骤 4：为 FB1 添加输入参数"SIG"和输出参数"ERROR"，如图 7-117 所示。

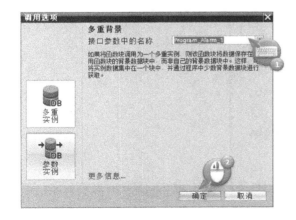

图 7-116 Program_Alarm 接口

图 7-117 FB1 参数

步骤 5：FB1 调用 Program_Alarm 指令的结果如图 7-118 所示。

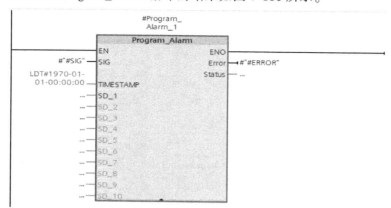

图 7-118　调用 Program_Alarm 指令

步骤 6：在 OB1 中，调用 FB1，并分别为 FB1 的输入接口"SIG"和输出接口"ERROR"分配信号。其中的输入接口"SIG"连接消息信号点"Val_Alarm"，如图 7-119 所示。

步骤 7：在 STEP7 中，打开"PLC 监控和报警"编辑器，切换到"报警 > 程序报警"视图，可以看到已经存在的程序报警，修改"报警文本"为"阀报警"，如图 7-120 所示。

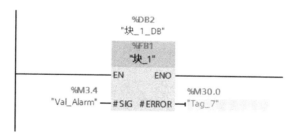

图 7-119　程序调用

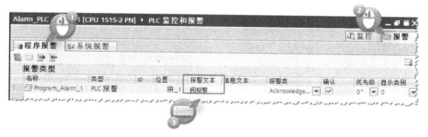

图 7-120　程序报警

（2）在 WinCC 中加载 S7-1500 的报警

步骤 1：在 WinCC 报警记录编辑器中，展开"AS 消息"，右键 S7-1500 的连接名称，在弹出菜单中选择"从 AS 加载"，如图 7-121 所示。

S7-1500 中的系统报警（不同 S7-1500 项目的系统报警可能会不同）和编程报警都会被

加载，如图 7-122 所示。

图 7-121　加载 AS 消息

图 7-122　加载的 AS 消息

步骤 2：在"已使用"列标题上，右键单击，选择"全选"，如图 7-123 所示。

步骤 3：切换到"消息"视图，可以看到所有的 S7-1500 的报警都被加载到 WinCC 中。修改"阀报警"的消息类别为"开关量报警"，消息类型为"阀"，如图 7-124 所示。

9. 组态报警记录

步骤 1：右键单击"消息"，选择"归档组态 > 属性"，如图 7-125 所示。

步骤 2：按图 7-126 设置归档大小。

10. 报警显示

接下来在 WinCC 画面中，添加消息视图控件（WinCC 消息视图）并设置控件的属性。

图 7-123　选择 AS 消息

步骤 1：打开项目中的"alarm_pic.PDL"画面，将"WinCC 消息视图"控件拖放到画面合适的位置，如图 7-127 所示。

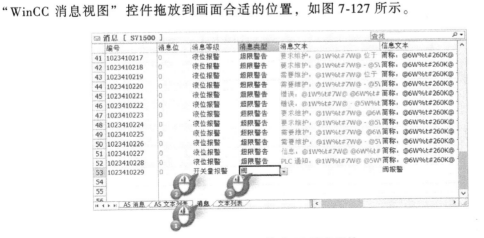

图 7-124　修改 AS 消息属性

图 7-125　消息归档

图 7-126　归档组态

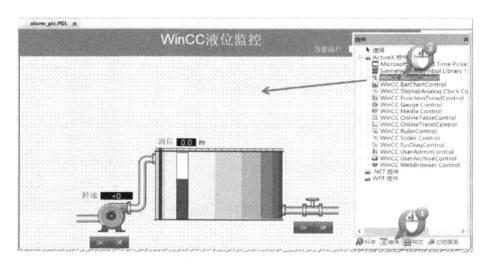

图 7-127　添加消息视图

步骤 2：在 WinCC 消息视图属性窗口"常规"选项卡下，设置窗口标题为"无"，如图 7-128 所示。

步骤 3：切换到"字体"选项卡，设置字体如图 7-129 所示。

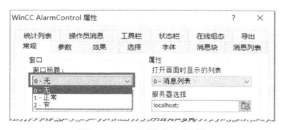

图 7-128　设置窗口标题

图 7-129　字体设置

步骤 4：消息块设置

切换到"消息块"选项卡，设置消息块的长度及闪烁属性，如图 7-130 所示。

图 7-130 消息块属性

① 取消"应用项目设置"。

② 在"可用的消息块"下，选择"日期""时间""编号""状态""消息文本""类别""类型""泵转速"和"当前用户名"。

③ 按照表 7-4 设置消息块长度及闪烁属性。

表 7-4 消息块设置

内容 \ 消息块	日期	时间	编号	状态	消息文本	类别	类型	泵转速	当前用户名
长度	7	10	11	1	50	10	10	10	10
闪烁	否	否	是	否	是	否	否	否	否

11. 项目运行

接下来激活 WinCC 项目，并触发各种报警消息。

步骤 1：激活 WinCC 项目。

在 WinCC 项目的启动列表中，选择"报警记录运行系统"和"图形运行系统"，如图 7-131 所示。然后激活 WinCC 项目。

步骤 2：用户登录。

激活 WinCC 项目，按下快捷键"CTRL+A"调出登录对话框。登录用户名：operater1，密码：operater1。

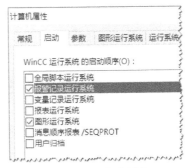

图 7-131 启动列表

此时液位高度为 98.2m，液位高报警和高高报警被触发，如图 7-132 所示。

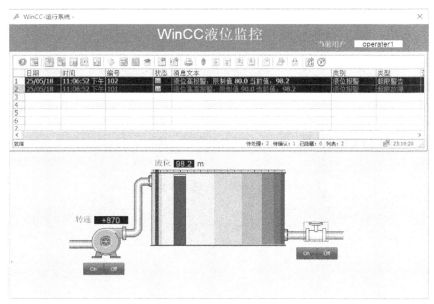

图 7-132　液位超限报警

步骤 3：降低液位。

关闭泵，打开阀，降低液位。

当液位降到 90m 以下时，高高报警（编号 101）的状态会变成"离开"。因为这条消息需要"确认到达"，所以此时这条消息不会从消息列表中消失。

当液位继续降到 80m 以下时，因为高报警（编号 102）消息不需要被确认，所以此时这条消息会直接从消息列表中消失，如图 7-133 所示。

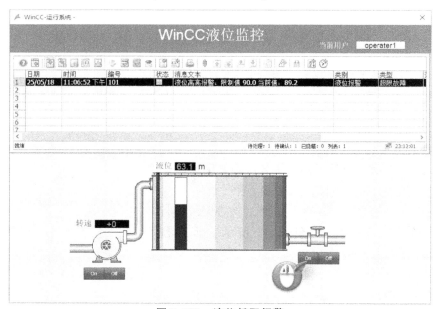

图 7-133　液位低限报警

液位继续下降，液位低报警（编号103）和低低报警（编号104）将被触发，如图7-134所示。

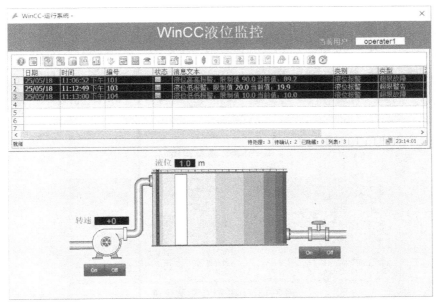

图 7-134 液位低低限报警

步骤 4：确认消息。

单击"自动滚动"按钮>选择液位高高报警（此时的状态为"离开"但未被确认）>单击"单个确认"按钮，可以看到液位高高报警从消息列表中消失，如图 7-135 所示。

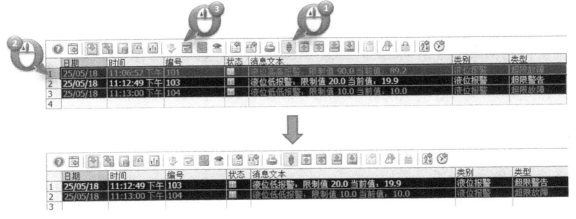

图 7-135 确认消息

步骤 5：查看消息归档。

单击"长期归档"按钮，可以查看消息归档，如图 7-136 所示。

步骤 6：触发泵的报警。

在 PLC 中，置位 M1.0，如图 7-137 所示。WinCC 中泵漏液报警（消息编号：1）被触发。

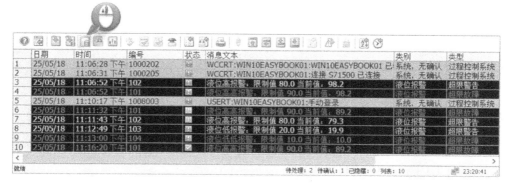

图 7-136　消息归档

图 7-137　在 PLC 中置位位

此时泵的报警消息中的编号和消息文本将会闪烁，如图 7-138 所示。

	日期	时间	编号	状态	消息文本	类别	类型	泵转速	当前用户名
1	25/05/18	11:13:00 下午	104		液位低低报警，限制值液位报警	超限故障			
2	25/05/18	11:24:40 下午	1		泵漏液报警	开关量报警	泵	0	operater1

图 7-138　泵漏液报警

同样，在 PLC 中置位 M1.1 和 M1.2，泵振动大和卡死报警会被触发，如图 7-139 所示。

	日期	时间	编号	状态	消息文本	类别	类型	泵转速	当前用户名
1	25/05/18	11:13:00 下午	104		液位低低报警，限制值液位报警	超限故障			
2	25/05/18	11:24:40 下午	1		泵漏液报警	开关量报警	泵	0	operater1
3	25/05/18	11:27:40 下午	101		液位高高报警，限制值液位报警	超限故障			
4	25/05/18	11:28:54 下午	2		泵振动大报警	开关量报警	泵	410	operater1
5	25/05/18	11:28:54 下午	3		泵卡死报警	开关量报警	泵	410	operater1
6									

图 7-139　泵报警消息

泵报警消息也需要被确认，确认过程和液位报警消息相同。

步骤 7：触发 AS 报警。

1）触发 AS 的编程报警。在 S7-1500 中，置位 M3.4，如图 7-140 所示。S7-1500 通过 Program_Alarm 指令将这条报警信息上传给 WinCC。

图 7-140　置位 M3.4

在 STEP7 V14 中，打开"在线和诊断>功能>设置时间"，可以看到 WinCC 所在计算机的系统时间和 S7-1500 的系统时间并不相同，如图 7-141 所示。而 WinCC 中的阀报警消息的时间戳和 S7-1500 的系统时间是一致的，如图 7-142 所示。

图 7-141　PLC 系统时间

图 7-142　Program_Alarm 上传的消息

2）触发 AS 的系统报警。将 S7-1500 设置到 STOP 模式，可以在 WinCC 中看到 S7-1500 模式改变的报警消息，如图 7-143 所示。

图 7-143　AS 系统报警

步骤 8：消息过滤的组态。

1）组态过滤条件。WinCC 组态环境下，在 WinCC 消息视图属性窗口"消息列表"选项卡下，单击"选择"下的"编辑"按钮，设置消息的过滤条件，如图 7-144 所示。

图 7-144　创建过滤条件

可以设置多个过滤条件，在运行时通过"选择对话框"按钮选择这些过滤条件。创建按时间过滤的条件，如图 7-145 所示。

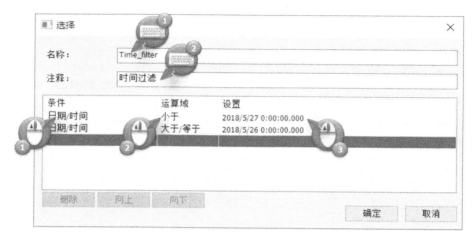

图 7-145 时间过滤

创建按消息类型过滤的条件，如图 7-146 所示。

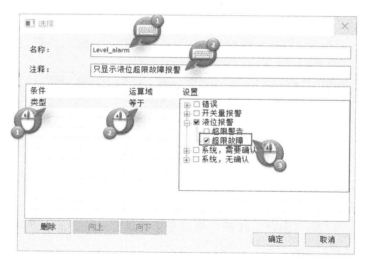

图 7-146 消息类型过滤

2）使用过滤条件。在 WinCC 运行环境下，单击"选择对话框"按钮，可以选择已经创建的过滤条件，如图 7-147。

应用过滤条件"Level_alarm"后，消息视图的消息列表、短期归档列表和长期归档列表中就只显示消息类型为"超限故障"的消息，如图 7-148 所示。

在工具栏中，选择"组态对话框"，在线组态选择"永久保留"。这样，在 WinCC 运行环境下，创建的过滤条件也可以被保存下来，如图 7-149 所示。

3）外部按钮调用过滤条件。WinCC 消息视图的每一个按键都对应唯一的"对象 ID"，"选择对话框"按钮对应的 ID 为 13，如图 7-150 所示。

外部按钮（非 WinCC 消息视图的工具栏按键）可以按图 7-151 的方法调用 WinCC 消息

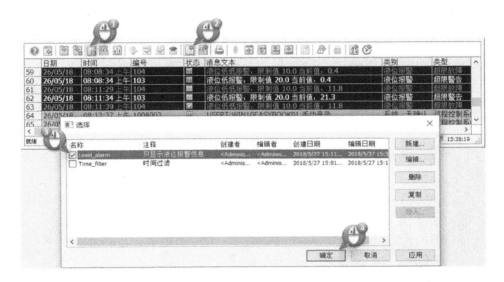

图 7-147 选择过滤条件

图 7-148 使用过滤条件

图 7-149 永久保留组态

视图的"选择对话框"。

4）使用脚本过滤消息。使用脚本设置 WinCC 消息视图的 MsgFilterSQL 属性也可以进行消息的过滤。下面以"按时间范围进行过滤"为例进行说明。

在 WinCC 中，创建内部字符串变量，如图 7-152 所示，用来设置时间范围。

图 7-150　对象 ID

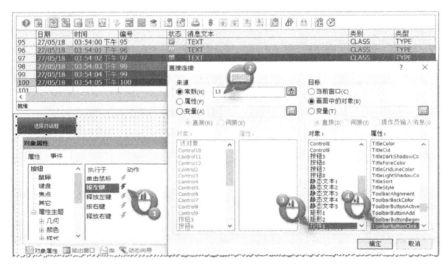

图 7-151　对象 ID 的使用

| Dt_end | 查询结束时间 | 文本变量 8 位字符集 | 255 | 内部变量 |
| Dt_start | 查询开始时间 | 文本变量 8 位字符集 | 255 | 内部变量 |

图 7-152　内部变量

使用下面的 VB 脚本设置 WinCC 消息视图的 MsgFilterSQL 属性。

```
Sub OnLButtonDown(ByVal Item,ByVal Flags,ByVal x,ByVal y)
Dim alarmcontrol1
Set alarmcontrol1=ScreenItems("控件1")' 消息控件名称
Dim Dt_start
Set Dt_start = HMIRuntime.Tags("Dt_start")' 开始时间
Dim Dt_end
Set Dt_end = HMIRuntime.Tags("Dt_end")'结束时间
Dim filter_string
Dt_start.Read
Dt_end.Read
'过滤语句
```

```
filter_string = "DATETIME >='" & dt_start.Value &".000'and DATETIME <='" & dt_
end.Value &".000'"
    alarmcontrol1.MsgFilterSQL = filter_string
    End Sub
```

设置时间范围后，单击“查询”按钮可以过滤出需要的消息归档，如图 7-153 所示。

图 7-153　查询结果

第8章　过程值归档

　　归档即数据存储。WinCC 过程值归档的目的是采集、处理和存储工业现场的监控数据。要归档的过程值在 WinCC 运行系统的归档数据库中进行处理和保存。WinCC 的归档数据库是基于微软的 SQL SERVER 数据库定制开发的。归档数据以非明文的形式存储在 SQL SERVER 数据库中。从 WinCCV7.4 SP1 开始，不但支持对数值进行归档，也支持归档字符串类型的变量。

　　在 WinCC 中，通过"变量记录"编辑器组态归档。在运行系统中，可通过多种形式输出当前过程值和已归档的过程值。比如：以表格或趋势的形式输出，以条形图形式输出等。此外，也支持将所归档的过程值数据作为报表打印输出。

　　本章主要介绍过程值归档的基础，如何组态过程值归档以及如何输出归档的过程值。通过对本章的学习，读者能够创建一个具有过程值归档功能的 WinCC 项目。并能够使用以下几种常见的方法实现过程值的归档和显示。

- 周期连续归档。
- 非周期归档。
- 周期可选择归档。
- 非周期有变化时归档。
- 整点归档。
- 基于时序的归档。
- 压缩归档。
- 旋转门归档。
- 编辑归档数据。
- 显示归档数据举例。

8.1　过程值和变量

　　在 WinCC 归档系统中，主要是对过程变量的数值（过程值）进行存储。WinCC 中的过程值通常是指存储在所连接对象（如 PLC、OPC SERVER 等）内存中的数据。过程值一般用来表示现场被检测对象的状态，如温度、液位或状态等。要使用过程值，必须在 WinCC 中定义过程变量。因此，所谓的过程值可以理解为 WinCC 中过程变量的数值。

　　WinCC 和外部系统之间的数据交互通常由过程变量实现。过程变量通常又被称为外部变量。从外部系统内存中读出过程值即为过程变量的数值。反之，过程值也可回写到外部系统内存中。最常见的应用是和自动化系统（PLC）进行数据交互，如图 8-1 所示。

　　WinCC 中的内部变量虽然没有过程连接，不占用 WinCC 的外部变量许可证点数。但是，外部和内部变

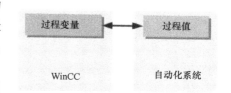

图 8-1　过程变量和过程值

量的数值都可进行归档存储，都占用归档变量的许可证点数。在本章中，如无特殊说明，归档变量统指所有需要归档的变量，既包含内部变量，也包含外部变量。过程值统指 WinCC 项目中所有变量的数值。

在 WinCC 中，创建一个归档变量就记为一个归档变量数。归档许可证点数和数据类型无关，默认带 512 点的归档许可证。如果项目中组态的过程值归档的变量数超过了 512，那么需要购买额外的归档许可证。从 WinCC V7.4 SP1 开始，归档的许可证点数是可累加的。例如：购买了两个 1500 点数的归档许可证，那么系统中最多可组态 3000 个归档变量，系统自带的 512 点的归档许可证并不计入累加。在购买许可证的情况下，每个单用户站/服务器的项目中最大归档变量数为 80000。

图 8-2　归档个数

归档变量个数是在 WinCC 项目中"变量记录>归档>过程值归档"中创建的"过程变量"个数的总和。如图 8-2 所示，其中过程值归档"MyPVA"中归档变量数为 18 个，如果过程归档"Line1PVA"中的归档变量数为 100 个，那么系统中归档变量即为 118（18+100）个。

> **提示：** 压缩归档变量不占用归档点数的许可证。

8.2　归档原理

归档即数据存储。WinCC 的归档系统负责运行状态下的过程值的数据存储。归档系统首先处理缓存于运行系统数据库中的过程值，然后再将过程值写到归档数据库中。归档工作的原理如图 8-3 所示。

因此，过程值归档涉及下列 WinCC 子系统。

1）自动化系统（AS）：存储通过通信驱动程序传送到 WinCC 的过程值。例如：通过 SIMATIC S7 Protocol Suite 读取的西门子 PLC 存储器地址中的数据。

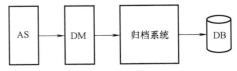

图 8-3　归档原理

2）数据管理器（DM）：是后台运行的程序。用于处理过程值，然后通过过程变量将其传送到归档系统。

3）归档系统：处理采集到的过程值（如计算平均值、总和等）。处理方法取决于组态归档的方式。

4）运行系统数据库（DB）：保存要归档的过程值。

就归档的组态而言，涉及周期和事件、归档方法以及归档函数等概念。其中，周期和事件用于定义在什么条件下执行归档；归档方法是周期和事件可实现的各种组合方式的总称；归档函数用于定义如何处理采集和归档的过程值（如求和、计算平均值等）。

8.2.1　周期和事件

在 WinCC 中，可以周期性归档过程值，也可以基于事件在特定条件下归档过程值。

在 WinCC 的归档组态中，有两个周期概念，即采集周期和归档周期。其中，采集周期用于定义读取变量过程值的时间间隔，即定义多长时间读取一次变量的过程值。默认情况下，采集周期的最小值为 500ms。采集周期的起始点为 WinCC 运行系统的启动时间。

归档周期确定什么时刻将过程值存储到归档数据库中。例如：如果系统中过程值的归档周期设定为一小时，就说明当系统激活后每隔一小时就执行一次数据的存储。归档周期总是采集周期的整数倍。归档周期可以基于标准定时器定义，也可以基于日历进行设置。对于标准定时器，归档周期的起始点取决于 WinCC 运行系统的启动时间或所使用定时器的起始点。对于基于日历的定时器，起始点在时序组态中设置。关于定时器的详细说明请参考本章 8.3.2 节的内容。

在 WinCC 中，支持基于事件的归档，即支持在特定的条件下启动或者停止归档。触发事件的条件可以是某个特定变量的数值变化，也可以是一段 C 脚本的执行结果。

项目组态时，需要在过程变量的属性界面中设定周期和事件参数，如图 8-4 所示。

图 8-4　过程变量属性

属性界面中的重要参数如下：

1）采集周期：确定何时从通信对象中读取过程变量的数值。

2）归档/显示周期：确定何时在归档数据库中保存所处理的过程值。

3）起始事件：发生特定事件时（例如启动设备），启动过程值归档。

4）终止事件：发生特定事件时（例如关闭设备），停止过程值归档。

因此，是否以及何时采集和归档过程值取决于过程变量的这些参数设置情况，而可以设置哪些参数组合则取决于所使用的归档方法。

8.2.2　归档方法

过程值的归档既可用周期控制，也可以使用事件触发，当然周期和事件也可组合使用。因此，在 WinCC 运行系统中可用的归档方法有多种组合方式。

1）周期性连续过程值归档：连续的过程值归档用于持续监视过程值。例如每秒钟归档一次现场检测的温度值。

2）周期性选择过程值归档：事件驱动的连续过程值归档用在特定时间段内监视某变量的过程值，如设备运行时每分钟归档一次现场检测的压力值，设备停止时停止归档。

3）非周期性的过程值归档：特定事件驱动的过程值归档用在超出临界值（上限、下限等）时，对当前过程值进行归档。

4）每次更改后归档过程值：仅当变量的过程值发生更改时才进行归档。

5）过程控制的过程值归档：对多个过程变量或快速变化的过程值进行归档，需要结合特定 PLC 实现。

6）旋转门算法：在原有过程值的基础上，通过线性内插变量值压缩归档值。

7）压缩归档：压缩归档是对过程值归档数据的二次处理。用于压缩来自过程值归档的归档变量数据。在组态压缩归档时，需要选择计算方法和压缩时间段，如对每分钟归档一次的过程值计算每小时的平均数。

其中旋转门算法和压缩归档都涉及数据的压缩。旋转门算法采用优化参数分配，使用此算法保存过程值比使用周期性采集更高效。但是压缩时并不会保存所有值。因此，压缩存在一定程度的数据丢失。图 8-5 中两个趋势中，虚线是实际测得的过程值，实线是使用旋转门算法保存的值。

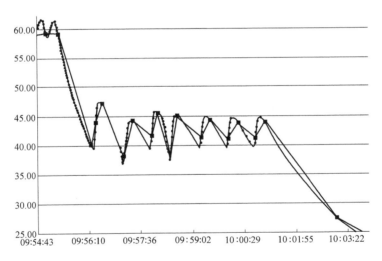

图 8-5 旋转门算法示例

压缩归档用于压缩来自过程值归档的归档变量。为了减少归档数据库中的数据量，可对指定时期内的归档变量进行压缩。为此，须创建一个压缩归档，将归档变量存储在压缩变量中。在组态压缩归档时，需要选择计算方法和压缩时间段。归档过程值在压缩后会如何处理取决于所使用的压缩方式，如复制、移动或删除等。

8.2.3 归档函数

归档函数的作用是对采集和归档的过程值进行处理，如求和、计算平均值等。归档系统存储的数据是经过归档函数处理后的过程值，归档函数在过程变量的属性界面中进行组态，如图 8-6 所示。

在过程值归档中，支持使用的归档函数如下：

1）实际值：保存所采集的最后一个过程值。

2）总和：保存所有采集到的过程值的总和。

3）最大值：保存所有采集到的过程值的最大值。

4）最小值：保存所有采集到的过程值的最小值。

5）平均值：保存所有采集到的过程值的平均值。

6）差值：保存两个归档周期过程值之间的差值。

7）动作：采集到的过程值由全局脚本中创建的 C 函数进行计算。

图 8-6 中对于过程变量 Arc_Temperature 而言，采集周

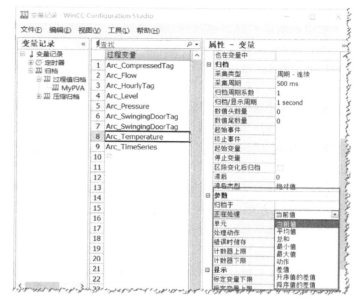

图 8-6　归档函数

期是"500ms"，归档/显示周期为"1second"。如果"正在处理"中设置的参数是"平均值"，那么它的含义就是系统激活后 1s 采集两次 Arc_Temperature 的过程值，每秒钟将采集到的两个过程值的平均值保存下来。

8.2.4　过程值的归档机制

在 WinCC 项目中，通过创建"过程值归档"存储归档变量中的过程值，在组态"过程值归档"时，选择需要归档的过程变量和归档数据的存储位置。

1. 存储位置

过程值的存储位置可以是硬盘也可以是内存。如果选择存储位置为硬盘，过程值会存储到归档数据库中，并以数据库文件的形式存储在归档数据库所在计算机的硬盘上。通常 WinCC 中归档数据的目的就是保存一定时间范围内的历史数据，因此存储位置需要设置为硬盘。

如果存储位置选择主内存，在主内存中，归档的过程值仅在 WinCC 项目激活时驻留在系统内存里。存储在主内存中的优点是可以快速地写入和读出数值，但是存储在主内存中的过程值无法备份。WinCC 项目一旦取消激活，数据就会自动消失。通过"变量记录 > 归档 > 过程值归档"选中相应的归档名称，在"属性-过程值归档"界面中，定义"存储位置"，如图 8-7 所示。

2. 存储方法

根据不同的归档参数设置，WinCC 系统中会将需要存储的数据自动分成两种类型的过程值归档：快速变量记录和慢速变量记录。

两种类型的归档分别由两个独立的循环归档程序实现，这两个循环归档程序执行的机制是相同的。循环归档由数目可组态的数据缓冲区组成，工作原理如图 8-8 所示，数据缓冲区根据大小（以 MB 计）和时间周期定义。后台执行原理为过程值被连续写入首个数据缓冲

图 8-7　存储位置

区中。如果达到数据缓冲区所组态的大小或超出时间段，系统切换到下一个数据缓冲区，当所有数据缓冲区满时，第一个数据缓冲区中存储的数据将会被自动覆盖，从而实现循环数据的存储。

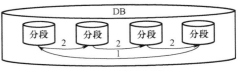

图 8-8　循环归档

　　由此可见，WinCC 中的归档会包含多个片段。具体的参数配置在 WinCC 的归档组态中实现。

　　在快速变量记录/慢速变量记录的属性中，设置总的归档存储的大小/时间以及单个分段的大小/时间。其中"所有分段的时间范围"和"所有分段的最大尺寸"，定义了归档数据库的大小。如果超出"所有分段的时间范围"或"所有分段的最大尺寸"中的任意一个标准，则启动新的分段并删除最旧的分段。"单个分段的时间范围"和"单个分段的最大尺寸"，决定单个数据库分段的大小。如果超出"单个分段的时间范围"或"单个分段的最大尺寸"中的任意一个标准，则将启动一个新的单个分段。"更改分段的时间"定义产生新分段的时间。如图 8-9 所示，单个分段时间范围为 1 月，更改分段时间是"日 7 小时 0 分钟 0"，也就是在每月的 7 日 0 时 0 分创建新的分段（前提是

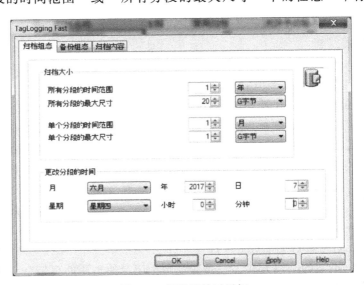

图 8-9　归档属性对话框

在 7 日 0 时 0 分前分段大小没有超过 "单个分段的最大尺寸")。

此外，在归档组态中，需要保证所有单个归档（包括快速归档、慢速归档和报警归档）片段的总数不超过某一个固定值。目前，WinCC 中的 SQL SERVER 数据库所能连接的归档片段最大的数量为 200 个，归档片段个数不能过多地超过这个数量，否则会影响系统的运行性能。详细说明请参考条目 ID 34473263。

图 8-10　打开归档属性

3. 存储内容

两种类型归档存储的内容有所不同，可以在 "快速变量记录" 的属性中进行设置。通过图 8-10 所示的方法打开 "快速变量记录" 的属性界面。切换到 "归档内容" 选项页，可以查看默认情况下快速归档的存储内容设置，如图 8-11 所示。

默认情况下，快速归档存储内容如下：

- 通过事件驱动采集的测量值。
- 周期小于或等于一分钟的过程值。
- 过程控制测量值。

不满足上述条件的所有 "变量记录" 的变量都将在慢速变量记录中存储。默认情况下，慢速变量记录中存储的多为采集周期大于一分钟的过程值和压缩归档。

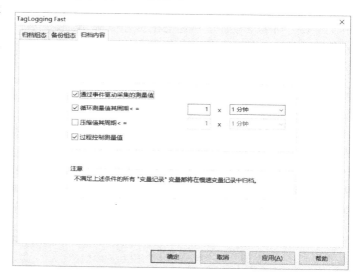

图 8-11　快速变量记录的归档内容

4. 存储空间

当选择过程值存储在归档数据库中时，还需要计算数据所占用的硬盘存储空间。在 WinCC 中，无论是快速归档还是慢速归档，数据都是经过处理后进行存储的，因此不能简单地通过数据类型计算数据所需的存储空间。需要根据归档过程值的数量、存储频率和要存储数据的时间长度等参数，计算存储空间的大小需求，下面是硬盘存储空间大小需求的一般计算公式

硬盘存储空间大小要求 = 归档过程变量数/秒 × x 字节 × 60 秒/分钟 × 60 分钟/小时 × 24 小时/天 × 31 天/月 × y 个月

式中　x——每个归档过程值所占用的字节数；

　　　y——时间段（月）。

不同的归档方式，一条变量归档记录所占用的存储空间有所区别。通常建议按照每个过程值需要 16 字节（如式中的 x 值）的存储空间估算所需存储空间的大小。对于字符串归

档，当字符串长度为 255 字节时，一个归档过程值所占的存储空间为 510 字节。详细的计算方法请参考条目 ID 79552284。

8.2.5 归档的备份和恢复

为了保证数据的完整性，WinCC 支持对项目中的归档数据进行备份和恢复。只有在WinCC 项目激活的情况下，才能实现归档备份数据的恢复和断开。

如果超出了归档组态中设置的"所有分段的时间范围"或"所有分段的最大尺寸"，早期归档的变量记录将不会在运行系统中加载。如果不组态备份，最早的归档分段数据将会被删除。为了不丢失数据，可以在归档的备份组态中激活备份。归档备份的数据以单个分段的形式存储在指定的备份路径中。备份路径需要在项目组态时设定。

1. 备份归档

备份归档数据需要明确两点内容。

- 执行备份的条件。
- 归档数据备份的路径。

在 WinCC 项目中，只有当数据归档片段发生切换大约 15min 后，才开始执行备份数据。在项目运行过程中，下面的任意一个条件满足都会触发数据归档片段的切换。

- 达到单个片段的最大尺寸或者单个数据片段的占有时间。
- 达到所有数据片段的最大尺寸或者所有数据片段的最大时间周期。
- 达到项目中首次更改分段的时间。

因此，是否开始执行归档备份，取决于快速归档和慢速归档属性界面"归档组态"选项页上各参数的设置，如图 8-9 所示。

项目中是否要创建归档备份以及备份存储的位置，需要在快速归档或者慢速归档属性界面的"备份组态"选项卡中设置。如果使能了"激活备份"项并组态了"目标路径"，那么数据就会备份到指定的路径下；如果使能了"备份到两个路径"并且组态了"目标路径"

和"备选目标路径"，那么数据可以同时备份到两个不同的路径下，如图 8-12 所示。

归档备份包括两个文件，其扩展名为 LDF 和 MDF。文件名组成如下：

"<Computername>_<Project-name>_<Type>_<Period_from>_<Period_until>"。

其中，"Type"由归档类型定义：

- TLG_ F："快速变量记录"过程值归档。
- TLG_ S："慢速变量记录"过程值归档。

图 8-12 备份组态

将使用以下格式指定时间段：yyyymmddhhmm，例如 201709072303（表示 UTC 时间 2017 年 9

月 7 日 23 点 3 分）。项目名称中如果有下划线（"＿"）将显示为"#"。如图 8-13 所示。

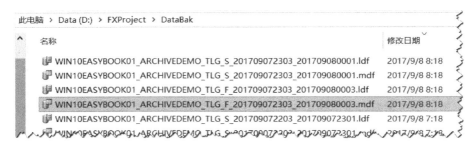

图 8-13　备份文件

2. 恢复归档

链接归档用于再次将备份的数据库文件与项目相连，以便访问运行系统中归档备份的数据。在 WinCC 的基本项目中，用户可以使用"变量记录"编辑器或 WinCC 中的控件手动链接归档，也支持通过复制文件方式创建连接，当然也支持使用 VBS 链接归档。下面是一些恢复归档关键组态步骤的简要说明。

图 8-14　变量记录链接归档

1）在 WinCC 项目激活的情况下，可以直接打开"变量记录"编辑器，通过快捷菜单链接归档，如图 8-14 所示。

2）WinCC 的一些控件中，通过单击控件工具栏上的 也可以链接归档。以 WinCC 在线趋势控件为例加以说明，如图 8-15 所示。

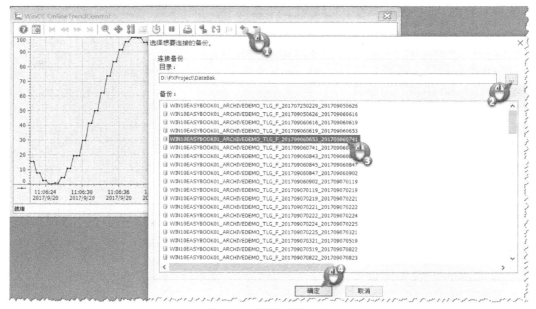

图 8-15　控件链接归档

　　3）将归档备份文件复制到项目文件夹下的"CommonArchiving"路径下。在运行系统时，过程值归档将会自动链接到项目。"CommonArchiving"的路径，如图 8-16 所示。

图 8-16　文件夹路径

　　4）其中使用 VBS 链接归档时，可以使用脚本通过 VBS 对象"DataLogs"，将归档备份文件链接到 WinCC 项目。使用 DataLogs"的"Restore"方法可以将归档分段连接到运行系统项目的通用归档目录。语法格式如下。

```
Expression.Restore [SourcePath]
[TimeFrom][TimeTo][TimeOut][Type][ServerPrefix]
```

Restore 的参数说明见表 8-1。

表 8-1　参数说明

参数	含　义
Expression	表示返回的 DataLogs 对象类型是报警记录还是变量记录。其中 Logging 为所有的归档备份，DataLogs 为变量记录，AlarmLogs 为报警记录
SourcePath	归档数据的备份路径
TimeFrom	链接归档数据的起始时间。为 UTC 时间。格式为 YYYY-MM-DD hh:mm:ss
TimeTo	链接归档数据的结束时间。如果此参数为空，将链接从 TimeFrom 开始所有的数据。格式为 YYYY-MM-DD hh:mm:ss
Timeout	以毫秒为单位定义程序执行的等待时间。-1 表示一直等待链接
Type	表示归档类型。其中 1 表示快速归档；2 表示慢速归档；3 表示所有归档
ServerPrefix	预留参数，暂时无需设定

　　如图 8-17 所示的脚本，表示从"D:\FXProject\DataBak"文件夹中链接从"2017-09-20"开始的所有变量记录的备份数据。

图 8-17　链接归档备份

3. 断开归档

　　如果运行期间不再需要访问归档备份中的数据，可从项目中断开已经链接的归档文件。

可使用"变量记录"编辑器或 WinCC 中的控件断开与归档的连接，也可以使用脚本通过 VBS 对象"DataLogs"断开已连接的归档。其中，使用 VBS 断开归档时，可以使用脚本通过 VBS 对象"DataLogs"的"Remove"方法将归档备份文件从项目中断开。语法格式如下：

```
Expression.Remove
[TimeFrom][TimeTo][TimeOut][Type][ServerPrefix]
```

详细的参数说明见表 8-2。

表 8-2　参数说明

参数	含　义
Expression	表示返回的 DataLogs 对象类型是报警记录还是变量记录。其中 Logging 为所有的归档备份，DataLogs 为变量记录，AlarmLogs 为报警记录
TimeFrom	断开归档数据的起始时间。为 UTC 时间。格式为 YYYY-MM-DD hh:mm:ss
TimeTo	断开归档数据的结束时间。如果此参数为空，将链接从 TimeFrom 开始所有的数据。格式为 YYYY-MM-DD hh:mm:ss
Timeout	以毫秒为单位定义程序执行的等待时间。-1 表示一直等待断开
Type	表示归档类型。其中 1 表示快速归档；2 表示慢速归档；3 表示所有归档
ServerPrefix	预留参数，暂时无需设定

如图 8-18 所示的脚本，表示从项目中断开所有链接的变量记录备份数据。

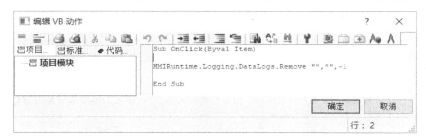

图 8-18　断开归档

关于链接/断开归档内容的详细介绍和组态步骤，请参考条目 ID 40347325，也可参考条目 ID V1653。

8.3　变量记录运行系统

在"变量记录"编辑器中，组态过程值归档，指定在何时对哪些过程值进行归档。在"变量记录"编辑器中，也可以对要归档的过程值以及采集和归档周期进行组态，还可以组态归档的存储位置以及归档的备份路径。

8.3.1　变量记录编辑器

在 WinCC 项目管理器中，双击"变量记录"可启动编辑器，变量记录编辑器界面如图 8-19 所示。

图中：

1）导航区域：屏幕左侧的树形视图用于在编辑器之间进行切换，该视图中显示定时器和归档。选中项（周期时间、归档、变量等）包含对象的详细信息会在右侧的表格区域显示。

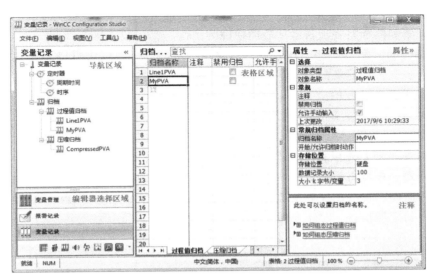

图 8-19　变量记录编辑器

2）编辑器选择区域：通过这里，可以访问其它的 WinCC 编辑器（如变量管理、报警记录等）。

3）表格区域：表格区域会显示分配给树形视图中所选项的对象，用于创建和编辑对象。

4）注释：显示所选属性的说明。

5）属性：在属性界面中显示和组态对象的属性参数。

8.3.2　定时器

WinCC "变量记录" 中的 "定时器" 中包含 "周期时间" 和 "时序"（时间序列），变量记录中的采集和归档周期基于项目中预先组态的 "周期时间" 和 "时序"。当创建新项目时，WinCC 已预定义了常用的 "周期时间"，即图 8-20 中所示的定时器名称，用户也可以

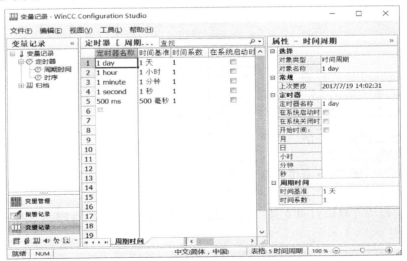

图 8-20　默认创建的时间周期

根据需要自行在此处创建周期时间。系统中最多可组态并使用 96 个周期时间,基于周期时间的过程值采集和归档将在项目激活后周期性的运行。

在"周期时间"和"时序"中创建的对象均为定时器,项目中可以直接使用系统中标准的定时器,也支持创建新的定时器。要创建新的定时器,单击表格区域中由可编辑图标标识的单元格,在表格区域的"定时器名称"列输入名称,将创建新的定时器,在"属性"区域编辑定时器的属性。新的时间周期按"时间基准"乘以"时间系数"计算:周期时间 = 时间系数×时间基准。例如图 8-20 中所示 1day 的周期时间的为 1 天×1。

时序(时间序列)是以日历为基础定义的,每天、每周、每月或每年都会执行基于时序的采集和归档,如可将天指定为一周中的某一天或固定的某个日期。然后,执行相应天中的采集和归档时间,也可以根据系统启动时间确定,过程值变量的采集和归档动作会根据所选定时器的日历定期执行,时序界面如图 8-21 所示。

图 8-21　时序

在"变量记录"编辑器的导航区域,选择"定时器"项下的"时序"项。所有组态的时序都显示在表格区域,可以使用这些时序组态采集和归档周期,要创建新的定时器,单击表格区域由可编辑图标标识的单元格,在表格区域的"定时器名称"列输入名称,将创建新的定时器。在"属性"区域编辑定时器的属性即可。

8.3.3　组态归档

组态归档相当于组态一个存储数据的容器。在 WinCC 的归档中,包含"过程值归档"和"压缩归档"。

1)过程值归档可存储归档变量中的过程值。在组态过程值归档时,选择要归档的过程变量和存储位置。

2)压缩归档可压缩来自过程值归档的归档变量。在组态压缩归档时,选择计算方法和压缩时间段。

1. 组态过程值归档

在变量记录编辑器的导航区域，选择"过程值归档"项。单击表格区域"归档名称"列中有可编辑图标标识的单元格。然后输入归档名称。在导航区域选择该归档项。可以编辑它的归档属性。可编辑的归档属性有①归档启动/启用时的动作；②存储位置（硬盘/主内存）；③数据记录的大小。新创建的过程值归档"PVA"的组态界面如图8-22所示。

对于过程值归档，可指定数据缓冲区是在硬盘上还是在内存中。如果选择"主内存"作为存储位置，还必须输入数据缓冲区的"数据记录的大小"。

2. 组态压缩归档

为了减少归档数据库中的数据量，可对指定时期内的归档变量进行压缩。为此，需要创建一个压缩归档，将归档变量存储在压缩归档中。压缩归档和过程值归档是以相同的方式存储在归档数据库中的。创建压缩归档时需要选择"处理方法"和"压缩时间段"，如图 8-23 所示。

图 8-22　归档属性设置

图 8-23　压缩归档

8.3.4　组态过程值归档变量

如果"过程值归档"相当于容器，那么过程值归档变量就是存储在里面的具体内容。因此需要在过程值归档中创建归档变量，为归档变量分配名称（默认情况下，归档变量名称和过程值变量的名称相同），并选择要进行归档的过程变量。通过编辑相应变量的属性，可以确定归档的类型是快速变量记录，还是慢速变量记录。

从 WinCC V7.4 SP1 开始，对于二进制、模拟量以及文本变量，均可组态归档采集类型（如周期性）以及采集和归档周期。根据归档采集类型，可以设置触发或结束变量归档的事件和动作。根据归档变量的类型，可以组态用于处理过程值的参数。

过程变量的采集类型主要有以下几种。

- 非周期。
- 周期-连续。
- 周期-可选择。
- 非周期有变化时。

根据选择的采集类型不同，变量的一些属性在此可能不相关，因此无法编辑。过程变量属性界面如图 8-24 所示。

图 8-24　归档变量属性

提示：在变量记录中，如果删除过程变量后，又重新创建了和已经删除的过程变量同名的过程变量，则已经删除的过程变量的值将无法被访问。即已经删除的过程变量的数据无法显示和读取，原因是新创建的过程变量会重新分配新的 ID，已删除过程变量的 ID 不能访问。在 WinCC 系统后台，数据的访问是基于变量的 ID 实现的。

8.4　输出过程值归档

在运行系统中，可以通过如下方式输出过程值：

- 将归档的过程值输出到过程画面。
- 在报表中输出归档的过程值。
- 第三方程序通过访问 WinCC 归档数据库获取过程值。

其中，最常用的就是将归档的过程值输出到过程画面上。下面将分别予以介绍。

8.4.1　在过程画面中输出过程值归档

可在运行系统中显示归档过程值和当前过程值，为此可在 WinCC 中使用 ActiveX 控件，以表格、趋势或条形图的形式在过程画面中显示数据。用户可以在 WinCC 图形编辑器的控件中找到相应的对象，如图 8-25 所示。

1）表格中的过程值归档输出。要在运行系统中以表格形式显示过程值，需要使用 WinCC 在线表格控件（WinCC Online TableControl）。WinCC 在线表格控件可以显示实时的过程值数据，也支持显示历史的过程值

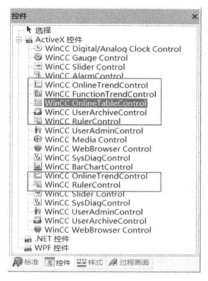

图 8-25　控件

归档数据，并支持查询历史数据。默认情况下，WinCC 在线表格控件处于实时刷新状态。如果要显示历史数据，需要先停止数据刷新，然后选择时间范围查询历史数据，如图 8-26 所示。

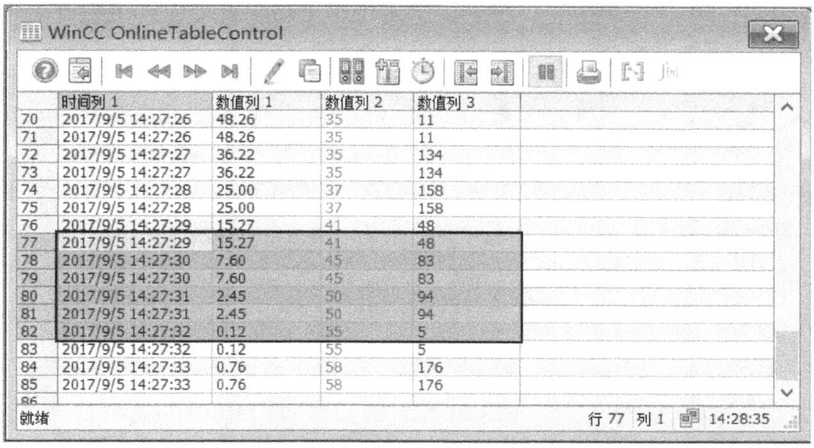

图 8-26　WinCC 在线表格控件

2）趋势中的过程值输出。要在运行系统中以趋势曲线形式显示过程值，需要使用 WinCC 在线趋势控件（WinCC OnlineTrendControl）。可以将趋势的数据源与归档变量或过程变量相连接。在 WinCC 在线趋势控件中，可在一个或多个查询历史趋势窗口中显示多个趋势。建议最多同时显示 8 条趋势曲线，如图 8-27 所示。

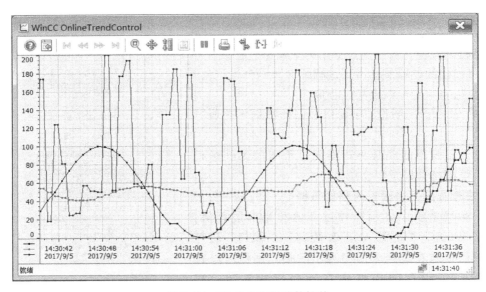

图 8-27 WinCC 在线趋势控件

3）需要在趋势中显示两个过程值的关系。比如显示项目中温度和压力的趋势关系，可以使用 WinCC 函数趋势控件（WinCC FuntionTrend Control）。在控件中分别定义 X 轴为温度，Y 轴为压力，并关联相应的过程变量。在控件中，可以绘制出两个过程值之间的关系图形，如图 8-28 所示。

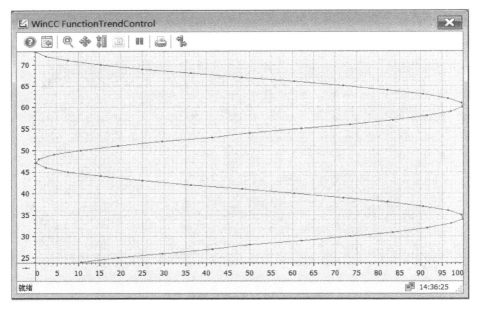

图 8-28 WinCC 函数趋势控件

4）以条形图形式输出过程值。要在运行系统中以条形图形式显示归档的过程值，需要使用 WinCC 条形图控件（WinCC BarChart Control）。在 WinCC 条形图控件中，可以显示一个或几个图表窗口。用户可以根据需要，组态控件中显示的图表内容，如图 8-29 所示。

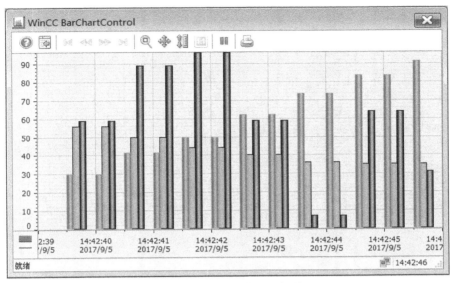

图 8-29　WinCC 条形图控件

5）使用 WinCC 标尺控件（WinCC RulerControl）可以实现基于控件中数据的统计分析功能。标尺控件的数据来源可以是同一画面中的 WinCC 在线趋势控件、WinCC 在线表格控件或者 WinCC 函数趋势控件。当标尺控件和这些控件建立关联后，如图 8-30 所示。就会根据请求自动分析所关联控件中的数据，如图 8-31 所示。

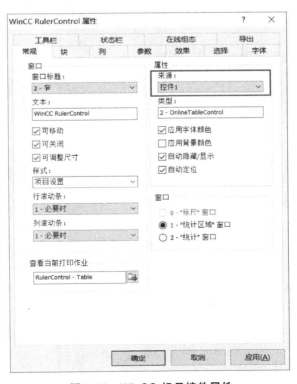

图 8-30　WinCC 标尺控件属性

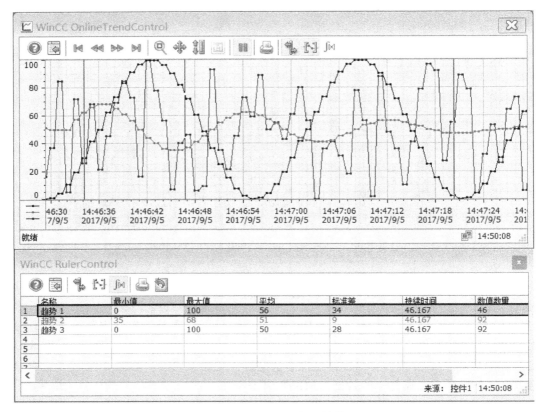

图 8-31　WinCC 标尺控件

6）以上控件都支持导出数据功能。当激活工具栏的导出功能后，在项目运行状态下，单击"导出数据"菜单，就可以将当前控件中加载的数据导出成 CSV 文件，如图 8-32 和图 8-33 所示。

8.4.2　在报表中输出过程值归档

WinCC 的布局模板提供了预设的布局。预设的布局和运行系统中的控件已经建立了关联，因此支持以报表形式输出运行系统控件中的过程值数据。其中，常用控件和布局的对应关系如下：

- @ Online Table Control - Picture. RPL 和 @ Online Table Control - Table. RPL：是基于 WinCC 在线表格控件的过程值输出。

- @ Online Trend Control - Picture. RPL：是基于 WinCC 在线趋势控件的过程值输出。

- @ Function Trend Control-Picture. RPL：

图 8-32　激活"导出"功能键

图 8-33　导出数据界面

是基于 WinCC 函数趋势控件的过程值输出。

　　报表编辑器还是支持创建新的打印作业和布局。定制化输出过程值归档数据，详细内容参见本书的第 9 章报表系统的介绍。报表编辑器的界面如图 8-34 所示。

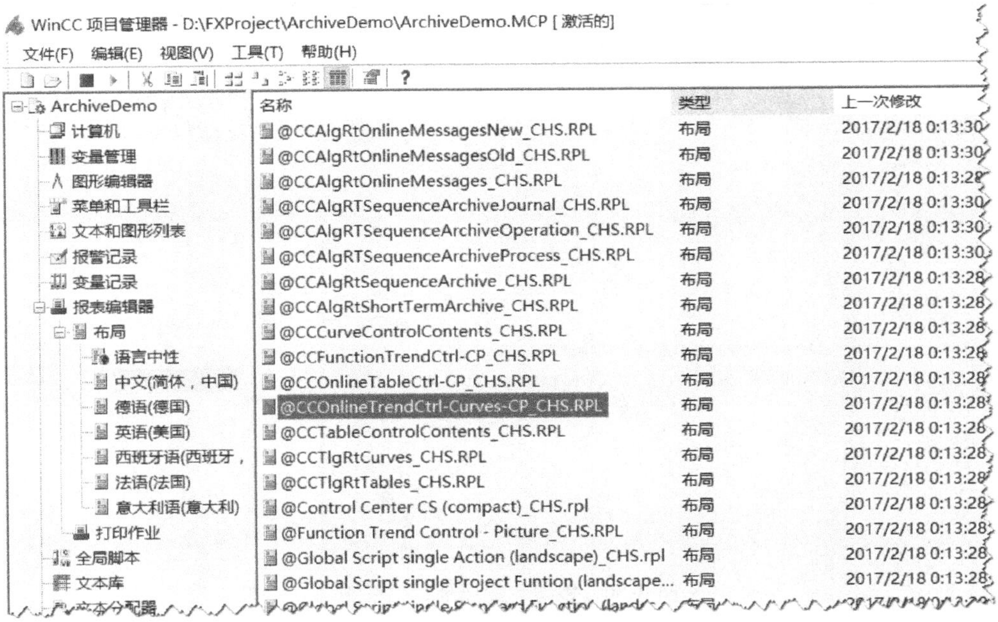

图 8-34　报表编辑器

　　此外，WinCC 还支持对过程值归档数据库的访问功能。第三方程序可以使用 ADO/OLE DB、OPC 或者 C-API/ODK 等方式访问 WinCC 过程值归档数据库，条目 ID 35840700 的链接中提供了详细的文档和例程。在本书的第 16 章数据开放性中也会提供详细的介绍。

8.5　常用功能的实现

本节将介绍几种常见过程值归档的实现和显示方法。

前提条件，为了实现过程值归档，需要先激活"变量记录运行系统"。先单击项目树中的"计算机"，然后通过双击 WinCC 项目中计算机名称（此处为"DIGI2018"），打开计算机属性对话框。在"启动"选项卡下激活该选项，如图 8-35 和图 8-36 所示。

图 8-35　计算机名称

图 8-36　激活变量记录运行系统

8.5.1　周期连续归档

目标：创建一个周期连续的过程值归档，每秒钟归档一次过程变量的实际值，并以曲线的形式显示。详细步骤如下：

步骤 1：打开 WinCC 变量记录。右键单击"变量记录"，在弹出的菜单中，选择"打开"，如图 8-37 所示。

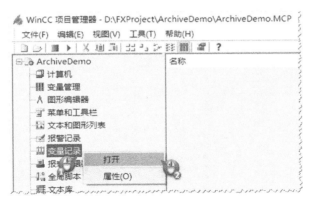

图 8-37 WinCC 项目管理器

步骤 2：创建过程值归档。在表格区域有可编辑图标 ⊠ 标识的单元格中输入归档名称。此处创建的过程值归档的名称为"MyPVA"。并设置归档存储位置为硬盘，如图 8-38 所示。

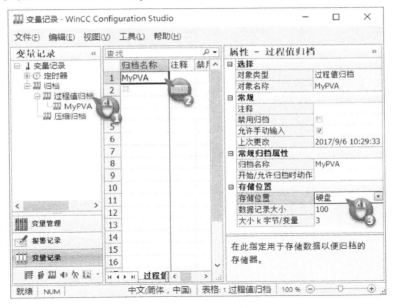

图 8-38 创建过程值归档

步骤 3：选择过程变量。选择新建的过程值归档，单击有可编辑图标 ⊠ 标识的单元格，在弹出的变量选择界面中，选择需要归档的过程变量，如图 8-39 所示。

步骤 4：设置过程变量属性。采集类型为"周期-连续"，归档/显示周期为"1 second"，正在处理为"当前值"，如图 8-40 所示。

提示：此处的"1 second"是系统自带的定时器，也可以根据需要创建自定义的定时器。

步骤 5：在画面中添加趋势控件。从控件中拖拽"WinCC OnlineTrendControl"控件到画面，如图 8-41 所示。

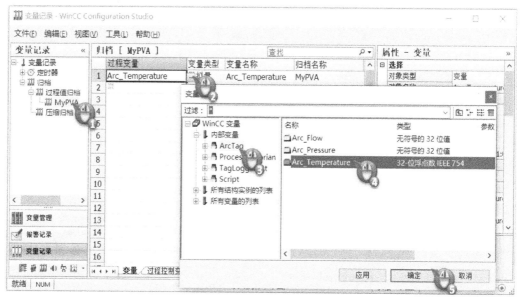

图 8-39　创建归档变量

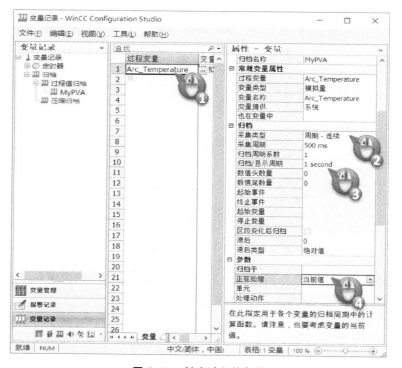

图 8-40　创建过程值归档

步骤 6：配置趋势控件属性。打开趋势控件的属性对话框，切换到"趋势"选项卡，新建趋势，此处数据源选择归档变量。默认情况下，控件中会自动创建一个时间轴和数值轴。此处使用默认设置。当然也可以根据需要自行调整相关的参数，如图 8-42 和图 8-43 所示。

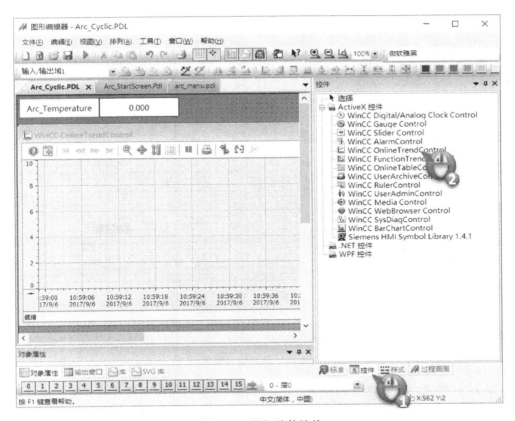

图 8-41　添加趋势控件

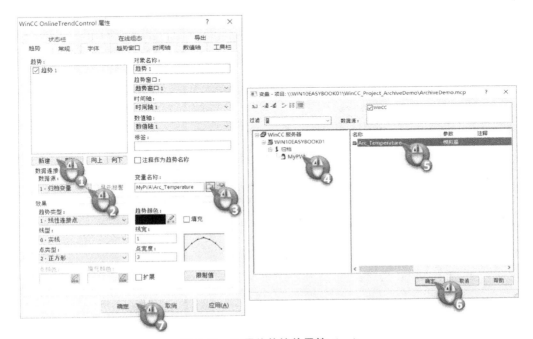

图 8-42　配置趋势控件属性（一）

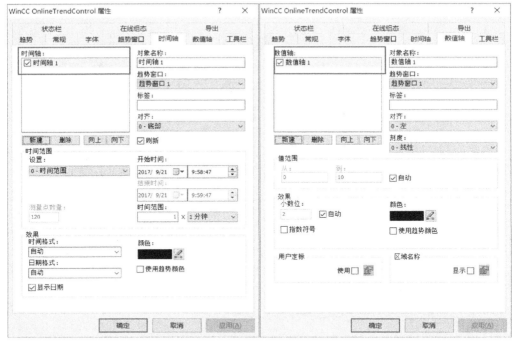

图 8-43　趋势控件属性

步骤 7：切换到"工具栏"选项卡，在趋势控件的属性中激活趋势控件的查询功能，如图 8-44 所示。

图 8-44　配置趋势控件属性（二）

步骤 8：激活项目验证结果。项目运行后，默认情况下，会自动刷新当前 1min 的趋势。要查询历史数据，首先需要停止曲线刷新，然后单击工具栏上的"选择时间范围"，在弹出的对话框中设置查询条件。单击"确定"后执行查询功能，如图 8-45 所示。

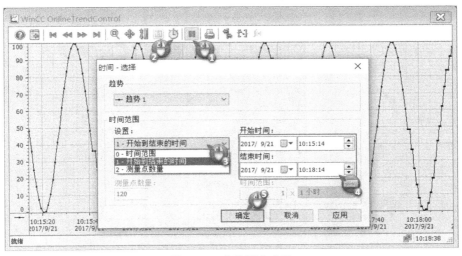

图 8-45　查询历史曲线

8.5.2　过程值归档的高效组态

通过简单的拖拽，使用 WinCC Configuration Studio 就可以大量地创建和编辑过程值归档。详细步骤如下：

步骤 1：打开"变量记录"。在编辑器选择区域，右键单击"变量管理"，然后选择"在新窗口下打开"，如图 8-46 所示。

步骤 2：在打开的"变量管理"中，全部选中要归档的变量。当鼠标变成可移动 ✛ 状态时，按住鼠标左键，拖拽对象到"变量记录"中"归档>过程值归档"相应的归档名称下即可批量地创建过程值归档变量，如图 8-47 和图 8-48 所示。

步骤 3：在变量记录里，也可以通过拖拽方式批量修改过程变量的属性。例如先设定好归档/显示周期，鼠标选中该单元格，当鼠标符号为+时，直接向下拖拽即可实现批量修改，如图 8-49 所示。

图 8-46　快捷菜单

关于在 WinCC 中如何组态变量周期归档，可参考编号条目 ID V1662。如果想了解以前版本的组态方法，请参考编号条目 ID V0757。

8.5.3　非周期归档

创建一个非周期的过程值归档。当起始变量发生变化时就执行一次归档。在画面上以棒

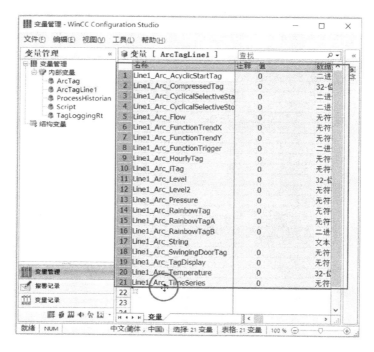

图 8-47　变量选择

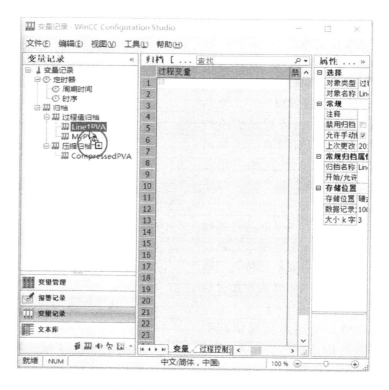

图 8-48　拖拽方式创建过程变量

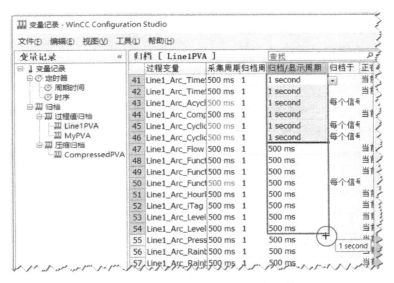

图 8-49　拖拽方式编辑过程变量属性

图形式显示。过程变量的选择方法请参考 8.5.1 章节，本节仅介绍过程变量属性的设置。

　　步骤 1：设置过程变量属性，采集类型为"非周期"，可以选择起始事件也可以选择起始变量作为归档触发条件，此处使用一个二进制变量作为起始变量，如图 8-50 所示。

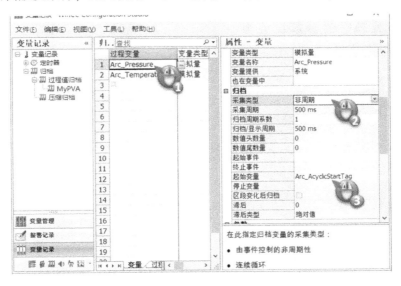

图 8-50　创建过程值归档

　　步骤 2：设置条形图控件属性。在画面中添加条形图控件，切换到"图表"选项卡，然后设置控件的属性，如图 8-51 所示。

　　步骤 3：激活项目验证结果。项目激活后，起始变量"Arc_ AcyclicStartTag"一旦发生变化，过程变量"Arc_ Pressure"就会归档一个值。可以先停止控件刷新，然后设置查询条件读取归档数据。

8.5.4　周期可选择归档

周期可选择归档是指一旦满足归档条件，过程变量就会周期性的归档。否则，过程变量不做归档。

创建周期可选择的过程值归档。当满足条件时，每 10s 计算一次归档周期内过程值变量的总和并归档。当不满足条件时，过程变量停止归档。过程变量的选择方法请参考 8.5.1 章节，本节仅介绍过程变量属性的设置。

归档的启动条件为起始变量为 1，停止变量为 0；

归档的停止条件为起始变量为 0，停止变量为 1。

步骤 1：设置过程变量属性。采集类型为"周期-可选择"，归档周期系数为 10，归档/显示周期为 1second，分别为起始变量和停止变量组态相应的二进制变量（当然也可以选择事件归档触发条件）。"正在处理"的参数设置为"总和"，如图 8-52 所示。

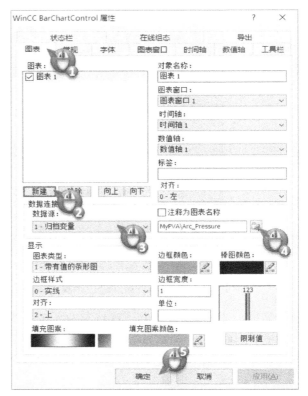

图 8-51　条形图控件属性

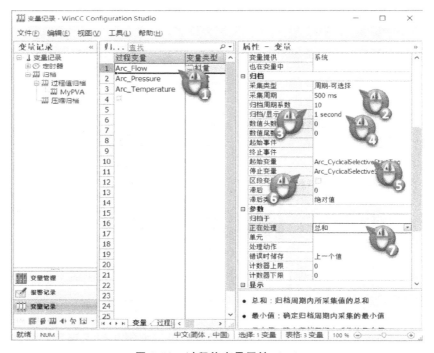

图 8-52　过程值变量属性（一）

步骤 2：激活项目验证结果。当 Arc_ CyclicalSelectiveStartTag = 1 并且 Arc_ CyclicalSelec-tiveStopTag = 0 时，过程变量"Arc_ Flow"每 10s 归档一个总和值。反之，归档会停止。

此处也可使用起始事件/停止事件通过函数实现该功能。关于如何使用变量控制变量归档的启动和停止也可参考视频 ID V0764。

8.5.5　非周期有变化时归档

只有过程变量的值发生变化时才进行归档。过程变量的选择方法请参考 8.5.1 章节，本节仅介绍过程变量属性的设置。

过程变量属性中设置采集类型为"非周期-有变化时"即可，如图 8-53 所示。

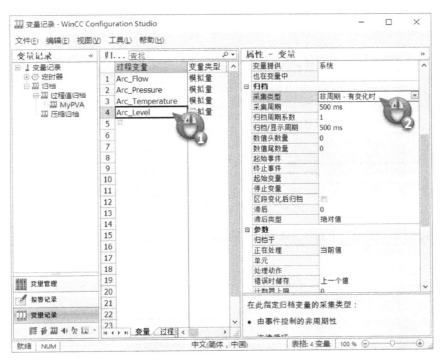

图 8-53　过程值变量属性（二）

关于 WinCC 如何组态变量变化时归档的详细说明请参考视频 ID V1661。如果想了解以前版本的组态方法，请参考视频 ID V0760。

8.5.6　整点归档

创建一个过程值归档，实现每小时的 0 分 0 秒归档一个值。过程变量的选择方法请参考 8.5.1 章节，本节仅介绍过程变量属性的设置。

步骤 1：组态定时器。在"周期时间"中，选择"1 hour"定时器，激活"开始时间"项，并设定定时器的起始时间为 0 分 0 秒，如图 8-54 所示。

步骤 2：设置过程变量属性。设置过程变量"Arc_ HourlyTag"的采集类型为"周期-连续"。归档周期系数为 1，归档/显示周期为 1 hour，如图 8-55 所示。

步骤 3：激活项目。停止控件刷新，设置查询条件，验证运行结果。

关于 WinCC 整点归档的详细说明请参考视频 ID V1654。

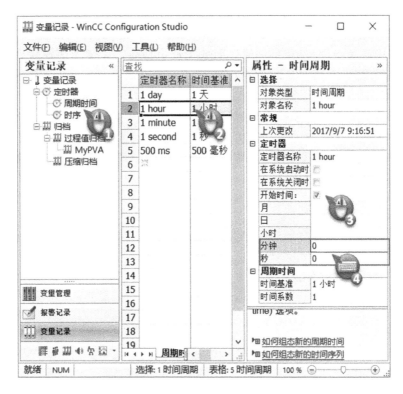

图 8-54　设置定时器属性

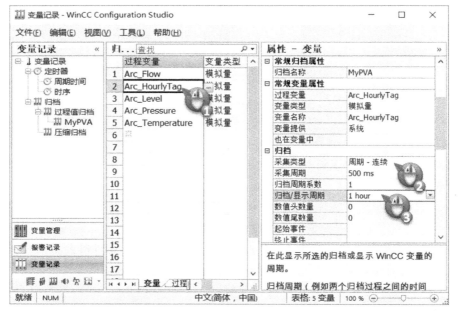

图 8-55　过程值变量属性（三）

8.5.7 基于时序的归档

创建一个过程值归档，实现每周一到周五，每天 11 点归档一次过程值的总和。过程变量的选择方法请参考 8.5.1 章节，本节仅介绍过程变量属性的设置。

步骤 1：通过 "变量记录>定时器>时序"，创建定时器 "Weekly_ Calculate"。激活此定时器的 "开始时间"，并设置小时为 11，分钟为 0，秒为 0。"时序基准" 为每周的星期为星期一~星期五，如图 8-56 所示。

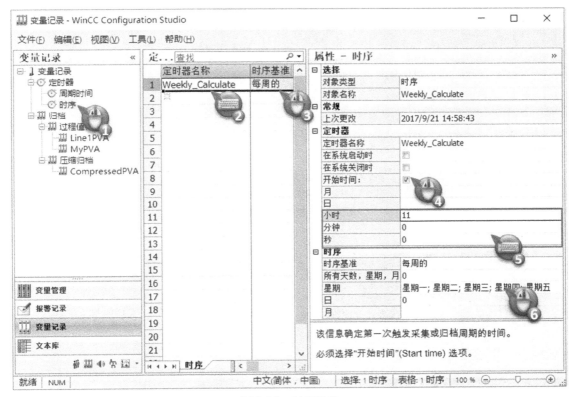

图 8-56 创建时序

步骤 2：创建过程变量。采集类型为 "周期-连续"，"归档/显示周期" 选择定时器 "Weekly_ Calculate"，"正在处理" 选择 "总和"，如图 8-57 所示。

运行结果为每周一~周五的 11 点都会记录一条过程变量 "Arc_ TimeSeries" 的总和数据，此处的总和为所有采集数据的总和。同样的方法，可以设置基于每日、每月和每年的时序定时器。

8.5.8 压缩归档

在过程值变量归档的基础上，创建一个压缩归档。实现每小时计算一次归档变量的平均值。该平均值为此时间段内所选择归档过程值的平均值。过程变量的选择方法请参考 8.5.1 章节，本节仅介绍压缩归档的设置。

步骤 1：创建压缩归档。通过 "变量记录>归档>压缩归档"，新建归档 "CompressedP-VA"，并设置 "CompressedPVA" 属性。"处理方法" 选择 "计算"，"压缩时间段" 设置为 "1 hour"，如图 8-58 所示。

图 8-57　设置过程值属性

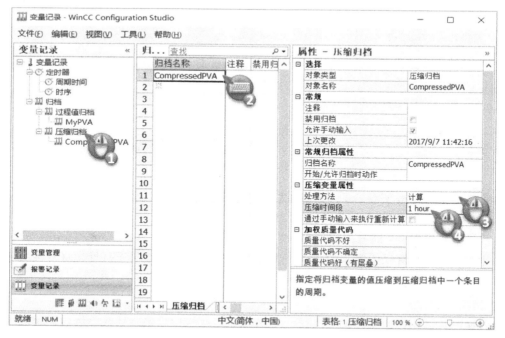

图 8-58　创建压缩归档

步骤 2：创建压缩归档变量。选择"CompressedPVA"，单击表格区域中有可编辑图标 ▓
标识的单元格，在弹出的对话框中选择过程值归档下面的过程变量，并设置压缩归档变量的
属性，如图 8-59 所示。

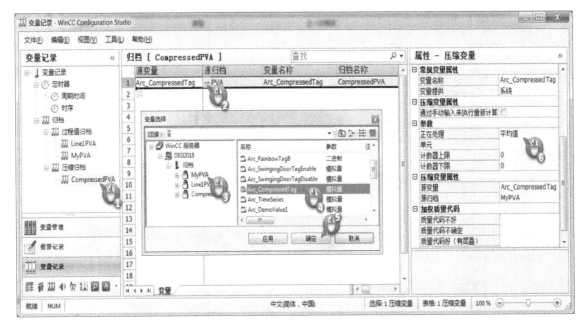

图 8-59　设置压缩归档变量属性

步骤 3：激活项目，验证运行结果。压缩归档的查询方法和过程值归档类似。

8.5.9　旋转门归档

旋转门算法采用优化参数分配，使用此方法保存过程值比使用周期性采集更高效。归档时并不会保存所有值。实际保存的值是根据算法优化后的相关值。未保存的值是处于计算限值中的指定时间间隔范围内的值。通过指定最小时间 Tmin 和最大时间 Tmax，用户可根据值的采样率调整归档精度。如果在指定的最小时间内测量到多个值，那么只会考虑最后一个值。值总是在最大时间过后保存。

本例中使用同一个过程变量"Arc_ SwingingDoorTag"，采用两种不同的归档方法比较普通归档和旋转门归档的区别。过程变量的选择方法请参考 8.5.1 章节，本节仅介绍旋转门归档相关的设置。

步骤 1：创建过程值归档，变量名称为"Arc_ SwingingDoorTagEnable"。激活"压缩已激活"选项。设置 Tmin 为 10000ms，TMax 为 120000ms，下限为 10，上限为 50，如图 8-60 所示。

各参数的主要含义如下：

● Tmin：被忽略的时间段。从最后一次采集的值开始，在此时间段内的值既不会保存，也不会用于计算值范围。

● Tmax：两个归档值之间的最大时间段。从最后一次保存的值开始，此时间过后，将始终归档后面的值。该值用作计算当前值范围的起始值。

● 偏差：计算值范围时允许的绝对或相对偏差值，计算的基础值是最后保存的过程值。

步骤 2：创建一个新的归档变量"Arc_ SwingingDoorTagDisable"。但不激活"压缩已激活"项。该归档变量的过程变量和上一步中使用的过程变量相同。详细的参数设置如图 8-61所示。

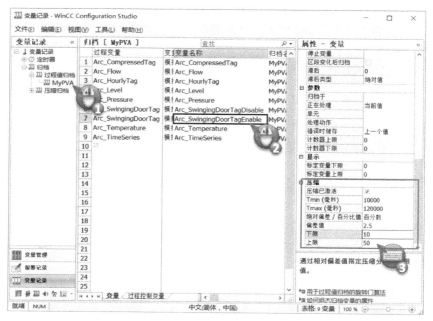

图 8-60　创建旋转门归档

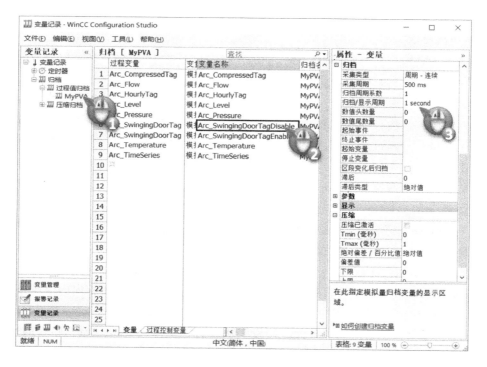

图 8-61　设置归档变量属性

步骤 3：在画面上添加趋势控件。添加两个趋势，一个用于显示普通的归档，另一个用于显示旋转门归档，如图 8-62 所示。

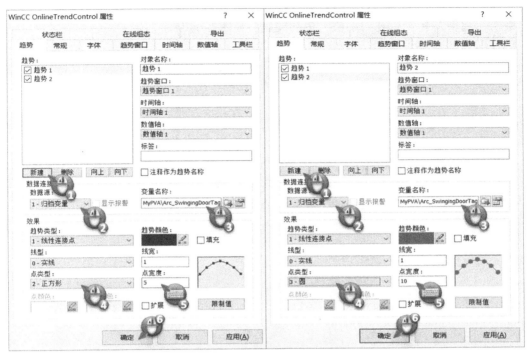

图 8-62　新建趋势

步骤 4：激活项目验证运行结果。如图 8-63 所示，其中圆点连接的趋势为旋转门归档对应的曲线，比较平滑的趋势是普通归档数据对应的曲线。

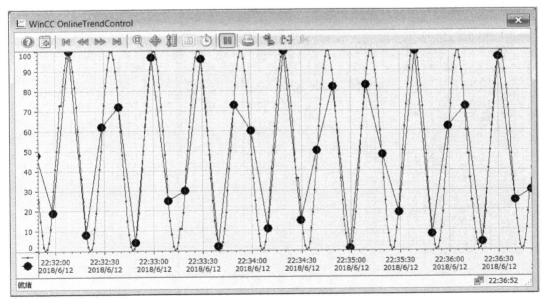

图 8-63　运行结果

8.5.10　编辑归档数据

使用 WinCC 在线表格控件可以编辑连接到项目的归档数据，详细步骤如下：

步骤 1：激活控件工具栏。打开 WinCC 在线表格控件属性对话框，切换到"工具栏"页，激活"编辑"和"创建归档值"等功能键，如图 8-64 所示。

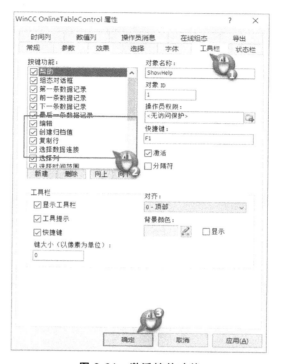

图 8-64　激活控件功能

步骤 2：项目运行后，停止表格刷新，如图 8-65 所示。

	时间列 1	数值列 1	数值列 2
43	2017/9/8 14:20:28	test	100
44	2017/9/8 14:20:29	test	100
45	2017/9/8 14:20:30	test	100
46	2017/9/8 14:20:31	test	100
47	2017/9/8 14:20:32	test	100
48	2017/9/8 14:20:33	test	100
49	2017/9/8 14:20:34	test	100
50	2017/9/8 14:20:35	test	100
51	2017/9/8 14:20:36	test	100
52	2017/9/8 14:20:37	test	100
53	2017/9/8 14:20:38	test	100
54	2017/9/8 14:20:39	test	100
55	2017/9/8 14:20:39	test	100
56	2017/9/8 14:20:40	test	100
57	2017/9/8 14:20:40	test	100
58	2017/9/8 14:20:41	test	100

图 8-65　停止表格刷新

步骤 3：添加或修改归档。单击"编辑"菜单可以修改现有的归档值，单击"创建归档值"菜单可以添加新的归档值，被修改和编辑的变量在显示时会增加一个［m.］的后缀，并且该后缀无法取消，如图 8-66 所示。

图 8-66　新建归档

8.5.11　输出归档数据举例

本程序主要实现以下功能：

1) 在趋势曲线上实时显示过程值的报警状态。

2) 使用脚本触发过程值归档。当条件满足时开始归档，条件不满足时停止归档。

3) 组态类似彩虹图的显示效果。

详细步骤如下：

步骤 1：组态模拟量报警。为变量"Arc_ DemoValue1"组态上限和下限报警。上限为 80，下限为 20，消息号分别为 100 和 200，并设置"消息文本"和"信息文本"内容。如图 8-67 和图 8-68 所示，详细的报警组态方法请参考本书第 7 章消息系统。

图 8-67　限制值报警

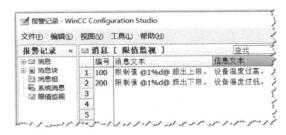

图 8-68　报警文本

步骤 2：在画面上添加趋势控件。打开属性对话框，切换到"趋势"选项卡，设置数据源为"在线数据"，激活"显示报警"，选择上一步中组态报警的变量"Arc_ DemoValue1"，如图 8-69 所示。

步骤 3：切换到"时间轴"选项卡，设置时间标签为"时间"，显示数据的时间范围为 3 分钟。切换到"数值轴"设置数值标签为"温度"，值范围从 0～100，如图 8-70 所示。

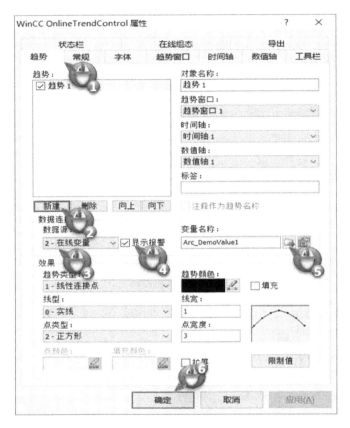

图 8-69　趋势控件属性

 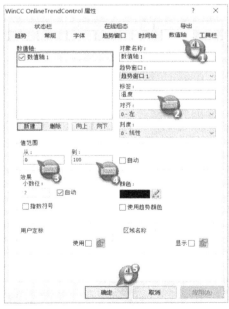

图 8-70　趋势控件时间轴和数值轴的设置

步骤 4：激活项目后，在趋势曲线上会显示报警点。鼠标单击相应的报警点，会弹出报警信息，如图 8-71 所示。

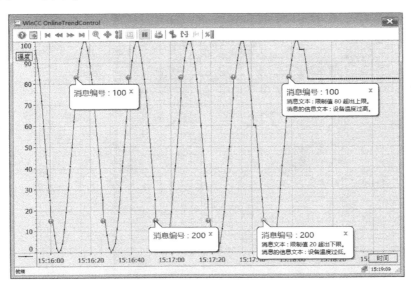

图 8-71　运行效果

接下来在现有项目的基础上，添加上归档数据的显示，使用脚本触发过程值归档。当条件满足时开始归档，条件不满足时停止归档。

步骤 5：创建控制归档的 C 函数。打开"全局脚本>C-Editor>项目函数"，新建 BOOL 型项目函数 StartStopArchive（）。此处脚本返回二进制变量"Arc_ DemoTrigger"的值，如图 8-72 所示。详细的脚本组态方法请参考本书的第 14 章脚本系统。

图 8-72　归档控制事件

步骤 6：设置过程变量属性。选择"Arc_ DemoValue1"，设置采集类型为"周期—可选择"设置归档/显示周期为"1 second"，设置起始事件为"StartStopArchive（）"函数，如图 8-73 所示。

步骤 7：设置趋势控件属性。切换到"趋势窗口"页，新建"趋势窗口 2"，如图 8-74 所示。

步骤 8：在趋势控件上分别添加"时间轴 2"和"数值轴 2"，并设置相应的参数。详细的组态步骤如图 8-75 所示。

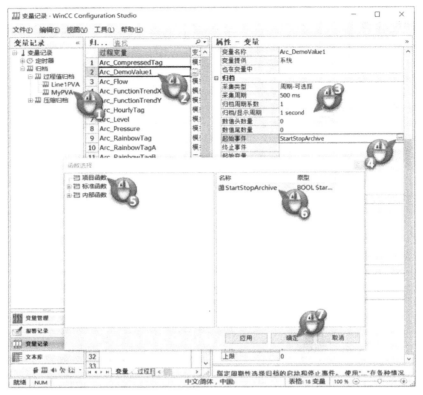

图 8-73　过程变量属性

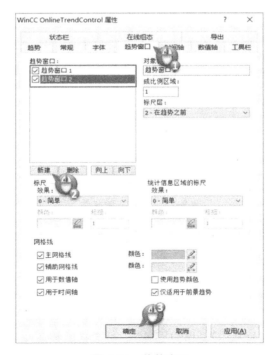

图 8-74　趋势窗口

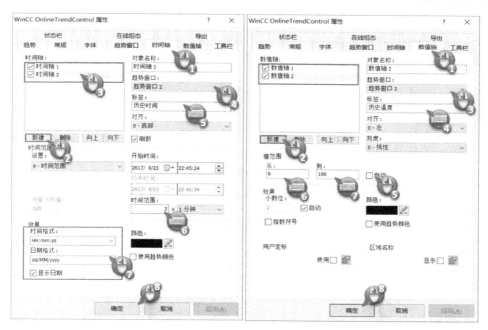

图 8-75　添加"时间轴"和"数值轴"

步骤 9：切换到"趋势"选项卡。在趋势控件上添加新的趋势"趋势 2"，数据源选择归档变量。并设置详细的参数，如图 8-76 所示。

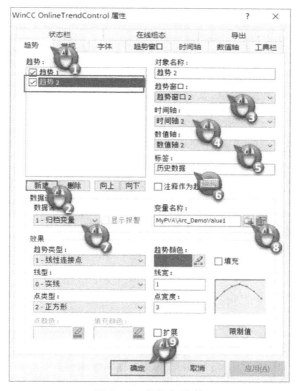

图 8-76　新添加趋势

步骤 10：在画面上，创建"启动归档"和"停止归档"两个按钮，分别控制归档的启动和停止。打开按钮属性对话框，鼠标右击"事件>鼠标>单击鼠标"，在弹出的快捷菜单中选择"直接连接"。按钮事件的相关设置如图 8-77、图 8-78 和图 8-79 所示。

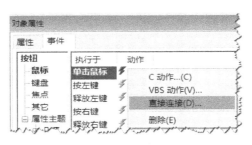

图 8-77 "直接连接"事件

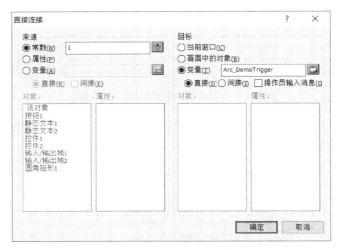

图 8-78 "启动归档"事件

图 8-79 "停止归档"事件

步骤 11：激活项目，验证效果。如图 8-80 所示，图像上半部分的曲线为归档趋势，下半部分为实时趋势。由此可见当满足归档条件时，才进行过程值的归档。

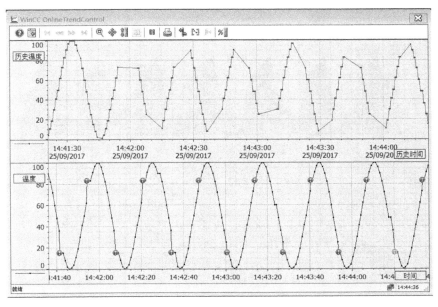

图 8-80　归档趋势和实时趋势

为了更好地区分和显示数据。在现有项目的基础上，定义归档趋势的填充颜色。

步骤 12：选择趋势，分别激活趋势的填充效果和上、下限的值以及填充颜色。此处以"趋势 2"为例，详细组态内容如图 8-81 所示。

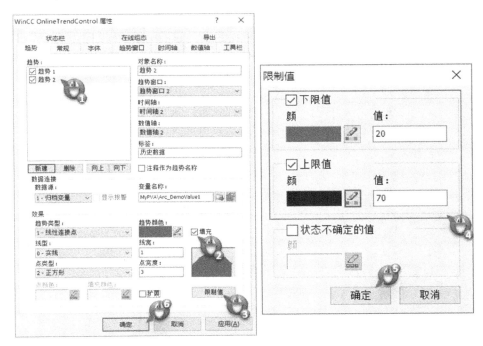

图 8-81　激活趋势填充效果

步骤 13：激活项目，验证效果。根据归档的数据不同，趋势会显示不同的颜色效果，如图 8-82 所示。

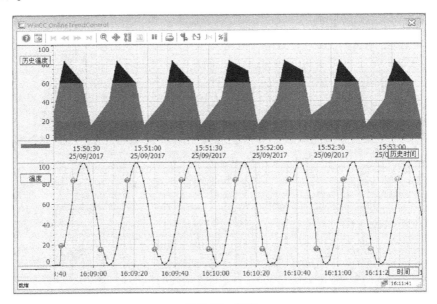

图 8-82　趋势